R. Gareis · D. W. Halpin

Planung und Kontrolle von Bauproduktionsprozessen

Mit 148 Abbildungen

Springer-Verlag Berlin · Heidelberg · New York 1979

Dipl.-Kfm. Dr. ROLAND GAREIS
Institut für Baubetrieb und Bauwirtschaft
Technische Universität Wien
Wien, Österreich

Prof. Dr. DANIEL W. HALPIN
Construction Program
Georgia Institute of Technologie
Atlanta / Georgia, USA

Titel der amerikanischen Originalausgabe:

Design of Construction and Process Operation
D.W. Halpin and R.W. Woodhead

© 1976, by John Wiley & Sons. Inc.
ISBN-13: 978-3-540-09316-9

Aus dem Englischen übersetzt und für den deutschen Markt neu bearbeitet
von R. Gareis und D.W. Halpin

CIP-Kurztitelaufnahme der Deutschen Bibliothek
Gareis, Roland:
Planung und Kontrolle von Bauproduktionsprozessen / R. Gareis ; D.W. Halpin. –
Berlin, Heidelberg, New York : Springer, 1979.
ISBN-13: 978-3-540-09316-9   e-ISBN-13: 978-3-642-95345-3
DOI: 10.1007/978-3-642-95345-3
NE: Halpin, Daniel W.

Gesamtherstellung: Passavia Druckerei GmbH, Passau
2362/3020–543210

Vorwort

In der Baupraxis und in der Literatur der Baubetriebswirtschaftslehre wurde in den letzten Jahren eine Anzahl von Methoden für das Projektmanagement entwickelt. Hierbei stehen die Planung und Kontrolle der Termine, der Kosten und der für die Durchführung von Bauprojekten einzusetzenden Kapazitäten im Mittelpunkt der Betrachtungen. Umfassende Methoden zur Planung und Kontrolle der zur Erstellung der Bauleistung angewandten Produktionsprozesse hingegen stehen bisher nicht zur Verfügung.

Das in diesem Buch beschriebene CYCLONE-Modell stellt eine Methode zur Planung und Kontrolle von Bauproduktionsprozessen dar. Die Beschreibung von Bauproduktionsprozessen durch CYCLONE-Modelle wird mittels der in Kapitel 2 definierten Elemente vorgenommen. Die einzelnen Schritte der Modellformulierung werden zuerst im Kapitel 3 erläutert und anschließend im Kapitel 4 an den Beispielen der Bauproduktionsprozesse „Maurerarbeiten", „Stollenvortrieb", „Betonfertigteilerzeugung" und „Erdtransport" aufgezeigt.

Um die Dynamik eines Bauproduktionsprozesses simulieren zu können (Kapitel 6), sind entweder deterministische oder stochastische Dauern der einzelnen Arbeitsvorgänge zu schätzen (Kapitel 5). Die Simulation von Bauproduktionsprozessen am CYCLONE-Modell kann zwar per Hand vorgenommen werden, bei komplexen Bauproduktionsprozessen ist jedoch die Verwendung des CYCLONE-Computerprogrammes notwendig. Die Verwendung des Computerprogrammes ermöglicht den Einsatz diverser Instrumente zur Kontrolle von Bauproduktionsprozessen, insbesonders den Einsatz von Wartezeitenstatistiken, von „sonstigen" Statistiken und von Sensitivitätsanalysen (Kapitel 7).

Das CYCLONE-Computerprogramm wird nicht im Detail beschrieben. Die Ausführungen in Kapitel 8 beschränken sich auf die für den Benützer interessanten Erläuterungen der Eingabe und Ausgabe der Computersimulation.

Im Kapitel 9 wird das empirische Beispiel der Planung und Kontrolle des Bauproduktionsprozesses „Betonierung der Stockwerke des Peachtree Plaza Hotels" beschrieben.

Das Buch basiert auf dem Werk von Daniel W. Halpin und Ronald W. Woodhead „Design of Construction and Process Operations" (John Wiley & Sons Inc., New York 1976). Bei der neuen Bearbeitung des Stoffes wurde das Ziel verfolgt, das CYCLONE-Modell in straffer Form darzustellen, so daß es sowohl in der Lehre an den Universitäten, als auch in der Baupraxis direkt eingesetzt werden kann. Im Text wurde die aus der deutschsprachigen Literatur der Baubetriebswirtschaftslehre und des Operations Research bekannte Terminologie verwendet. Kenntnisse der Netzplantechnik und der

Wahrscheinlichkeitsrechnung sowie grundlegende Statistikkenntnisse sind zwar zum Verständnis des Buches von Vorteil, stellen aber keine Voraussetzungen zur Anwendung des CYCLONE-Modells dar.

Für wertvolle Anregungen und Verbesserungen bei der Bearbeitung des Manuskriptes danken wir unserem Kollegen Universitätsdozent Dipl.-Ing. Dr. Gerold Patzak herzlich.

Wien und Atlanta, im Mai 1979   Roland Gareis
                                                      Daniel W. Halpin

Inhaltsverzeichnis

1 Einleitung

1.1 Hierarchische Ebenen der Bauunternehmensführung

In der Bauunternehmensführung können vier hierarchische Ebenen unterschieden werden:
— die Unternehmensebene,
— die Projektebene,
— die Produktionsprozeßebene,
— die Arbeitsvorgangsebene.

Die Aufgaben und Kompetenzen auf der Unternehmensebene sind z.B. das Festlegen der Rechtsstruktur des Unternehmens, das Bestimmen der Organisationsstruktur, die Ausübung der Funktion der Leistungsbereiche Finanzierung und Investition sowie das Festlegen von Kommunikations- und Informationssystemen zwischen den einzelnen hierarchischen Ebenen der Unternehmensorganisation.

Auf der Projektebene beschäftigen sich der Projektleiter und sein Stab mit der Planung und Durchführung von Bauprojekten. Die Organisation des Baustellenpersonals, die Terminplanung, Kostenplanung, Kapazitätenplanung und die Termin- und Kostenkontrolle sind die wesentlichsten Aufgaben auf der Projektebene.

Auf der Bauproduktionsprozeßebene beschäftigt sich die Bauleitung mit der Abwicklung einzelner Bauprozesse zur Erstellung von Zwischen- und Endprodukten des Gesamtprojektes. Planungs- und Kontrollbereich stellen nicht das Gesamtprojekt, sondern die einzelnen Produktionsprozesse, die zur Erstellung dieses Projektes notwendig sind, dar.

Auf der Arbeitsvorgangsebene werden die einzelnen Arbeitsvorgänge im Detail geplant, beschrieben und bestimmten Produktionseinheiten zugewiesen. Eine Zerlegung von Arbeitsvorgängen in weitere untergeordnete Mikroebenen ist möglich. Manchmal kann sich eine Mikroanalyse von einzelnen Arbeitsvorgängen als notwendig und vorteilhaft erweisen, so z.B., wenn es sich bei Erstellung einer umfangreichen Leistung um einen sich sehr oft wiederholenden Vorgang handelt. Diesbezügliche Untersuchungen machen die Anwendung von REFA-Verfahren notwendig.

Hinsichtlich des Informationsinhaltes, der zur Beschreibung von Bauprozessen notwendig ist, erweist sich der Arbeitsvorgang als genügend detailliert. Eine weitere Zerlegung in einzelne Arbeitsvorgangskomponenten erscheint daher für die Beschreibung von Bauprozessen als nicht notwendig.

Die hierarchischen Ebenen der Bauunternehmensführung und die grundlegenden Aufgabenbereiche der einzelnen Ebenen sind in Bild 1.1 zusammengefaßt.

Bei Betrachtung der Aufgabengebiete der vier Hierarchieebenen wird, von der Unternehmensebene ausgehend, ein steigendes Ausmaß in der Detaillierung der Aufgabengebiete der folgenden Ebenen ersichtlich. Der Detaillierung der Aufgabengebiete

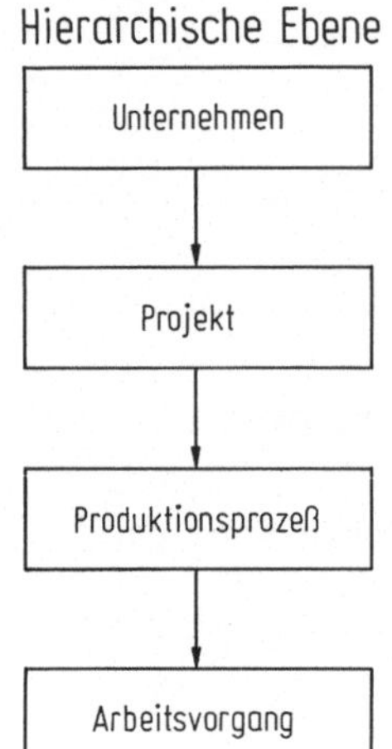

Grundlegende Aufgabenbereiche

Festlegung von Unternehmenszielen, Unternehmensorganisation, zentrale Verwaltungsaufgaben, Projektauswahl, Investitionsanalyse, grobe Projektkontrolle (Kosten, Termine, Gewinne, Cashflows, Projektfortschritte, Rentabilität)

Projektdefinition, Erstellung von Verträgen, Planung, Leistungsbeschreibungen, Projektplanung und -organisation, Projektkontrolle (Kosten, Termine, Kapazitäten usw.) im Detail

Bestimmung von Bauverfahren, Kapazitätsplanung und -kontrolle, Festlegung der Reihenfolge von Arbeitsvorgängen, Produktivitätsbestimmung und -kontrolle

Analyse einzelner Arbeitsvorgänge, Bestimmung von Dauern, Zuordnung von Produktionseinheiten zu einzelnen Arbeitsvorgängen

Bild 1.1. Hierarchische Ebenen der Bauunternehmensführung

Stellen der Bauunternehmensführung	Planungszeitraum			
	Tage 1-10	Wochen 1-8	Monate 1-N	Jahre 1-S
Unternehmensleitung				●
Projektleitung			●	
Bauleitung		●		
Poliere	●			

Bild 1.2. Planungszeiträume einzelner Stellen der Bauunternehmensführung

hat der Grad der Detaillierung der Informationen, die zur Erfüllung dieser Aufgabengebiete notwendig sind, zu entsprechen. Das Führungspersonal der Unternehmensebene, die Unternehmensleitung, benötigt zur Erfüllung ihrer Aufgaben relativ globale, generelle Informationen, wie z.B. Meilensteintermine einzelner Bauprojekte, Cashflows einzelner Projekte, Rentabilitätskennziffern einzelner Investitionen usw.

Auf der Projektebene findet eine bereits detaillierte Aufbereitung von Informationen statt. Termine für einzelne Aktivitäten, Kosten einzelner Aktivitäten, Kapazitäten zur Durchführung einzelner Aktivitäten werden bestimmt und kontrolliert.[1]

Die detailliertesten Informationen sind auf der Bauprozeß- und Arbeitsvorgangsebene notwendig.

Das unterschiedliche Anspruchsniveau in der Detaillierung von Informationen zur Aufgabenerfüllung wird bei einer Betrachtung der Planungszeiträume der einzelnen Stellen der Bauunternehmensführung verständlich. Die Korrelation zwischen der Länge des Planungszeitraumes und der Höhe der Führungsebene wird aus Bild 1.2 ersichtlich.

---

1 Eine „Aktivität" wird in der DIN 69900, Teil 100, als „zeitverbrauchendes Geschehen mit definiertem Anfang und Ende" definiert.

1.2 Analytische Modelle zur Bauunternehmensführung

Zur Erfüllung der Aufgaben der einzelnen Stellen der Bauunternehmensführung stehen verschiedene Hilfsmittel zur Verfügung. Mit Hilfe der existierenden analytischen Modelle kann eine Anzahl von Aufgaben der Bauunternehmensführung auf rationaler und formaler Basis gelöst werden.

Generell ist beim Einsatz dieser Modelle in der Bauwirtschaft auf übermäßige Genauigkeit nicht zu achten, da die Imponderabilien in der Bauwirtschaft wesentlich größer als in anderen Industrien sind. Daher sind diese Modelle als Hilfsmittel anzusehen, mit denen Entscheidungsprobleme analysiert und gelöst werden können. Die Genauigkeit der zur Verfügung stehenden Daten hat selbstverständlich erheblichen Einfluß auf die Genauigkeit der zu erzielenden Resultate. Aber schon das Verständnis dieser Modelle verhilft, Methoden zur Lösung vorhandener Probleme zu entwickeln. Die Entwicklung und das Studium analytischer Modelle zum Einsatz in der Bauindustrie ist daher allein aus diesem Grund bereits gerechtfertigt.

Die Wahl eines entsprechenden Modells der Bauunternehmensführung hängt von der zu erfüllenden Führungsaufgabe ab. Auf der Unternehmensebene können sowohl Modelle[2] der allgemeinen Betriebswirtschaftslehre, wie z.B. Organisations- und Kostenrechnungsmodelle, als auch Modelle, die speziell für die Bauindustrie entwickelt oder modifiziert wurden, Anwendung finden. Zu dieser zweiten Gruppe zählen z.B. Modelle der Angebotsstrategie zur Auftragsbeschaffung, Modelle der Deckungsbeitragsrechnung zur Finanzplanung und -kontrolle und Modelle der Portefeuilletheorie zur Investitionsplanung.

Die wesentlichsten Modelle, die als Führungsinstrumente auf der Projektebene eingesetzt werden können, sind das Balkendiagramm und die Netzplantechnik. Diese Modelle können für Terminplanung, Kostenplanung, Finanzplanung und Kapazitätenplanung verwendet werden. Der Vorteil der Methoden der Netzplantechnik gegenüber dem traditionellen Balkendiagramm ist, daß im Netzplan die gegenseitigen Abhängigkeiten einzelner Aktivitäten dargestellt werden. Dadurch können eventuelle Auswirkungen von Verzögerungen einzelner Aktivitäten auf die Bauzeit des Gesamtprojektes festgestellt werden. Für komplexe, langfristige Bauprojekte erweist sich die Netzplantechnik als ideales Planungs- und Kontrollinstrument der Projektleitung.

Bei einer Prüfung der oben erwähnten Modelle hinsichtlich ihrer Einsatzmöglichkeit auf der Bauproduktionsebene zeigt sich, daß die Netzplantechnik aus strukturellen Gründen zur Planung von Bauprozessen nicht geeignet ist. Die Netzplantechnik verwendet für kurzfristige Projekte, also für Projekte mit einer Projektdauer bis zu einem Jahr, in der Regel den Tag oder die Woche als Planungszeiteinheit. Für mittelfristige und langfristige Projekte werden für Detailpläne in der Regel die Woche als Planungszeiteinheit und für Grobpläne der Monat festgesetzt. Für eine Bauprozeßplanung erweisen sich diese Zeiteinheiten als zu grob. Stunden, Minuten, manchmal sogar Sekunden erwiesen sich hier als notwendige Planungszeiteinheiten.

Weiter werden mit Hilfe der Netzplantechnik in der Regel einmalige Abläufe geplant, die sich, den Definitionen der Graphentheorie entsprechend, von einer Quelle zu einer Senke bewegen. Bei Bauproduktionsprozessen handelt es sich hingegen nur in

---

2 Ein „Modell" ist eine durch Abstraktion erzielte vereinfachte Darstellung der Wirklichkeit. Es dient als Hilfsmittel zur Analyse dieser Wirklichkeit.

den seltensten Fällen um einmalige Abläufe. Bauprozesse sind in der Regel sich wiederholende Abläufe.[3]

Aktivitäten, die Darstellungseinheiten der Netzplantechnik, bezeichnen meist Zwischen- oder Endprodukte des Gesamtprojektes und sind daher vom Charakter her einmalig, d. h. sie kommen nur einmal in einem Netzplan vor und müssen nur einmal durchgeführt werden. Die Arbeitsvorgänge eines Bauproduktionsprozesses wiederholen sich hingegen oftmalig. Bauproduktionsprozesse werden angewandt, um Zwischen- oder Endprodukte der Bauleistung, die im Netzplan als Aktivität beschrieben sind, zu erstellen. Die Durchführung einer Aktivität kann einerseits die wiederholte Durchführung von einem oder mehreren Bauproduktionsprozessen notwendig machen. Andererseits können die gleichen Bauproduktionsprozesse jedoch zur Durchführung verschiedener Aktivitäten Anwendung finden. Der Bauproduktionsprozeß ist daher primär als Verfahren zur Leistungserstellung zu betrachten. Die Verbindung zum erstellten Zwischen- oder Endprodukt ist daher sekundär.

Die Netzplantechnik macht es möglich, Ziele, in Form von Zeit- und Kostenvorgaben, für das Baustellenpersonal und im besonderen für die Bauleitung zu formulieren, welche angestrebt werden sollen.

Darüber hinaus benötigt das Baustellenpersonal jedoch Informationen über Bauverfahren, mit deren Hilfe diese Ziele erreicht werden können, und Informationen über laufende Probleme der Leistungserstellung und der Kapazitätenplanung. Auf der Bauproduktionsprozeßebene werden daher detaillierte Modelle zur Planung und Kontrolle von Bauprozessen benötigt. Die Planungsaufgabe fällt dabei in der Regel der zentralen Arbeitsvorbereitung zu, während die tatsächliche Anwendung der geplanten Produktionsprozesse und deren Kontrolle der Bauleitung obliegt. Optimale Ergebnisse können nur durch intensive Zusammenarbeit zwischen Arbeitsvorbereitung und Bauleitung erzielt werden. Diese ist sowohl im Zeitpunkt der Planung, wenn der Bauleiter seine Erfahrungen der Arbeitsvorbereitung zur Verfügung stellt, als auch während der Projektdurchführung in der Form von Rückmeldungen der Bauleitung über Effektivität der zur Anwendung gelangenden Produktionsprozesse erforderlich.

Modelle zum Einsatz auf der Produktionsprozeßebene sind Warteschlangenmodelle für einfache Produktionssysteme und Simulationsmodelle für komplexe Produktionssysteme. Warteschlangenmodelle sind mathematisch exakt formulierbar. Die mathematische Formulierung wird bei Produktionssystemen, in denen man Warteschlangenketten vorfindet, wobei der Output eines Gliedes den Input des nächsten Gliedes bildet, sehr komplex. Die wirtschaftliche Vertretbarkeit der Anwendung des Warteschlangenmodells reduziert sich daher meist auf einfache Produktionssysteme, wie zum Beispiel auf das traditionelle Lade-Transport-System im Erdbau. Weitere Beschränkungen der Anwendbarkeit von Warteschlangenmodellen sind durch die zahlreichen Nebenbedingungen, die bei Anwendung des Warteschlangenmodells erfüllt werden müssen, gegeben.

Für Warteschlangenketten können Simulationsmodelle angewandt werden. Diese Verfahren sind wirtschaftlich vertretbar und liefern gute heuristische Ergebnisse. Für diese Simulationsmodelle ist es jedoch notwendig, komplexe Softwarepakete einzusetzen, die sich zur Planung und Kontrolle des täglichen Baugeschehens als zu schwer

---

3 Als gleichbedeutende Ausdrücke werden im Text „repetitive" oder „zyklische Abläufe" verwendet.

zugänglich erweisen. Da auch Modelle der stationären Industrie, wie z. B. Reihenfolge-modelle, für die zur Zeit nur heuristische Lösungsalgorithmen existieren, oder Modelle der linearen und dynamischen Programmierung nur Lösungen für Teilprobleme der Bauproduktionsplanung und -kontrolle liefern können, wird der Bedarf eines umfassenden, jedoch einfachen Modells zur Planung und Kontrolle von Bauproduktionsprozessen offensichtlich.

1.3 Einsatz des CYCLONE-Modells zur Planung und Kontrolle von Bauproduktionsprozessen

Die vorhandenen analytischen Modelle erweisen sich entweder als nicht zweckentsprechend oder als nicht genügend umfassend zur Planung und Kontrolle von Bauproduktionsprozessen. Ein zweckentsprechendes, umfassendes Modell soll zur Erfüllung der folgenden Funktionen verhelfen:
— Planung von Bauprozessen,
— Beschreibung der Bauprozesse,
— Standardisierung, Formalisierung in Beschreibung und Planung von Bauprozessen,
— Bestimmung der Produktivität der Bauprozesse,
— Kontrolle von Bauprozessen,
— Dokumentation von Bauprozessen,
— Kommunikation aller an der Bauproduktion Beteiligten,
— Training und Ausbildung von Bauingenieuren.

Ein Bauproduktionsprozeß kann als eine Menge von Arbeitsvorgängen definiert werden, die, bestimmt durch eine technologische Struktur (ein Bauverfahren), Beziehungen zueinander haben. Die Planung von Bauprozessen beinhaltet die Gliederung eines Bauprozesses in einzelne Arbeitsvorgänge und die Festlegung der Reihenfolge des Ablaufes dieser Vorgänge, die Bestimmung des zur Anwendung gelangenden Bauverfahrens und die Festlegung der einzusetzenden Produktionseinheiten.[4]

Die grundlegenden Entscheidungen bezüglich der zur Erstellung von Bauleistungen anzuwendenden Verfahren werden im Zeitpunkt der Projektplanung getroffen. Ein Team aus Kalkulatoren, Terminplanern und Ingenieuren der Arbeitsvorbereitung berücksichtigt alle technologisch und wirtschaftlich möglichen Bauverfahren zur Erstellung einer bestimmten Bauleistung und wählt schließlich das optimale Verfahren. Diese Verfahrensauswahl ist Grundlage für alle Planungsstufen wie z. B. die Kostenplanung, die Terminplanung und die detaillierten Planungen der Arbeitsvorbereitung. Um die geplanten Ergebnisse im Zuge der Projektabwicklung zu erreichen, wird vom Baustellenpersonal erwartet, daß grundsätzlich die geplanten Verfahren angewandt werden und die einzusetzenden Produktionseinheiten qualitativ und quantitativ zur Verfügung stehen.

Traditionell wird in der Bauwirtschaft der Planung von Bauproduktionsprozessen wenig Beachtung geschenkt. In der Baupraxis werden Bauproduktionsprozesse nur dann beschrieben und analysiert, wenn es sich um die Entwicklung neuer, vom Um-

---

4 In CYCLONE-Modellen werden die einzusetzenden Produktionseinheiten als „Flußeinheiten" bezeichnet (siehe Abschnitt 2.1).

fang her bedeutender Bauprozesse handelt, oder wenn sich bei Anwendung eines Bauverfahrens während des Bauablaufes Probleme ergeben. Meistens jedoch wird angenommen, daß ein Bauleiter genug Erfahrung und Intuition hat, um zufriedenstellende Produktivitäten für einzelne Produktionssysteme zu erzielen. Der Bauleiter sieht sich daher veranlaßt, ad-hoc-Lösungen zur Durchführung von Bauproduktionsprozessen zu finden. Diese Lösungen sind als eine Funktion seiner Ausbildung, seiner Praxiserfahrung und der traditionellen Verfahrensmuster und der Politik des Unternehmens, für das er tätig ist, zu verstehen. Dem Bauleiter stehen bisher keine formalen Methoden zur Verfügung.

Neben der Planung von Bauprozessen muß mit Hilfe eines entsprechenden formalen Modells auch die Kontrolle von Bauprozessen möglich sein. Den dynamischen Abläufen von Bauprozessen ist in einem dynamischen Modell Rechnung zu tragen.

Ein solches Modell muß das Zusammenspiel der eingesetzten Kapazitäten berücksichtigen, um Unausgeglichenheiten des Bauproduktionssystems und schlechte Ausnutzung der Kapazitäten festzustellen. Laufende Kapazitätenplanungen haben die weitgehende Ausschaltung von Stillstandszeiten und von Verzögerungen des Bauablaufes zum Ziel. Zum Management des täglichen Bauablaufes benötigt die Bauleitung ein Instrument, das es erlaubt, Abweichungen von der geplanten Produktivität festzustellen, die Ursachen von Unwirtschaftlichkeiten zu analysieren und den Einfluß der tatsächlichen Ergebnisse auf den weiteren Bauablauf zu prognostizieren.

Eine weitere Funktion, die durch ein solches Modell zur Planung und Kontrolle von Bauprozessen erfüllt werden soll, ist die Standardisierung und Formalisierung in der Beschreibung dieser Bauprozesse. Nur wenn diese Forderung erfüllt wird, können die Ziele, dieses Modell als Dokumentationsinstrument, als Kommunikationsinstrument und als Trainingsinstrument einzusetzen, erreicht werden.

In der Bauwirtschaft existiert zur Zeit kein Modell, das Bauproduktionsprozesse beschreibt und Erfahrungen der Praxis, wie z. B. Verbesserungen von Bauverfahren, die laufend auf den Baustellen erzielt werden, festhält und dokumentiert. Dadurch existiert auch kein zufriedenstellender Informationsfluß innerhalb von Bauunternehmen. Neue Erfahrungen bleiben Errungenschaften einzelner Personen oder kleiner Gruppen von Personen und werden dem Gesamtunternehmen nicht zur Kenntnis gebracht.

Mit Hilfe eines formalen Dokumentationsmodells könnten Erfahrungen, die auf einer Baustelle gewonnen wurden, einem anderen Bauprojekt zugänglich gemacht werden.

Formlose, meist nur stichwortartige und selten komplette und daher für Dokumentationszwecke kaum verwendbare Unterlagen der Arbeitsvorbereitung von in der Vergangenheit abgewickelten Projekten machen meist die Ausarbeitung komplett neuer Planungen für neue Projekte notwendig. Allein durch den dafür notwendigen Zeitaufwand entstehen Unproduktivitäten. Weiter stehen keine Dokumentationen über abgewickelte Projekte zur Verfügung, die über Vor- und Nachteile von angewandten Verfahren Auskunft geben könnten. Neue Planungen resultieren auch oft in der Schaffung einer neuen Terminologie, die die Verständigung der am Bauprojekt Beteiligten erschwert. Daraus entsteht die Forderung nach Standardisierung in den Beschreibungen von Bauprozessen.

Ein Problem, dem sich die Planer von Bauproduktionsprozessen immer wieder ausgesetzt sehen, ist die Anpassung von Erfahrungen und Kenntnissen von in der Vergangenheit abgewickelten Projekten auf die Bedingungen eines neuen Bauprojektes.

Normalerweise wird dieses Problem durch Intuition gelöst. Die Anwendung eines Planungsmodells würde es dem Planer erlauben, mit in der Vergangenheit angewandten Lösungen zu experimentieren und dadurch neue Lösungen zu entwickeln. Der Vergleich alternativer Lösungen hinsichtlich ihrer Produktivität und ihrer Kosten ermöglicht rationale Entscheidungen in der Auswahl von Bauverfahren. Die Möglichkeit des Vergleichs von Produktivitäten von Bauproduktionssystemen besteht ebenfalls nur dann, wenn dieselben formalisierten Planungsmethoden angewandt werden.

Ein Modell zur Planung und Kontrolle von Bauprozessen muß einfach und verständlich sein, so daß es von allen an der Abwicklung von Bauprojekten Beteiligten verstanden und als gemeinsames Kommunikationsinstrument eingesetzt werden kann. Diese Forderung muß auch bezüglich der Verwendung des Modells als Trainingsinstrument und als Instrument der fachlichen Weiterbildung erfüllt werden. Die Möglichkeiten eines Bauleiters z.B., sich Kenntnisse bezüglich der Anwendung verschiedener Bauverfahren anzueignen, sind begrenzt. Das Hauptgewicht liegt diesbezüglich auf persönlichen Erfahrungen, die durch das Studium von Literatur ergänzt werden können. Ein Modell zur Planung und Beschreibung von Bauproduktionsprozessen könnte einen wesentlichen Bestandteil der Ausbildung von Baufachleuten darstellen.

Das CYCLONE-Modell wurde als Instrument zur Planung und Kontrolle von Bauproduktionsprozessen entwickelt. Der Name CYCLONE leitet sich von CYCLic Operations NEtworks ab. Das Wort „cyclic" bezieht sich auf den zyklischen Charakter der Modelle, die sich wiederholende, repetitive Prozesse (operations) beschreiben, die in der Form von Netzplänen (networks) dargestellt werden können.

Die praktische Darstellung von CYCLONE-Modellen ist einfach und veranschaulicht die angewandte Bautechnologie, die Arbeitsvorgangsfolge und die Beziehungen und Abhängigkeiten zwischen den verschiedenen Arbeitsvorgängen. Das CYCLONE-Konzept ermöglicht die Beschreibung, Planung, Analyse und Kontrolle von Bauprozessen in unterschiedlichstem Detaillierungsgrad. CYCLONE-Modelle sind einfach zu verstehen und stellen dadurch ein gutes Kommunikationsinstrument auf der Baustelle dar.

Die Elemente von CYCLONE-Modellen, die Anwendung des Modells für einfache und komplexe Bauproduktionsprozesse, sowie die beispielsweise Anwendung des Modells zur Analyse eines Großbauvorhabens werden in den folgenden Kapiteln beschrieben.

1.4 Bauproduktionsprozesse als Modellierungsgegenstand

Ein Bauobjekt wird durch die Durchführung eines oder mehrerer Bauproduktionsprozesse erstellt.[5] Ein Bauproduktionsprozeß ist definiert als eine Summe von Arbeitsvorgängen, die den Einsatz von Produktionseinheiten im Rahmen eines gegebenen Bauverfahrens notwendig macht. Das Bauverfahren bestimmt die Arbeitsvorgänge im Detail, legt die Reihenfolge der Arbeitsvorgänge fest und bildet dadurch den technolo-

---

5 Als gleichbedeutender Ausdruck für „Bauproduktionsprozesse" wird im Text „Bauprozesse" verwendet.

gischen Rahmen für das Zusammenspiel der Produktionseinheiten zur Erstellung der Bauleistung.

Mit Hilfe eines bestimmten Bauproduktionsprozesses können, je nach Dimension und Anforderung eines speziellen Bauobjektes, unterschiedliche Zwischen- oder Endprodukte hergestellt werden. Unabhängig von diesen unterschiedlichen Dimensionen und Anforderungen einzelner Bauobjekte gibt es grundsätzliche Merkmale, die Bauproduktionsprozesse definieren. So findet man zum Beispiel beim Bauprozeß „Maurerarbeiten" eine Anzahl grundlegender Arbeitsvorgänge, die in jeder Maurerarbeit vorgefunden werden können, wie z. B. Ziegellieferung, Ziegellagerung, Mörtelaufbereitung, Gerüstaufbau und Ziegelverlegung. Die spezifischen Bedingungen eines Bauobjektes bestimmen den Umfang jeder dieser Aufgaben und das Verhältnis dieser Arbeitsvorgänge zueinander.

Die Definition und Beschreibung von Bauproduktionsprozessen ist unabhängig vom zum Einsatz kommenden Bauverfahren. Ein bestimmter Bauprozeß kann meist mittels verschiedener, alternativer Bauverfahren durchgeführt werden. Die generelle Beschreibung der Bauprozesse wird nach Festlegung eines bestimmten Bauverfahrens zur Durchführung eines bestimmten Bauprozesses spezialisiert. Das zum Einsatz kommende Bauverfahren legt die zum Einsatz kommenden Produktionseinheiten, die Arbeitsvorgänge und deren Folge im Detail fest. Nach Bestimmung des Bauverfahrens können die Arbeitsvorgänge eines Bauprozesses speziell beschrieben werden.

Daß verschiedene Bauverfahren zur Durchführung eines bestimmten Bauprozesses eingesetzt werden können, wird am Bauprozeß der Betoneinbringung ersichtlich. Sie kann per Hand mittels Schubkarren oder mechanisch mittels Motorjapaner (Dumper), Kränen, Pumpen, Förderbändern oder Spritzen geschehen. Wenn auch das zur Anwendung gelangende Verfahren variieren kann, ist die Beschreibung des Betoneinbringungsprozesses grundsätzlich dieselbe für alle möglichen Verfahren: Lieferung des Betons zur Baustelle, kurzfristige Lagerung, Transport zur Arbeitsstätte, Einbringung und folgende Bearbeitung. Eine komplette technologische Beschreibung des Prozesses macht eine detaillierte Beschreibung der einzelnen Arbeitsvorgänge für jedes der alternativen Verfahren notwendig.

Die Auswahl eines Bauverfahrens ist sowohl bezüglich der einzusetzenden Kapazitäten der einzelnen Produktionseinheiten als auch der zu erzielenden Produktivitäten des Bauprozesses bedeutend. Die Wahl des entsprechenden Verfahrens hängt von den Baustellenbedingungen, den zu produzierenden Mengen, den verfügbaren Maschinen, dem verfügbaren Fachpersonal und den verfügbaren Materialien ab. Wenn z. B. die Transportbedingungen zu und von der Baustelle schlecht sind und eine große Menge Beton eingebracht werden muß, kann sich das Pumpen des Betons als beste Lösung erweisen. In diesem Fall ist für den Transport nur wenig Personal notwendig. Für die tatsächliche Einbringung aber — zum Verteilen und Verdichten des Betons — werden viele Arbeiter benötigt, da beim Pumpen hohe Produktivitäten (m³/h) erzielt werden.

Die personelle und maschinelle Ausstattung eines Bauprozesses (z. B. Zusammensetzung und Umfang der Arbeitskolonnen) hängt vom gewählten Bauverfahren ab. Spezielle Bauverfahren machen den Einsatz geschulter Fachkräfte und den Einsatz von Spezialmaschinen notwendig. Neue Bedürfnisse und Anforderungen an Bauten verlangen die Entwicklung neuer oder die Verbesserung bekannter Bauprozesse. Komplizierte Bauverfahren und der ansteigende Maschinisierungsgrad von Bauunternehmen fördern Spezialisierungstendenzen in der Bauindustrie. Klein- und Mittelbetriebe sehen sich veranlaßt, sich auf wenige Bauproduktionsprozesse zu konzentrieren und sich die dafür notwendigen Produktionseinheiten anzueignen. Grundsätzlich kann man arbeitsintensive und maschinenintensive Bauproduktionsprozesse unterscheiden. Maurerarbeiten z. B. sind traditionell ein arbeitsintensiver Prozeß; Erdarbeiten sind generell als maschinenintensiv anzusehen.

Die Möglichkeit der unterschiedlichen Detaillierung in der Planung und der Beschreibung von Bauprozessen wird beispielsweise an Bauprozessen zur Durchführung von Betonierarbeiten dargestellt. Diesbezügliche Bauprozesse sind u. a.
— Zuschlagstoffaufbereitung,
— Felssprengung,
— Brechen und Zerkleinern des Felsens,
— Betonherstellung,
— Betoneinbringung.

Aus dieser Aufzählung und Bild 1.3 wird ersichtlich, daß es verschiedene Hierarchien von Bauproduktionsprozessen gibt.

Die Zuschlagstoffaufbereitung kann als Überbegriff der Felssprengung und anderer Bauproduktionsprozesse wie Brechen und Zerkleinern des Felsens, Herstellung von Sand verschiedener Korngröße usw. angesehen werden. Eine Analyse von Bauproduktionsprozessen kann in diesem Beispiel sowohl für jeden einzelnen Prozeß der Zuschlagstoffaufbereitung als auch für den Prozeß als Ganzes erfolgen.

Die Detaillierung von Analysen ist abhängig von der gewünschten Detaillierung der aufzubereitenden Informationen. Eine Grenze ist der Detaillierung durch die Datenbeschaffung gesetzt, weil auch bei einer starken Zergliederung von Bauprozessen der Aufwand der Datenbeschaffung in Relation zu den Vorteilen der zusätzlich zu gewinnenden Informationen stehen muß. Eine weitere Grenze ist der Detaillierung von

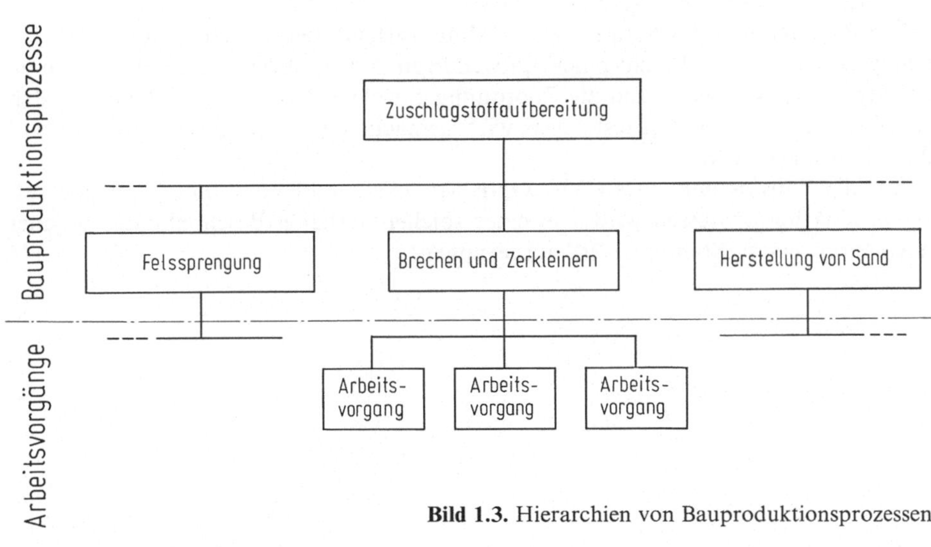

Bild 1.3. Hierarchien von Bauproduktionsprozessen

Bauproduktionsprozessen durch das Erreichen der Arbeitsvorgangsebene gesetzt. So kann z. B. der Prozeß „Brechen und Zerkleinern von Fels" nur mehr in seine einzelnen Arbeitsvorgänge zergliedert werden.

Zum besseren Verständnis der bisherigen Ausführungen wird der Produktionsprozeß „Maurerarbeit zur Errichtung einer Ziegelmauer" formlos verbal in drei Stufen beschrieben:
— Bestimmung des Bauverfahrens,
— Bestimmung der Arbeitsvorgänge und deren Folge,
— Bestimmung der einzusetzenden Produktionseinheiten.

Das zur Errichtung einer Ziegelmauer anzuwendende Bauverfahren ist das Handverlegen einzelner Ziegel mit Hilfe eines adjustierbaren Gerüstes.

Die Arbeitsvorgänge des Prozesses „Maurerarbeit" werden entsprechend ihrer Abfolge aufgezählt:
— Antransport der Materialien,
— Stapeln der Ziegel,
— Festlegung der Endpunkte der zu errichtenden Mauer,
— Transport der Ziegel zur Verlegungsstätte,
— Aufbauen des Gerüstes,
— Mischen des Mörtels,
— Transport des Mörtels zur Verlegungsstätte,
— Befeuchten der Ziegel,
— Verlegen der Ziegel,
— laufendes Adjustieren des Gerüstes,
— Abbauen des Gerüstes.

Die zur Durchführung des Bauprozesses notwendigen Produktionseinheiten sind:
— Arbeitskräfte: Maurerpolier, Maurer, Hilfsarbeiter,
— Maschinen und Geräte: Gerüst, Gabelstapler mit Fahrer, Schubkarren, Mischmaschine, Schaufeln, Maurerkellen usw.,
— Material: Ziegel, Zement, Sand, Wasser usw.

Die Beschreibung des Bauprozesses „Maurerarbeit" berücksichtigt das anzuwendende Bauverfahren, die einzelnen notwendigen Arbeitsvorgänge, die Bestimmung der Produktionseinheiten und die Zuordnung einzelner Produktionseinheiten zu den Arbeitsvorgängen. Sie hält fest, „was wie" gemacht werden muß und „wer womit" diese Leistung erstellt.

Für die Entwicklung eines CYCLONE-Modells zur Planung und Kontrolle von Bauproduktionsprozessen wird von einer solchen verbalen Beschreibung wie jener des Bauprozesses „Maurerarbeit" ausgegangen.

2 Elemente des CYCLONE-Modells

2.1 Entwicklung von Flußnetzwerken

Zur graphischen Darstellung von CYCLONE-Modellen werden verschiedene Modellelemente verwendet. Das NORMAL-Element, das KOMBI-Element, das KREIS-Element und das PFEIL-Element stellen die Grundelemente dar, das ZÄHLER-Element und das FUNKTION-Element sind als Zusatzelemente anzusehen. Mit Hilfe der Grundelemente kann jeder Bauproduktionsprozeß graphisch dargestellt werden. Die Zusatzelemente dienen zur Aufbereitung von Zusatzinformationen, wie z. B. zur Aufbereitung von Statistikwerten, und zur Vereinfachung der Modellstruktur.

Die Modellstruktur ist ein Netzwerk, das durch die Verbindung der einzelnen Elemente entwickelt wird. Dieses Netzwerk kann als Flußnetzwerk bezeichnet werden, da es den Fluß von Flußeinheiten durch das Netzwerk darstellt. Als Flußeinheiten werden dabei sowohl die Produktionsfaktoren der Betriebswirtschaftslehre, menschliche Arbeitskraft, Maschinen und Materialien, als auch Arbeits- oder Lagerräume und Informationen oder Bewilligungen angesehen. Kombinationen dieser grundlegenden Flußeinheiten zu neuen Flußeinheiten sind möglich. Wenn z. B. nachfolgend im Text die Flußeinheit „Lastkraftwagen" oder die Flußeinheit „Radlader" erwähnt wird, handelt es sich tatsächlich um eine Kombination aus Lastkraftwagen plus Fahrer bzw. Radlader plus Fahrer.

Die zur graphischen Modelldarstellung verwendeten Flußnetzwerke werden unter Anwendung der Vorgangsknotenmethode entwickelt, in der Arbeitsvorgänge als Knoten in den Netzwerken dargestellt werden. Die Pfeile der Netzwerke dienen zur Entwicklung der Logik der Netzwerke und zur Bezeichnung der Abhängigkeiten zwischen einzelnen Arbeitsvorgängen. Durch die Verbindung der Modellelemente zu Flußnetzwerken können Folgen von Arbeitsvorgängen und die Zuordnung von Flußeinheiten zu diesen Arbeitsvorgängen vorgenommen werden. Das Flußnetzwerk macht also die Beziehungen der einzelnen Elemente zueinander ersichtlich.

Wenn ein Flußnetzwerk entwickelt ist, stellt es ein graphisches Modell eines Bauproduktionsprozesses dar, das die Folgen der einzelnen Arbeitsvorgänge, die zum Einsatz gelangenden Flußeinheiten und deren gegenseitige Abhängigkeiten formal beschreibt.

Die Dynamik des Bauprozesses wird in einem Flußnetzwerk durch die Möglichkeit, den Fluß der Flußeinheiten zu verfolgen, ersichtlich. Erst das Verständnis dieser Dynamik und der Flüsse der einzelnen Flußeinheiten macht ein optimales Bauprozeßmanagement möglich. Baufachleute, also Projekt- und Bauleiter, sind sich sowohl über die Beziehungen und Abhängigkeiten der einzelnen Arbeitsvorgänge als auch über die Flüsse der einzelnen Flußeinheiten durch den Bauprozeß im klaren. Ein Konzept, diese Abhängigkeiten und Flüsse in Bauprozessen in einem Netzwerk zu modellieren und zu analysieren, um dadurch rationale Entscheidungen auf der Bauprozeßebene zu ermöglichen, steht den Praktikern aber bisher nicht zur Verfügung.

2.2 Grundelemente des CYCLONE-Modells

Bauproduktionsprozesse können formal durch die vier Grundelemente des CYCLONE-Modells, NORMAL-, KOMBI-, KREIS- und PFEIL-Element, beschrieben werden. Mit Hilfe dieser Elemente sind die einzelnen Arbeitsvorgänge eines Bauprozesses und die zur Durchführung dieser Arbeitsvorgänge notwendigen Flußeinheiten zu beschreiben.

Wenn eine Flußeinheit — z. B. eine Maschine — für einen Arbeitsvorgang benutzt wird, befindet sie sich im Zustand der Leistungserstellung. Der Zustand der Leistungserstellung, also der tatsächliche Arbeitsvorgang, kann als aktiver Zustand charakterisiert werden. Der Zustand einer Flußeinheit zwischen den Zuständen der Leistungserstellung, also zwischen der Durchführung von Arbeitsvorgängen, wird als Wartezustand bezeichnet. Flußeinheiten können sich also entweder in einem Zustand der Leistungserstellung oder in einem Wartezustand befinden.

Wartezustände werden als passive Zustände charakterisiert. Sie treten auf, da es sich bei Bauproduktionssystemen durch den notwendigen Einsatz mehrerer Flußeinheiten selten um ausgeglichene Systeme handelt. Außerdem sind Bauproduktionssysteme stochastische Systeme, in denen aufgrund sich zufällig ändernder Arbeitsvorgangsdauern kein hundertprozentiges Gleichgewicht im System erzielt werden kann.

Wenn sich eine Flußeinheit im Wartezustand befindet, wartet sie darauf, entweder im folgenden Arbeitsvorgang oder wieder im selben Arbeitsvorgang eingesetzt zu

Modell-element	Name des Elements	Beschreibung des Elements
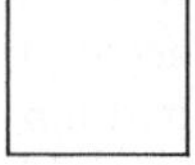 □	NORMAL	Das Quadrat dient zur Darstellung eines Arbeitsvorganges, für dessen Durchführung eine Flußeinheit eingesetzt wird.
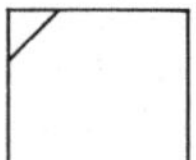 ◩	KOMBI	Das Quadrat mit der durchkreuzten linken oberen Ecke dient zur Darstellung eines Arbeitsvorganges, für dessen Durchführung zwei oder mehrere Flußeinheiten eingesetzt werden.
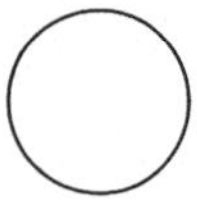 ○	KREIS	Der Kreis dient zur Darstellung einer Flußeinheit im Wartezustand.
 →	PFEIL	Der Pfeil bestimmt den logischen Fluß von Flußeinheiten.

Bild 2.1.
Die vier Grundelemente
des CYCLONE-Modells

werden. Flußeinheiten wechseln daher ständig vom Zustand der Leistungserstellung in den Wartezustand und umgekehrt. Dieser Wechsel kann als Fließen von einem Zustand in den anderen verstanden werden. Eine bestimmte Flußeinheit kann zur Durchführung mehrerer Arbeitsvorgänge eingesetzt werden. Ist dies der Fall, so kann eine Einsatzfolge dieser Flußeinheit für mehrere Arbeitsvorgänge festgelegt werden. Diese Einsatzfolge ist von der logischen Abhängigkeit der Arbeitsvorgänge voneinander bestimmt.

Die Symbole, die zur Darstellung der Modellelemente verwendet werden, sind das Quadrat, der Kreis und der Pfeil. Quadrate und Kreise dienen zur Darstellung aktiver und passiver Zustände der Flußeinheiten. Durch ihre Verbindung mittels gerichteter Pfeile zur Festlegung des Flusses der Flußeinheiten kann die Struktur eines Bauprozesses entwickelt werden. Durch unterschiedliche Symbole wird in Arbeitsvorgänge, die bezüglich ihrer Durchführung von der Verfügbarkeit von mehreren Flußeinheiten abhängig sind, und in solche, die eine diesbezügliche Abhängigkeit nicht aufweisen, unterschieden.

Die vier Grundelemente von CYCLONE-Modellen, die in Bild 2.1 gezeigt werden, sind
— das Quadrat: zur Darstellung unbedingter Arbeitsvorgänge,
— das Quadrat mit der durchkreuzten linken oberen Ecke: zur Darstellung bedingter Arbeitsvorgänge,
— der Kreis: zur Darstellung des passiven Zustandes einer Flußeinheit;
— der Pfeil: zur Darstellung der Richtung des Flusses von Flußeinheiten.

2.2.1 NORMAL-Element

Das NORMAL-Element wird durch ein Quadrat dargestellt. Es bezeichnet einen aktiven Zustand, für dessen Durchführung eine Flußeinheit und Zeit benötigt wird.

Das NORMAL-Element hat folgende Bestimmungsmerkmale:
— das Quadrat als graphisches Format[1],
— die Bezeichnung des Arbeitsvorganges,
— die Bezeichnung der einzusetzenden Flußeinheit,
— die Dauer des Arbeitsvorganges.

Die Bezeichnung der NORMAL- und KOMBI-Elemente soll so gewählt werden, daß sie das Baustellenpersonal über den Arbeitsinhalt, das anzuwendende Bauverfahren und die einzusetzenden Flußeinheiten informiert. Entsprechende Bezeichnungen für NORMAL- und KOMBI-Elemente sind beispielsweise:
— Stapeln von Ziegel durch Hilfsarbeiter,
— Beladen von Lastkraftwagen mit Erde mittels Radlader.

Sie beschreiben verbal den Arbeitsinhalt und die notwendigen Flußeinheiten.

Zur Durchführung eines NORMAL-Elementes ist eine Flußeinheit einzusetzen. Nach Durchführung des Arbeitsvorganges wird ebenfalls eine Flußeinheit freigesetzt.

---

1 Die graphische Darstellung des NORMAL-Elementes als Quadrat wurde in Anlehnung an die graphische Darstellung eines Arbeitsvorganges (einer Aktivität) als Balken im Balkendiagramm gewählt. Der Balken kann als eine Summe von NORMAL- und KOMBI-Elementen, die die zur Durchführung dieser Aktivität notwendigen Arbeitsvorgänge darstellen, verstanden werden.

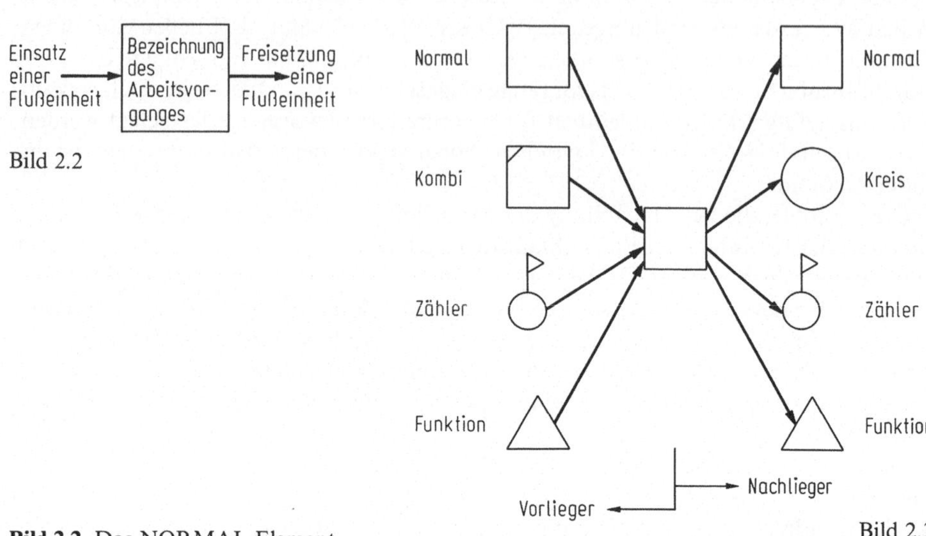

Bild 2.2. Das NORMAL-Element

Bild 2.3. Verhältnisse des NORMAL-Elementes zu den anderen Modellelementen

Der Einsatz und die Freisetzung einer Flußeinheit in einem durch ein NORMAL-Element dargestellten Arbeitsvorgang wird in Bild 2.2 gezeigt.

Ein NORMAL-Element kann durchgeführt werden, sobald die einzusetzende Flußeinheit zur Verfügung steht. Die Durchführung des Arbeitsvorganges ist von keiner weiteren Bedingung abhängig. Da ein Vorgang, sobald seine Flußeinheit zur Verfügung steht, sofort durchgeführt wird, kann sich vor einem durch ein NORMAL-Element dargestellten Vorgang keine Warteschlange aus Flußeinheiten bilden.

Die Zeitspanne, für die eine Flußeinheit gebunden ist, ist durch die Dauer der Durchführung des Arbeitsvorganges bestimmt. Die Dauer der Durchführung eines NORMAL- oder KOMBI-Elementes wird vom Planer auf der Grundlage historischer Daten festgesetzt. Die Dauer eines Vorganges kann entweder als Konstante im Fall deterministischer Zeitschätzungen oder als Variable im Fall stochastischer Zeitschätzungen angegeben werden.

Die Verhältnisse des NORMAL-Elementes zu den anderen Modellelementen werden aus Bild 2.3 ersichtlich. Ein NORMAL-Element kann einem NORMAL-, einem KOMBI-, einem ZÄHLER- oder einem FUNKTION-Element folgen und vor einem NORMAL-, einem KREIS-, einem ZÄHLER- oder einem FUNKTION-Element liegen.

2.2.2 KOMBI-Element

Das KOMBI-Element wird graphisch durch ein Quadrat mit einer durchkreuzten linken oberen Ecke dargestellt (Bild 2.4). Das Quadrat bezeichnet auch im Fall des KOMBI-Elementes einen aktiven Zustand, für dessen Durchführung mehrere Fluß-

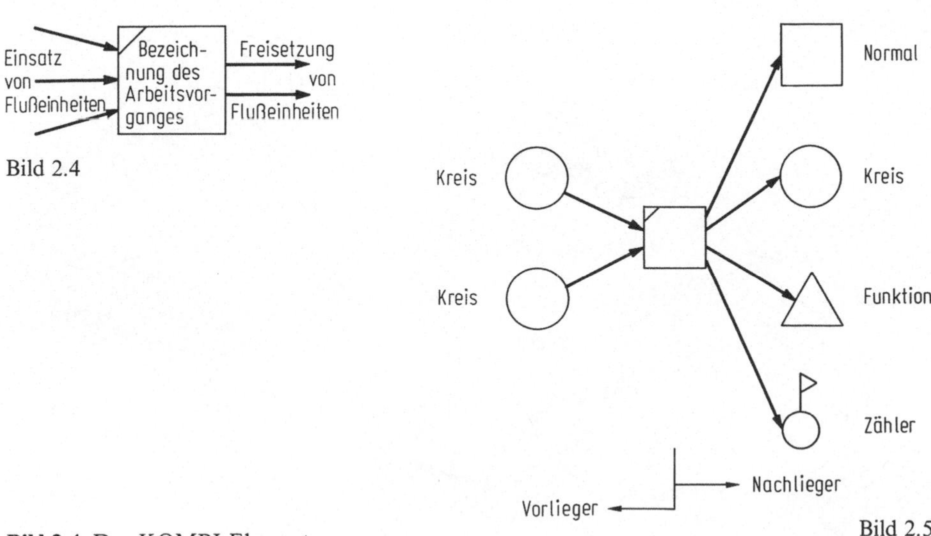

Bild 2.4. Das KOMBI-Element

Bild 2.5. Verhältnisse des KOMBI-Elementes zu den anderen Modellelementen

einheiten und Zeit benötigt werden. Das NORMAL-Element ist durch den Einsatz einer einzelnen Flußeinheit charakterisiert. Die Durchführung eines durch ein KOMBI-Element dargestellten Vorganges bedingt die Kombination zweier oder mehrerer Flußeinheiten zur Durchführung des Arbeitsvorganges.

Wenn mehrere Flußeinheiten einzusetzen sind, kann der Fall eintreten, daß sie nicht alle gleichzeitig zur Durchführung des Arbeitsvorganges verfügbar sind. Dadurch können Flußeinheiten vor einem KOMBI-Element in einen Wartezustand versetzt werden.

Vor dem KOMBI-Element liegt immer eine Menge von KREIS-Elementen, die die zur Durchführung des KOMBI-Elementes notwendigen Flußeinheiten bestimmt. Ein KOMBI-Element kann von einem NORMAL-, einem KREIS-, einem FUNKTION- oder einem ZÄHLER-Element gefolgt werden (s. Bild 2.5).

Der Unterschied zwischen NORMAL- und KOMBI-Elementen kann am Beispiel des Bauproduktionsprozesses „Erdtransport" gezeigt werden. Im Erdtransportprozeß wird das Beladen von Lastkraftwagen mit Erde mittels Radlader, der Transport dieser Erde und das Entladen an der Entladestelle, wie Bild 2.6 darstellt, durchgeführt. Als Flußeinheiten werden ein Radlader, einige Lastkraftwagen und Erde eingesetzt.

Die Arbeitsvorgänge des Erdtransportprozesses sind
— Beladen von Lastkraftwagen mit Erde mittels Radlader,
— Transportieren der Erde zur Entladestelle,
— Entladen der Erde,
— Rückfahrt des Lastkraftwagens zur Beladestelle.

Der erste Arbeitsvorgang ist durch ein KOMBI-Element darzustellen, da mehrere Flußeinheiten zur Durchführung des Vorganges notwendig sind (Bild 2.7).

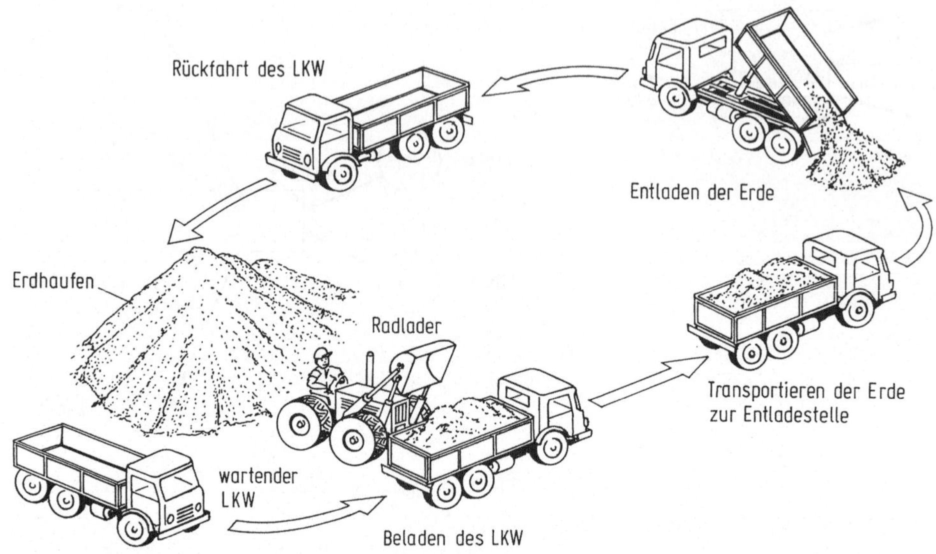

Bild 2.6. Darstellung des Bauprozesses „Erdtransport"

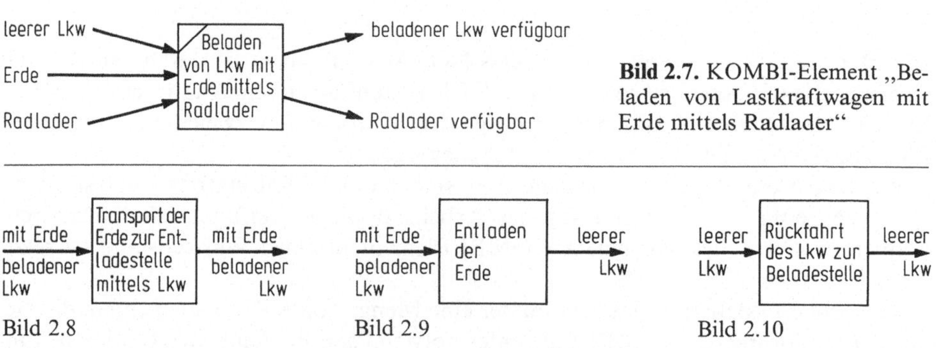

Bild 2.7. KOMBI-Element „Beladen von Lastkraftwagen mit Erde mittels Radlader"

Bild 2.8. NORMAL-Element „Transport der Erde zur Entladestelle mittels Lastkraftwagen"

Bild 2.9. NORMAL-Element „Entladen der Erde"

Bild 2.10. NORMAL-Element „Rückfahrt des Lastkraftwagens zur Beladestelle"

Nach Durchführung des Arbeitsvorganges werden der Radlader und der mit Erde beladene Lastkraftwagen freigesetzt. Der mit Erde beladene Lastkraftwagen stellt für den folgenden Arbeitsvorgang „Transportieren der Erde zur Entladestelle" die einzusetzende Flußeinheit dar. Dieser Arbeitsvorgang ist ein typisches NORMAL-Element. Sobald die einzusetzende Flußeinheit zur Verfügung steht, kann der Arbeitsvorgang durchgeführt werden. Sobald also der Lastkraftwagen beladen ist, kann der Transport beginnen (Bild 2.8).

Die nach der Durchführung des Transportes freigesetzte Flußeinheit ist der mit Erde beladene Lastkraftwagen. Sie ist im logisch folgenden Arbeitsvorgang „Entladen der Erde" einzusetzen (Bild 2.9).

Nach dem Entladevorgang wird der leere Lastkraftwagen freigesetzt. Da keine weiteren Flußeinheiten zur Verfügung stehen müssen, um die Rückfahrt des Lastkraftwagens zur Beladestelle zu ermöglichen, kann dieser Vorgang ebenfalls als NORMAL-Element dargestellt werden (Bild 2.10).

2.2.3 KREIS-Element

Das KREIS-Element wird graphisch durch einen Kreis dargestellt. Flußeinheiten, die in KOMBI-Elementen eingesetzt werden, können in passive Zustände oder Wartezustände versetzt werden, da die Durchführung von KOMBI-Elementen von der Verfügbarkeit mehr als einer Flußeinheit bedingt ist (Bild 2.11).

Das KREIS-Element hat die Funktion, Flußeinheiten, die in einem Wartezustand sind, darzustellen. Das KREIS-Element setzt eine Flußeinheit frei, sobald alle Bedingungen zur Durchführung des folgenden KOMBI-Elementes erfüllt sind. Ein KREIS-Element ist immer einem KOMBI-Element vorgelagert. Vor einem NORMAL-Element gibt es keine Warteschlangen und daher keine KREIS-Elemente.

Die Anzahl der KREIS-Elemente, die einem KOMBI-Element vorgelagert sind, bestimmt die Anzahl der Flußeinheiten, die zur Durchführung des KOMBI-Elements notwendig sind. Die Bilder 2.12 und 2.13 zeigen allgemeine Darstellungen eines KOMBI-Elementes und der dazugehörigen KREIS-Elemente. Die Verbindung dieser Elemente und der logische Fluß der Flußeinheiten wird durch PFEIL-Elemente dargestellt.

Die freigesetzten Flußeinheiten können entweder wieder durch ein KREIS-Element dargestellt werden – im Fall, daß sie einem KOMBI-Element vorliegen – oder direkt in einem NORMAL-Element zum Einsatz kommen. Wenn eine freigesetzte Flußeinheit

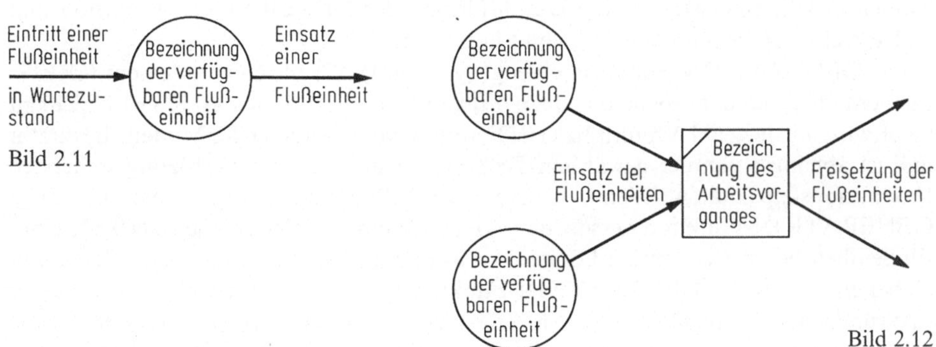

Bild 2.11. Das KREIS-Element

Bild 2.12. Verbindung von KOMBI- und KREIS-Elementen (allgemein)

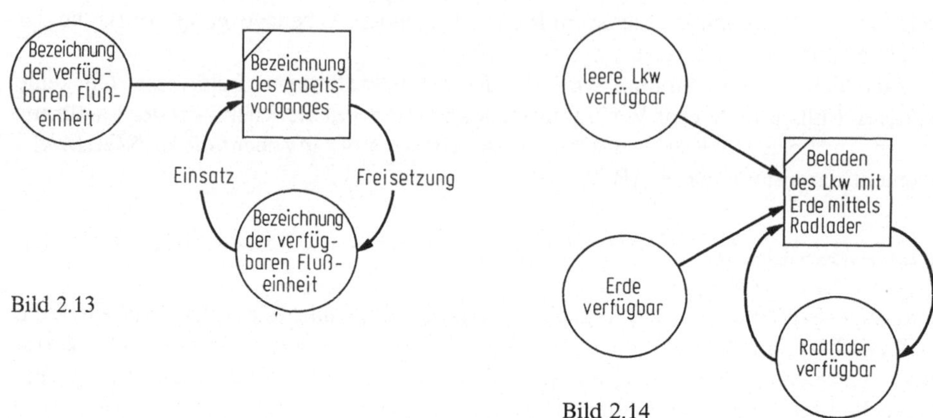

Bild 2.13. Einsatz und Freisetzung einer Flußeinheit (Zyklus)

Bild 2.14. Verbindung von KOMBI- und KREIS-Elementen zur Darstellung des Arbeitsvorganges „Beladen des Lastkraftwagens mit Erde mittels Radlader"

repetitiv zur Durchführung eines Arbeitsvorganges eingesetzt wird, ergibt sich die zyklische Darstellung des Bildes 2.13.

Die Verbindung eines KOMBI-Elementes und des dazugehörigen KREIS-Elementes kann am Arbeitsvorgang „Beladen von Lastkraftwagen mit Erde mittels Radlader" des Erdtransportprozesses gezeigt werden. Vor dem KOMBI-Element liegen die KREIS-Elemente „Radlader verfügbar", „Erde verfügbar" und „Leerer Lastkraftwagen verfügbar" (Bild 2.14).

Neben der Darstellung von Wartezuständen von Flußeinheiten kann dem KREIS-Element auch die Durchführung weiterer Funktionen zugewiesen werden. Dabei handelt es sich einerseits um die Durchführung der GENERATION-Funktion und andererseits um die Aufbereitung von Statistiken.[2]

Die GENERATION-Funktion erzeugt (generiert) N Teile einer zu einem KREIS-Element fließenden Flußeinheit. Jede Flußeinheit, die durch das KREIS-Element fließt, wird mit der Zahl N multipliziert. Diese wird vom Benutzer des Modells bestimmt und ist abhängig von der gewählten Technologie und den zur Verfügung stehenden Produktionskapazitäten. Wenn in einem KOMBI-Element, das einem mit einer GENERATION-Funktion versehenen KREIS-Element folgt, nur jeweils Teile einer Flußeinheit bearbeitet werden können, ist es notwendig, die zu bearbeitenden Flußeinheiten mittels der GENERATION-Funktion zu teilen. Da jeder dieser Teile der ursprünglichen Flußeinheit eine Anforderung zur Durchführung eines Arbeitsvorganges darstellt, werden diese Teile als Anforderungseinheiten bezeichnet. Die GENERATION-Funktion wird nachfolgend als GEN-Funktion abgekürzt (Bild 2.15).

---

2 Die Funktion des Aufbereitens von Statistiken an KREIS-Elementen wird in Kapitel 7 beschrieben.

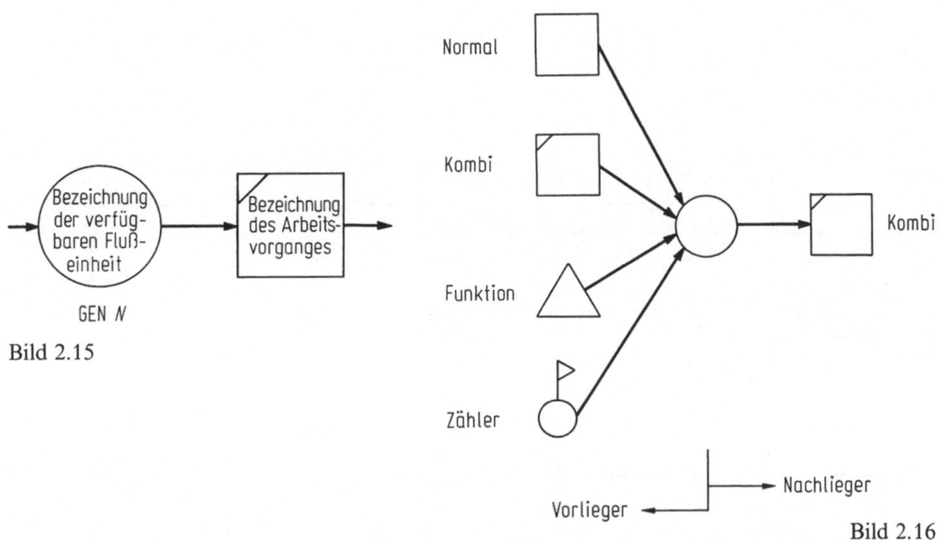

Bild 2.15. Kombination eines KREIS- und eines KOMBI-Elementes mit GEN-Funktion

Bild 2.16. Verhältnisse des KREIS-Elementes zu den anderen Modellelementen

Die GEN-Funktion führt also eine Multiplikation der im System beobachteten Flußeinheiten durch. Häufig wird sie mit der im Abschnitt 2.3.2 beschriebenen KON-Funktion verwendet.

Ein KREIS-Element kann einem NORMAL-, einem KOMBI-, einem FUNKTION- oder einem ZÄHLER-Element folgen und kann vor einem oder mehreren KOMBI-Elementen liegen (Bild 2.16).

2.2.4 PFEIL-Element

Das PFEIL-Element dient zur Darstellung der Richtung des Flusses der einzelnen Flußeinheiten zwischen den einzelnen aktiven Zuständen der NORMAL- und KOMBI-Elemente und zwischen den aktiven Zuständen der KOMBI-Elemente und den passiven Zuständen der KREIS-Elemente (Bild 2.17). Das PFEIL-Element ermöglicht es, die logische Struktur eines Bauprozesses zu entwickeln. Das PFEIL-Element hat keine Dauer. Der Fluß von einem Zustand in einen anderen ist augenblicklich und mit keiner Dauer zu versehen.

Bild 2.17.
Das PFEIL-Element zur Darstellung des Flusses von Flußeinheiten

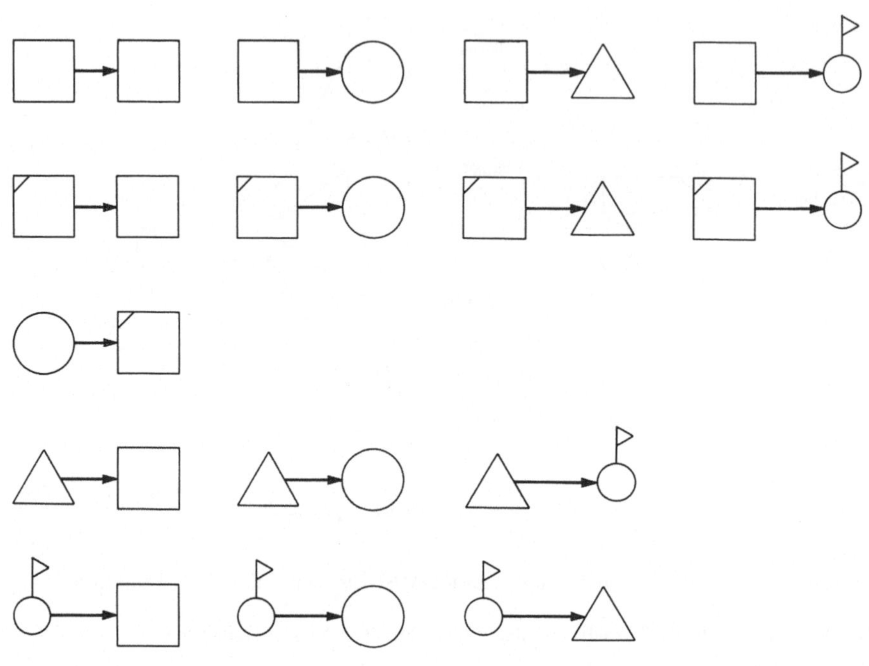

Bild 2.18. Einsatz des PFEIL-Elementes

PFEIL-Elemente bestimmen die Folge der Durchführung einzelner Arbeitsvorgänge und die Richtung des Flusses der Flußeinheiten.

Mittels eines PFEIL-Elementes kann jedes Paar von Elementen des CYCLONE-Modells verbunden werden. Alle diesbezüglichen Möglichkeiten sind in Bild 2.18 dargestellt.

Die vier Elemente, NORMAL-, KOMBI-, KREIS- und PFEIL-Element sind die grundlegenden Elemente des CYCLONE-Modells. Diese Elemente können auf verschiedene Weise miteinander verbunden werden, um Bauproduktionsprozesse zu modellieren.

Der tatsächliche Modellierungsvorgang ist einfach, da die gegenseitigen Abhängigkeiten zwischen den einzelnen Modellelementen auf ein Minimum reduziert sind. Die einzigen Elemente, die in logischer Abhängigkeit voneinander stehen, sind das KREIS- und das KOMBI-Element. Ein KOMBI-Element kann nur einem KREIS-Element folgen und umgekehrt kann nur ein KREIS-Element vor einem KOMBI-Element liegen.

Die einzelnen Phasen in der Entwicklung eines Modells eines Bauproduktionsprozesses werden im Kapitel 3 im Detail erläutert.

2.3 Zusatzelemente des CYCLONE-Modells

Grundsätzlich genügen die vier Elemente, NORMAL-, KOMBI-, KREIS- und PFEIL-Element, zur Modellierung von Bauproduktionsprozessen. Die Aufbereitung zusätzlicher Informationen und die Ausübung von Kontrollen macht den zusätzlichen Einsatz des FUNKTION-Elementes und des ZÄHLER-Elementes notwendig.

2.3.1 ZÄHLER-Element

Das ZÄHLER-Element ist ein Kontrollelement des Produktionsprozesses. Der ZÄHLER zählt die Anzahl der Einheiten, die ihn passieren, und ermöglicht dadurch eine Kontrolle der Leistung des Produktionssystems. Der ZÄHLER wird durch eine auf einem Knoten stehende Fahne dargestellt (Bild 2.19).

Die durch den ZÄHLER ausgeübte Funktion des Zählens erfolgt, indem jede durch den ZÄHLER fließende Einheit registriert wird. Diese Funktion kann durch die Bestimmung zweier Paramter sinnvoll erweitert werden. Diese Parameter sind einerseits die maximale Produktion P und andererseits ein Umrechnungsfaktor U.

Die maximale Produktion P bestimmt die maximale Menge an produzierten Einheiten, die den ZÄHLER durchfließen soll. Wenn diese durch den Modellbenützer bestimmte Menge erreicht ist, ist der Bauproduktionsprozeß zu beenden. Daraus wird ersichtlich, daß nur ein ZÄHLER in einem CYCLONE-Modell eingesetzt werden kann. Der Umrechnungsfaktor U dient zur Umrechnung der vom ZÄHLER gezählten Mengen in Einheiten, die für den Modellbenützer sinnvoll und leicht verständlich sind wie z.B. Währungseinheiten oder Kubikmeter.

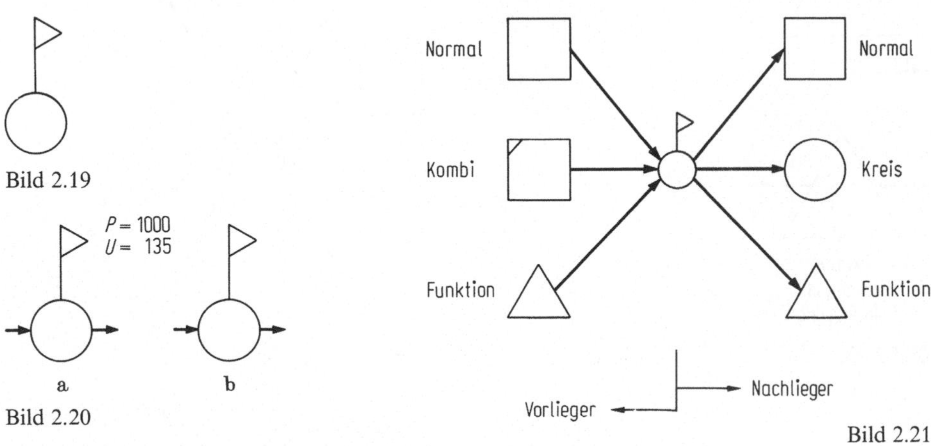

Bild 2.19. Das ZÄHLER-Element

Bild 2.20. Das ZÄHLER-Element mit **(a)** und ohne Parameter **(b)**

Bild 2.21. Verhältnisse des ZÄHLER-Elementes zu den anderen Modellelementen

Für den in Bild 2.20a gezeigten ZÄHLER wurden eine maximale Produktion P von 1000 Einheiten und ein Umrechnungsfaktor U von 13,5 bestimmt. Für den in Bild 2.20b gezeigten ZÄHLER wurden keine Parameter festgelegt.

Die Beziehung des ZÄHLER-Elementes zu den übrigen Modellelementen in Bild 2.21 macht ersichtlich, daß ein ZÄHLER nicht zwischen einem KREIS- und einem KOMBI-Element stehen kann.

2.3.2 FUNKTION-Element

Das graphische Symbol für das FUNKTION-Element ist das Dreieck, wie in Bild 2.22 gezeigt.

Eine Flußeinheit, die ein FUNKTION-Element durchfließt, veranlaßt die Ausübung seiner Funktion. Ein FUNKTION-Element kann die Funktion des Konsolidierens ausüben, was durch die Kurzbezeichnung „KON" veranlaßt wird. Außerdem kann mit ihm – wie durch KREIS-Elemente – die Aufbereitung von Statistiken vorgenommen werden. Mit Hilfe von KREIS- und/oder FUNKTION-Elementen können Flußeinheiten bei ihrem Fluß durch das Flußnetzwerk markiert werden, wodurch z.B. eine Flußdauerstatistik für eine Flußeinheit aufbereitet werden kann. Durch die Ausübungen von Markierungs- und/oder Zählfunktionen an KREIS- und/oder FUNKTION-Elementen können weiter Erstankunftstatistiken, Zwischenzeitenstatistiken, Aufenthaltestatistiken und Allestatistiken erstellt werden. Ihre Beschreibung wird im Abschnitt 7.2 vorgenommen.

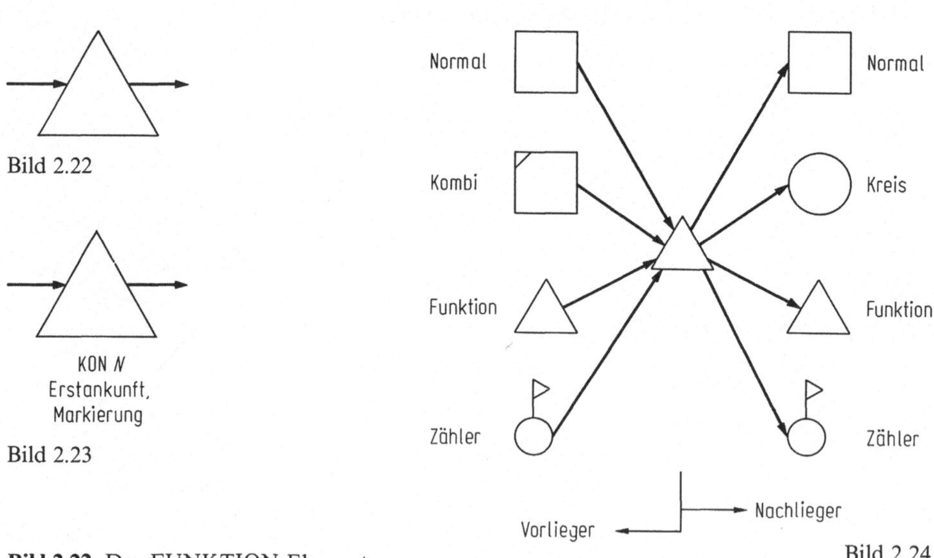

Bild 2.22

Bild 2.23

Bild 2.24

Bild 2.22. Das FUNKTION-Element

Bild 2.23. Ausübung mehrerer Funktionen durch ein FUNKTION-Element

Bild 2.24. Verhältnisse des FUNKTION-Elementes zu den anderen Modellelementen

Ein FUNKTION-Element kann eine oder mehrere Funktionen ausüben. Die Art und die Anzahl von Funktionen, die von einem FUNKTION-Element ausgeübt werden sollen, wird durch entsprechende Bezeichnung bestimmt. Das FUNKTION-Element des Bildes 2.23 übt z. B. die Konsolidierungsfunktion aus, hält die Erstankunft einer Flußeinheit fest und markiert eine Flußeinheit.

FUNKTION-Elemente können grundsätzlich überall in Flußnetzwerken, außer zwischen einem KOMBI- und seinem vorliegenden KREIS-Element, eingesetzt werden (Bild 2.24).

Wie bereits erwähnt, erweist es sich beim Modellieren von Bauproduktionsprozessen oft als vorteilhaft, Flußeinheiten in Teile, sogenannte Anforderungseinheiten, zu teilen, die nach der Durchführung eines Arbeitsvorganges wieder zu einer Flußeinheit vereint werden. Die Teilung erfolgt mittels der GEN-Funktion. Die GEN-Funktion, die bereits in Abschnitt 2.2.3 beschrieben wurde, wird nicht an einem FUNKTION-Element, sondern an einem KREIS-Element ausgeführt. Die Vereinigung der Anforderungseinheiten zu einer Flußeinheit erfolgt mittels der KON-Funktion. Wenn man eine durch ein FUNKTION-Element dargestellte KON-Funktion einsetzt, wird die Möglichkeit einer Flußeinheit, das FUNKTION-Element zu verlassen, von einer Vereinigung mehrerer Anforderungseinheiten zu einer Flußeinheit abhängig gemacht. Mehrere zu einer KON-Funktion fließenden Einheiten werden zu einer Gruppe zusammengefaßt. Diese Konsolidierung geschieht durch Durchführung einer arithmetischen Division. Die Anzahl der Anforderungseinheiten wird durch eine vom Benutzer des Modells bestimmte Zahl N dividiert.

Die Verwendung einer KON-Funktion gemeinsam mit einer GEN-Funktion der vorliegenden Kombination eines KOMBI-Elementes und eines KREIS-Elementes ist in Bild 2.25 gezeigt. In dem dargestellten Fall wird jede Einheit, die das KREIS-Element durchfließt, durch die GEN-Funktion mit 10 multipliziert. Diese Teilung der Flußeinheit in 10 Teile ist notwendig, da die das KOMBI-Element ausführende Flußeinheit nur jeweils Teile der zufließenden Flußeinheit bearbeiten kann. Nach Durchführung dieser Bearbeitung im KOMBI-Element, werden durch den Einsatz der KON-Funktion die Teile wieder zu einer einzelnen Flußeinheit vereinigt. Dies geschieht durch eine Division durch 10.

Der Vorteil der gemeinsamen Verwendung der GEN- und der KON-Funktion kann am Arbeitsvorgang „Beladen des Lastkraftwagens mit Erde mittels Radlader" erläutert werden. Ein leerer Lastkraftwagen mit einer Ladekapazität von 10 m³ kommt

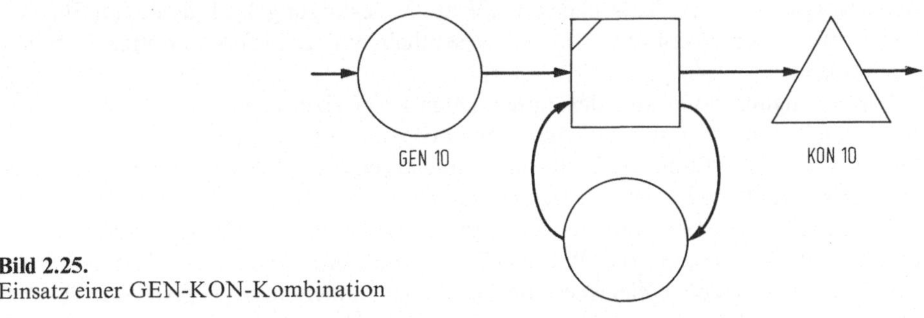

Bild 2.25.
Einsatz einer GEN-KON-Kombination

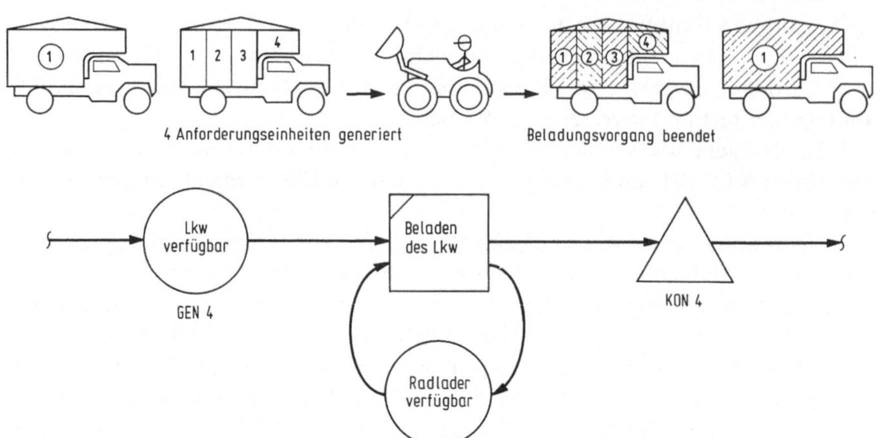

Bild 2.26. Veränderung der Anzahl der Flußeinheiten mittels der GEN-KON-Kombination

zur Beladestelle, um von einem Radlader mit einer Schaufelkapazität von 2,5 m³ beladen zu werden. Die Ladekapazität des Lastkraftwagens ist daher viermal größer als die Schaufelkapazität des Radladers. Der Radlader muß daher viermal den Beladevorgang wiederholen, um den Lastkraftwagen einmal voll zu beladen. Um den Arbeitsvorgang des Radladers viermal zu wiederholen, wird die Flußeinheit „Leerer Lastkraftwagen" in vier Teileinheiten geteilt. Jede dieser Teileinheiten stellt eine separate Anforderung (ein Kommando) an den Radlader dar, den Beladevorgang durchzuführen. Die Teilung der Flußeinheit „Leerer Lastkraftwagen" in vier Anforderungseinheiten „2,5 m³ Ladekapazität" erfolgt durch den Einsatz der GEN-Funktion (Bild 2.26).

Sobald der Arbeitsvorgang des Beladens mittels Radlader viermal durchgeführt ist, ist der Lastkraftwagen mit vier Anforderungseinheiten „2,5 m³ Ladekapazität" voll beladen. Der beladene Lastkraftwagen kann daher wieder als einzelne Flußeinheit angesehen werden. Um aus den vier Anforderungseinheiten eine einzelne Flußeinheit zu machen, ist die KON-Funktion einzusetzen.

Die vier Anforderungseinheiten existieren also nur während der Durchführung des Beladevorganges. Diese Tatsache vereinfacht die Verfolgung des Flusses von Flußeinheiten durch den Produktionsprozeß wesentlich und reduziert unnötige Detailbetrachtungen.

Die Erzeugung von Anforderungseinheiten kann ebenso wie die Zuordnung von Flußeinheiten zu Beginn des Produktionsprozesses nur an KREIS-Elementen stattfinden. Eine GEN-Funktion kann daher nur an einem KREIS-Element und nie an einem FUNKTION-Element eingesetzt werden.

Die Möglichkeit, Flußeinheiten zu verschiedenen Stellen des Produktionsprozesses durch Multiplikation zu vervielfachen (GEN-Funktion), erweitert die Flexibilität des CYCLONE-Konzeptes. Ziel ist es, die Anzahl der Einheiten, die geplant, verfolgt und kontrolliert werden müssen, möglichst gering zu halten.

3 Modellformulierung

Das Modellieren eines Bauproduktionsprozesses beinhaltet mehrere Phasen, deren Folge im Flußdiagramm des Bildes 3.1 dargestellt ist. Zur Entwicklung der Struktur und zur Darstellung der Logik eines Bauproduktionsprozesses ist im ersten Schritt

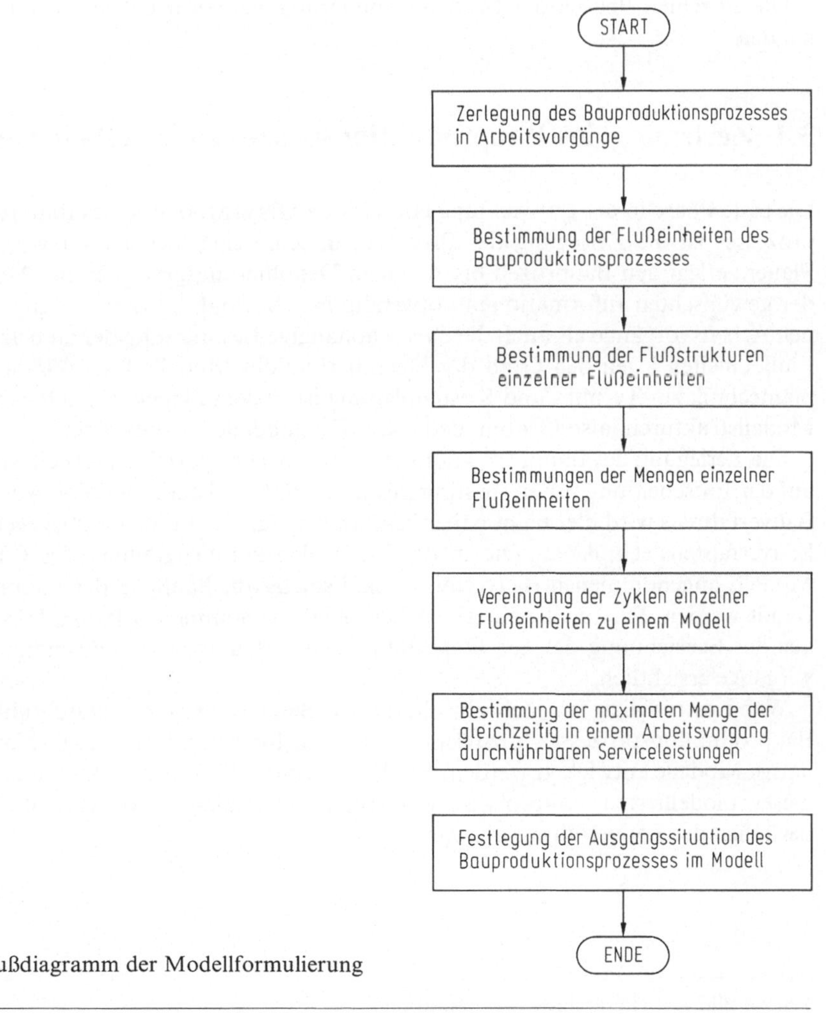

Bild 3.1. Flußdiagramm der Modellformulierung

der Modellformulierung ein Bauproduktionsprozeß in seine einzelnen Arbeitsvorgänge zu zerlegen. Nach der Bestimmung der einzusetzenden Flußeinheiten können die Flußzyklen der einzelnen Flußeinheiten analysiert werden. Für jede Flußeinheit ist die einzusetzende Menge festzulegen. Danach können deren Zyklen zu einem Gesamtmodell vereint werden. Diese Vereinigung erfolgt durch Überlagerung einzelner Flußzyklen an Arbeitsvorgängen, die in jedem der Zyklen enthalten sind. Durch diese Vereinigung mehrerer Zyklen zu einem Gesamtmodell werden oft parallele Pfade im Modell ersichtlich, die eliminiert werden können. Ein weiterer Schritt zur Vereinfachung des Modells ist die eventuelle Neudefinition eines KOMBI-Elementes als NORMAL-Element. Da es möglich ist, daß manche KOMBI-Elemente gleichzeitig in einem Arbeitsvorgang mehr als eine Serviceleistung durchführen, ist die maximale Menge der gleichzeitig in einem Arbeitsvorgang durchführbaren Serviceleistung festzustellen. Die Festlegung der Ausgangssituation des Bauproduktionsprozesses schließt die Entwicklung der statischen Struktur des Modells ab.

Die einzelnen Phasen der Modellformulierung werden nachfolgend im Detail behandelt.

3.1 Zerlegung des Bauproduktionsprozesses in Arbeitsvorgänge

Die erste Phase in der Entwicklung eines CYCLONE-Modells eines Bauproduktionsprozesses ist die Zerlegung des Prozesses in seine einzelnen Arbeitsvorgänge. Der Planer zerlegt den Bauprozeß bis zu jenem Detaillierungsgrad, der zur Aufbereitung der gewünschten Informationen notwendig ist.[1] Sowohl die Bestimmung der einzelnen Arbeitsvorgänge als auch die davon abhängige Bestimmung der zu betrachtenden Flußeinheiten legen den Grad der Detaillierung des Modells fest. Wie in der Netzplantechnik zur Termin- und Kostenplanung ist es dem Planer möglich, verschiedene Modellstrukturen, also Grobmodelle oder Feinmodelle, zu entwickeln.

Die Zerlegung des Bauproduktionsprozesses in seine einzelnen Arbeitsvorgänge ist auf der Entscheidung für ein bestimmtes Bauverfahren begründet. Die Auswahl eines Bauverfahrens wird hier nicht näher beschrieben, da dies Betrachtungsgegenstand der Bauverfahrenstechnik ist. Die in den Beispielen zur Darstellung des CYCLONE-Modells angenommenen Bauverfahren sind solche, die häufig in der Baupraxis angewandt werden. Die für die einzelnen Beispiele angenommenen Bauverfahren werden aus der Bezeichnung der zur Durchführung der Bauprozesse notwendigen Arbeitsvorgänge ersichtlich.

Wenn es möglich ist, mehrere alternative Bauverfahren zur Durchführung eines Bauproduktionsprozesses anzuwenden, können für jede dieser Möglichkeiten alternative Modelle entwickelt werden. Ein Vergleich der Produktivitäten und der Kosten dieser modellierten Bauprozesse ermöglicht schließlich rationale Entscheidungen bezüglich der Bauverfahrensauswahl.

---

1 Siehe Bild 1.3: Hierarchien von Bauproduktionsprozessen.

3.2 Bestimmung der Flußeinheiten des Bauproduktionsprozesses

Das CYCLONE-Modell benutzt zur graphischen Darstellung von Bauproduktionsprozessen Flußnetzwerke, in denen der Fluß von Flußeinheiten während des Prozesses verfolgt werden kann.

In der zweiten Phase der Modellformulierung hat der Planer die einzusetzenden Flußeinheiten zu bestimmen, wodurch der Grad der Detaillierung des Modells festgelegt wird. Die Bestimmung der einzusetzenden Flußeinheiten erfordert vom Planer umfassende Kenntnisse der anzuwendenden Bauverfahren. Die fachkundige Auswahl der Flußeinheiten bildet die Basis für die Richtigkeit und Praxisrelevanz der Modellierung.

Wie bereits erwähnt, können Arbeitskräfte, Maschinen, Material, Raum und Informationen oder Bewilligungen Flußeinheiten darstellen, und außerdem können Kombinationen dieser grundlegenden Flußeinheiten (z. B. Lastkraftwagen mit Fahrer oder mit Erde beladener Lastkraftwagen) gebildet werden. Jeder Bauproduktionsprozeß setzt eine oder mehrere Flußeinheiten ein. Jede der einzusetzenden Flußeinheiten kann einen möglichen Engpaß im Bauproduktionsprozeß verursachen, der die Produktivität des Produktionssystems verringern kann. Die Bestimmung der Flußeinheiten eines Bauproduktionsprozesses ist also gleichzeitig eine Bestimmung möglicher Engpaßfaktoren.

3.2.1 Arbeitskräfte

Als Flußeinheit „Arbeitskräfte" kann entweder ein einzelner Arbeiter oder eine Arbeitskolonne angesehen werden. Einzelne Arbeiter oder Arbeitskolonnen bestimmen die Geschwindigkeit des Flusses anderer Flußeinheiten (z. B. Material) durch den Bauproduktionsprozeß. Die Flußeinheit „Arbeitskräfte" hat daher vor allem bei arbeitsintensiven Bauprozessen starken Einfluß auf die Produktivität des Systems.

3.2.2 Maschinen

Als Flußeinheit „Maschinen" können grundsätzlich alle Maschinen und Geräte zur Durchführung von Bauprozessen berücksichtigt werden. Da Kleingeräte in der Regel den Fluß anderer Flußeinheiten — im besonderen von Material — nicht verzögern und daher nicht als Engpaßfaktor angesehen werden, sind nur Großgeräte in praxisnahen Modellen zu beinhalten. Großgeräte werden vor allem zum Materialtransport benötigt.

3.2.3 Materialien

Die Flußeinheit „Materialien" kenn jede Art von Material darstellen, welches während eines Bauprozesses bearbeitet und nach der Bearbeitung wesentlicher Bestandteil eines Bauobjektes wird. Die Definition von Materialflußeinheiten ist stark vom zu modellierenden Bauprozeß abhängig. Wenn z. B. der zu modellierende Bau-Prozeß die „Einbringung von Beton" ist, werden „Kubikmeter Beton" die Materialflußeinheit darstellen.

Die Kontrolle der Menge der bearbeiteten oder eingebauten Materialflußeinheiten erlaubt eine Kontrolle der Produktivität des Bauprozesses.

3.2.4 Raum

Als Flußeinheit „Raum" werden entweder Lagerraum oder Arbeitsraum angesehen. Von der Verfügbarkeit der Flußeinheit „Raum" kann die Durchführung von Arbeitsvorgängen abhängig sein. Speziell auf Baustellen in dicht besiedelten Gebieten kann z. B. der Lagerraum auf der Baustelle zu einem Engpaß werden.

3.2.5 Informationen oder Bewilligungen

Die Berücksichtigung von Informationen oder Bewilligungen als Flußeinheiten bedeutet, daß ein Arbeitsvorgang erst dann begonnen werden kann, wenn diese Informationen oder Bewilligungen erhalten wurden. So kann z. B. eine Flußeinheit informieren, daß eine Inspektion erfolgte und daß die inspizierte Flußeinheit zur weiteren Bearbeitung freigegeben wurde.

Sowohl die angeführten grundlegenden Flußeinheiten als auch deren Kombinationen können Engpaßfaktoren des Bauproduktionsprozesses darstellen. Wenn eine Flußeinheit zeitweise nicht verfügbar ist, stellt sie einen Engpaß dar, wodurch andere Flußeinheiten veranlaßt werden können, in einen Wartezustand zu treten. Dadurch wird der Produktionsfluß unterbrochen und die Produktivität des Bauprozesses verringert. Zeigt sich, daß eine Flußeinheit kein möglicher Engpaßfaktor ist, erweist es sich oft aus Vereinfachungsgründen als vorteilhaft, sie nicht zu berücksichtigen. Der Einsatz dieser Flußeinheit im Bauprozeß ist dann implizit und im Modell meist aus der Bezeichnung der Arbeitsvorgänge ersichtlich.

3.3 Bestimmung der Flußstrukturen einzelner Flußeinheiten

Die Bestimmung aller möglichen Zustände, in die eine Flußeinheit versetzt werden kann, bildet die Grundlage zur Entwicklung von Flußstrukturen. Eine Flußeinheit kann entweder in aktive oder passive Zustände versetzt werden. Die Bestimmung der aktiven Zustände ist in der Regel mit Arbeitsvorgängen verbunden und daher offensichtlich. Die Bestimmung der passiven Zustände hingegen verlangt spezielle Betrachtung.

Das Ausmaß an Detaillierung, das bei der Entwicklung der Flußstrukturen der einzelnen Flußeinheiten angestrebt wird, beeinflußt den Umfang, die Komplexität und die Praxisnähe des Modells. Der Zweck der Verwendung des Modells muß in dieser Phase der Modellierung besonders berücksichtigt werden. Die durch das Modell aufzubereitenden Informationen haben hinsichtlich ihrer Struktur — grob oder fein — der Zielsetzung zu entsprechen. Manchmal kann z. B. eine Folge von Arbeitsvorgängen in einen einzelnen Arbeitsvorgang zusammengefaßt werden. Wenn dabei jedoch Flußeinheiten, die Engpaßfaktoren darstellen können, unberücksichtigt bleiben, ist es notwendig, die detaillierte Darstellung der einzelnen Arbeitsvorgänge der Folge an Stelle der vereinfachenden Darstellung zu wählen.

In der Phase der Entwicklung der Flußstrukturen einzelner Flußeinheiten wird angenommen, daß alle Arbeitsvorgänge bedingte Vorgänge sind und daher durch KOMBI-Elemente dargestellt werden. Dadurch besteht die Möglichkeit, in der späteren Phase der Vereinigung der Flußstrukturen alle die Durchführung eines Arbeitsvorganges bedingenden Flußeinheiten zu berücksichtigen. Bei Vereinigung der Flußstrukturen werden alle logischen Abhängigkeiten eines Arbeitsvorganges festgestellt. Danach wird ein Arbeitsvorgang entweder als bedingter Arbeitsvorgang bestätigt oder als unbedingter Arbeitsvorgang neu definiert. Im Falle der Feststellung eines unbedingten Arbeitsvorganges, also eines Vorganges, dessen Durchführung nur von einer Flußeinheit abhängig ist, wird das KOMBI-Element durch ein NORMAL-Element ersetzt. Dieser Vereinfachungsschritt der Modellformulierung wird an einem Beispiel in Abschnitt 3.5.2 dargestellt.

Da alle aktiven Zustände als KOMBI-Elemente angesehen werden, muß jeder Arbeitsvorgang ein KREIS-Element als Vorlieger haben. Das heißt, daß jeder in einer Flußstruktur definierter aktiver Zustand ein zugeordnetes KREIS-Element hat, in welchem die jeweilige Flußeinheit in einen Wartezustand versetzt werden kann.

Die Flußstruktur einer Flußeinheit wird bestimmt, indem die Folge aller Zustände, durch die sich eine Flußeinheit begibt, festgestellt wird. In die logische Folge der Arbeitsvorgänge sind eventuelle Wartezustände einzuordnen.

3.3.1 Flußpfade und Flußzyklen

Die Struktur zur Darstellung des Flusses einzelner Flußeinheiten durch den Bauproduktionsprozeß kann entweder ein Pfad oder ein Zyklus sein. Da es sich bei Bauproduktionsprozessen um sich wiederholende Abläufe handelt, kann der Fluß von Flußeinheiten meist durch Flußzyklen dargestellt werden. Die folgenden Ausführungen behandeln daher vor allem Flußzyklen.

Manchmal wird jedoch eine Flußeinheit nur für eine bestimmte Anzahl von Arbeitsvorgängen eingesetzt, nach deren Durchführung sie nicht mehr benötigt wird und daher aus dem Produktionssystem ausgeschieden werden kann. Ist dies der Fall, ist der Fluß dieser Flußeinheit als Pfad darzustellen (Bild 3.2).

Die KREIS-Elemente am Anfang und Ende des Pfades von Arbeitsvorgängen stellen die anfängliche Verfügbarkeit und das Ausscheiden der Flußeinheit dar. Nach der Bereitstellung der Flußeinheit können die einzelnen Arbeitsvorgänge des Pfades durchgeführt werden. Ihre Reihenfolge ist durch die Pfeile bestimmt. Nach Durchführung der Arbeitsvorgänge des Pfades scheidet die Flußeinheit aus dem Bauproduktionsprozeß aus.

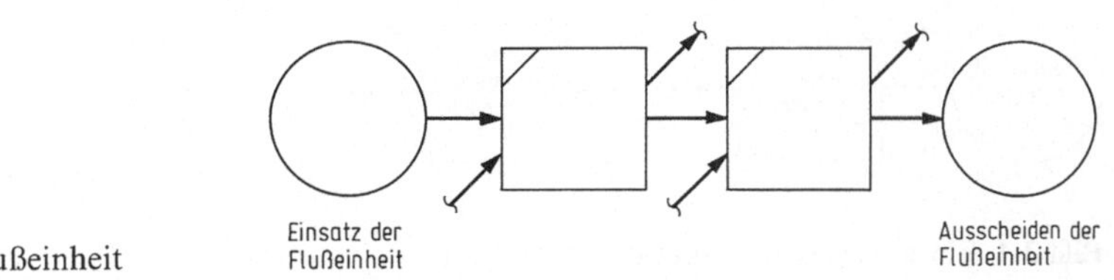

Bild 3.2.
Flußpfad einer Flußeinheit

Daß Flußpfade mancher Flußeinheiten zu „künstlichen" Flußpfaden geschlossen werden können, wird in den folgenden Ausführungen dargestellt.

3.3.2 Echte und künstliche Flußzyklen

Bei der Bestimmung von Zyklen von Flußeinheiten werden echte und künstliche Zyklen unterschieden. Echte Zyklen sind solche, in denen eine bestimmte Flußeinheit tatsächlich im definierten Zyklus bis zum Ende des Produktionsprozesses kreist. Ein Beispiel für einen echten Zyklus ist der des Lastkraftwagens im Erdtransportprozeß, wo der Lastkraftwagen vom Beladevorgang zum Transportvorgang, anschließend zum Entladevorgang und wieder zurück zum Beladevorgang kreist (Bild 3.3).

Als weiteres Beispiel eines echten Zyklus wird der einer Informationsflußeinheit beschrieben. Informationsflußeinheiten werden oft als Kontrollmechanismen eingesetzt. In vielen Fällen kann eine bestimmte Flußeinheit nicht bearbeitet werden, bevor die Bearbeitung einer vorgehenden Flußeinheit beendet wurde. In dieser Situation ist eine Informationsflußeinheit einzusetzen, die das Ende der Bearbeitung einer bestimmten Flußeinheit meldet und dadurch den Start der Bearbeitung der neuen, wartenden Flußeinheit ermöglicht. Ein Beispiel eines Zyklus einer Informationsflußeinheit wird in Bild 3.4 gezeigt.

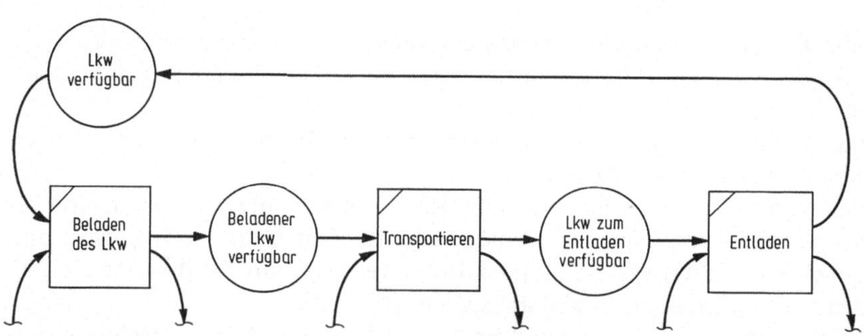

Bild 3.3. Zyklus des Lastkraftwagens im Erdtransportprozeß

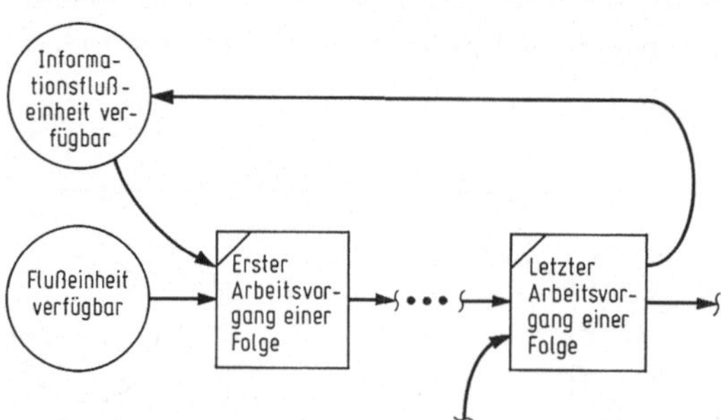

Bild 3.4. Einsatz einer Informationsflußeinheit

Künstliche Zyklen sind solche, bei denen aus dem Zyklus ausscheidende Flußeinheiten durch äquivalente Flußeinheiten ersetzt werden, um dadurch den zyklischen Charakter des Produktionsprozesses aufrechtzuerhalten. Ein typisches Beispiel für einen künstlichen Zyklus ist der des Betons im Betoneinbringungsprozeß. Grundsätzlich tritt eine bestimmte Menge Beton in den Bauproduktionsprozeß ein und wird bei der Durchführung mehrerer Arbeitsvorgänge eingebaut. Durch den Einbau scheidet diese Menge Beton aus dem Bauproduktionsprozeß aus. Die Flußfolge der Flußeinheit „Beton" kann in einem Pfad dargestellt werden (Bild 3.5).

Wird die eingebaute Menge Beton jedoch durch eine neue Menge Beton ersetzt, die denselben Pfad durchfließt, kann dies als „Recycling" angesehen werden und der Pfad zu einem Zyklus geschlossen werden (Bild 3.6). Es wird angenommen, daß die Flußeinheit „Beton" bis zur Beendigung des Bauprozesses wiederholt den Zyklus durchfließt.

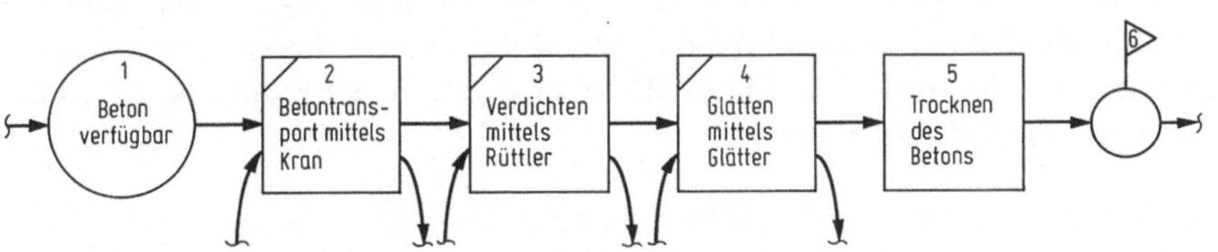

Bild 3.5. Pfad der Flußeinheit „Beton"

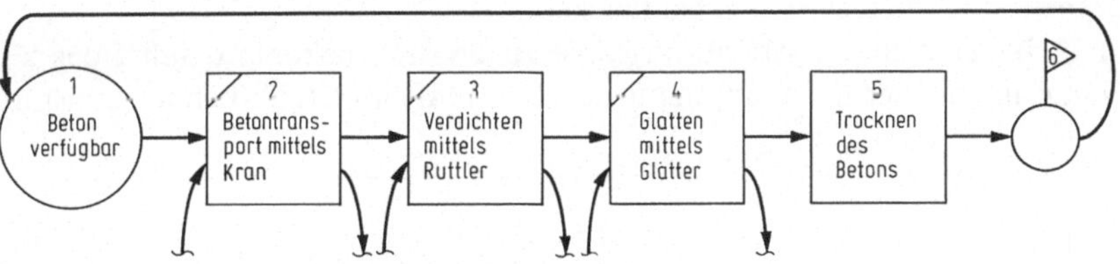

Bild 3.6. Künstlicher Zyklus der Flußeinheit „Beton"

3.3.3 Typische Zyklen von Flußeinheiten

Bei einer Analyse der Flüsse von Flußeinheiten lassen sich typische Flußmuster feststellen, die häufig in Modellen zur Darstellung von Bauprozessen vorkommen.

3.3.3.1 Sklavenzyklus

Bild 3.7 zeigt einen „Sklavenzyklus". Der Sklavenzyklus entsteht, wenn eine bestimmte Flußeinheit an einen einzelnen Arbeitsvorgang gebunden ist und diesem in wiederholten Abfolgen dient. Die Flußeinheit wechselt dabei laufend zwischen aktivem und passivem Zustand.

Wenn ein Arbeiter z.B. nur einen Arbeitsvorgang ausführt, begibt sich die Flußeinheit „Arbeiter" nur von einem aktiven Zustand der Durchführung dieses Arbeits-

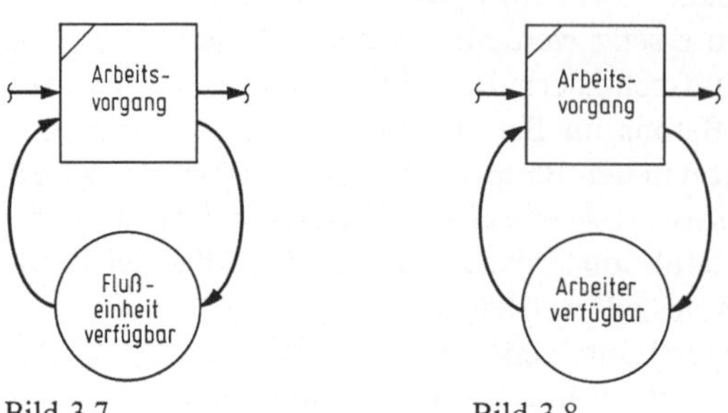

Bild 3.7   Bild 3.8

Bild 3.7. Sklavenzyklus

Bild 3.8. Sklavenzyklus eines Arbeiters

vorganges in einen passiven Zustand des Wartens und zurück in den aktiven Zustand. Dieser einfache Zyklus, dargestellt in Bild 3.8 ist ein Sklavenzyklus.

Tabelle 3.1 beinhaltet eine Anzahl von Situationen der Baupraxis, die mit Hilfe des Sklavenzyklus' modelliert werden können. Als Flußeinheiten dieser Sklavenzyklen werden Maschinen, Arbeitskräfte, Material, Arbeits- oder Lagerraum und Informationen oder Bewilligungen betrachtet.

3.3.3.2 Schmetterlingszyklus und Multieinsatzzyklus

In vielen Situationen der Baupraxis wird eine Flußeinheit in zwei (Bild 3.9a) oder mehreren (Bild 3.9b) Arbeitsvorgängen eingesetzt. Ist dies der Fall, lassen sich entweder „Schmetterlingszyklen" (Einsatz für zwei Arbeitsvorgänge) oder Multieinsatzzyklen (Einsatz für mehrere Arbeitsvorgänge) entwickeln.

Wenn ein Arbeiter mehrere Arbeitsvorgänge zugewiesen bekommt, führt das zu einem Schmetterlings- oder Multieinsatzmuster. Die Flußeinheit „Arbeiter" kreist in

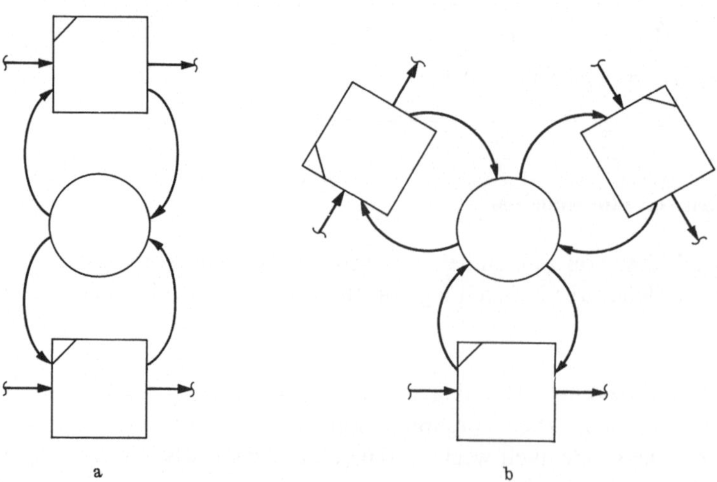

a   b

Bild 3.9. (a) Schmetterlingsmuster, **(b)** Multieinsatzmuster

Tabelle 3.1. Aktive und passive Zustände von Flußeinheiten, die durch das Sklavenmuster dargestellt werden

Flußeinheit	Arbeitsvorgang	Aktiver Zustand	Passiver Zustand
Maschinen			
Pumpe	Entwässern	Pumpe pumpt	Pumpe steht still (ist verfügbar)
Lastenaufzug	Lasten transportieren	Aufzug arbeitet	Aufzug steht still (verfügbar)
Lader	Beladen von Lastkraftwagen	Lader belädt Lastkraftwagen	Lader erwartet Lastkraftwagen (verfügbar)
Schalung	Schalen	Schalung wird benützt	Schalung wird nicht benützt (verfügbar)
Arbeitskräfte			
Hilfsarbeiter	Ziegeltransport für Maurer	Ziegeltransport für Maurer	Hilfsarbeiter erwartet Anweisungen des Maurers (verfügbar)
Arbeiter 1	Aufhacken von Erde	Aufhacken von Erde	Arbeiter 1 wartet bis zweiter Arbeiter aufgehackte Erde wegschaufelte (verfügbar)
Arbeiter 2	Wegschaufeln aufgehackter Erde	Wegschaufeln aufgehackter Erde	Arbeiter 2 wartet bis erster Arbeiter Erde aufhackte (verfügbar)
Material			
Erde	Erde transportieren	Erde wird transportiert	Erde lagernd im Erdhaufen (verfügbar)
Raum			
Arbeitsraum	Reinigen des Arbeitsraumes	Arbeitsraum wird gereinigt	Arbeitsraum zum Reinigen verfügbar
Information oder Bewilligung	Bewilligung erteilen	Bewilligung wird erteilt	Bewilligung verfügbar (nicht erteilt)

diesem Fall zwischen mehreren Arbeitsvorgängen. Ein Hilfsarbeiter, der Maurern hilft, kreist möglicherweise zwischen den Arbeitsvorgängen
— Bedienen der Mischmaschine,
— Transportieren der Ziegel zum Gerüst,
— Transportieren des Mörtels zum Gerüst,
— Adjustieren des Gerüstes.
Bild 3.10 zeigt einen Multieinsatzzyklus für diese Situation.

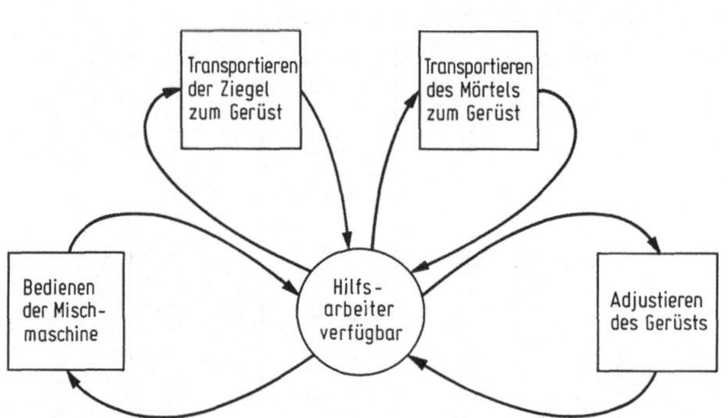

Bild 3.10. Multieinsatzzyklus des Hilfsarbeiters

Wenn eine Flußeinheit zur Durchführung mehrerer Arbeitsvorgänge eingesetzt wird, ist eine Einsatzfolge, in welcher diese Arbeitsvorgänge zu leisten sind, festzulegen. Für eine Flußeinheit, die mehreren KOMBI-Elementen dient, wird die Priorität der Bedienung der verschiedenen KOMBI-Elemente durch die numerische Kennzeichnung der KOMBI-Elemente bestimmt. Jenes Element mit der niedrigsten Nummer erhält die höchste Priorität hinsichtlich der Bereitstellung der Flußeinheit. Die folgenden KOMBI-Elemente werden gemäß der Ordnung der ansteigenden Nummern von der Flußeinheit bedient.

Es ist daher notwendig, die zur Modellformulierung verwendeten Elemente zu numerieren. Die Verwendung eines Nummernkodes zuzüglich zur verbalen Bezeichnung der einzelnen Elemente vereinfacht weiter die Bezugnahme auf einzelne Modellelemente in Beschreibungen und in der Kommunikation der am Bauproduktionsprozeß Beteiligten.

Die sich aus Bild 3.11 ergebende Einsatzfolge der durch KREIS-Element 5 dargestellten Flußeinheit ist: Zuerst Einsatz zur Durchführung des durch KOMBI-Element 4 dargestellten Arbeitsvorganges, dann Einsatz für den durch KOMBI-Element 6 dargestellten Arbeitsvorgang.

Die Flußeinheit steht dem KOMBI 6 nicht zur Verfügung, solange sie im KOMBI 4 benötigt wird. Solange also wiederholte Anforderungen zur Durchführung des KOMBI-Elementes 4 kommen, werden diese Anforderungen erfüllt.

Die Einsatzfolge einer Flußeinheit in einzelnen Arbeitsvorgängen kann von mehreren Faktoren abhängig sein. Grundsätzlich bestimmt das anzuwendende Bauverfahren die Prioritäten des Einsatzes einer Flußeinheit.

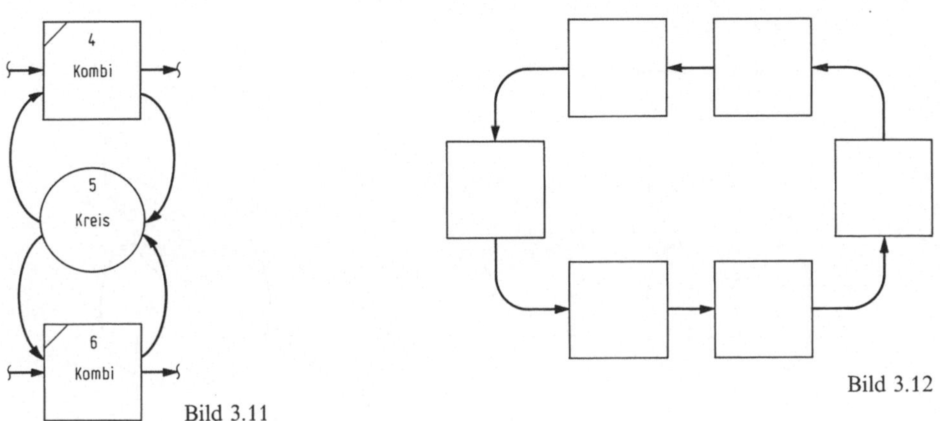

Bild 3.11

Bild 3.12

Bild 3.11. Prioritäten der Einsatzfolge einer Flußeinheit

Bild 3.12. Zyklische Folge von Arbeitsvorgängen

3.3.3.3 Zyklische Folge von Arbeitsvorgängen

In vielen Bauproduktionsprozessen gibt es Folgen von Arbeitsvorgängen, die von einer Flußeinheit wiederholt durchflossen werden. Diese zyklische Folge von Zuständen kann entweder gänzlich aus aktiven Zuständen (Arbeitsvorgängen) bestehen oder aus aktiven und passiven Zuständen zusammengesetzt sein. In Bild 3.12 durchfließt die Flußeinheit einen Arbeitsvorgang unmittelbar nach dem anderen. Es entsteht keinerlei Verzögerung in Form von Wartezeiten.

Diese typischen Zyklen von Flußeinheiten werden in der Baupraxis immer wieder vorgefunden. Ihre Verwendung zur Modellierung einfacher und komplexer Bauproduktionsprozesse wird in den folgenden Kapiteln wiederholt ersichtlich.

3.3.4 Entzugsmechanismen

Als besonderer Zyklus einer Flußeinheit ist der Entzugsmechanismus anzusehen. In der Baupraxis kommt es häufig vor, daß eine Flußeinheit dem Produktionssystem für eine gewisse Zeitspanne entzogen werden muß, um anschließend wieder im System eingesetzt zu werden. Typische Beispiele dafür sind periodische Wartungsarbeiten an Maschinen und die Nicht-Arbeitszeiten im Schichtbetrieb (8 h Arbeitszeit, 16 h Nicht-Arbeitszeit). Der Entzug von Flußeinheiten aus dem Produktionssystem kann im CYCLONE-Modell mit Hilfe des Entzugsmechanismus berücksichtigt werden.

Zur Darstellung des Entzugsmechanismus (Bild 3.13) muß neben dem Flußzyklus der betrachteten Flußeinheit zusätzlich der Flußzyklus des Entzugskommandos berücksichtigt werden. Im Beispiel des Bildes 3.13 kann das Entzugskommando entweder gemeinsam mit der betrachteten Flußeinheit für die Entzugszeit im Element 1 eingesetzt sein oder während der Einsatzzeit der betrachteten Flußeinheit in Element 4 allein eingesetzt sein. Weiter kann sich das Entzugskommando im KREIS-Element 5 befinden.

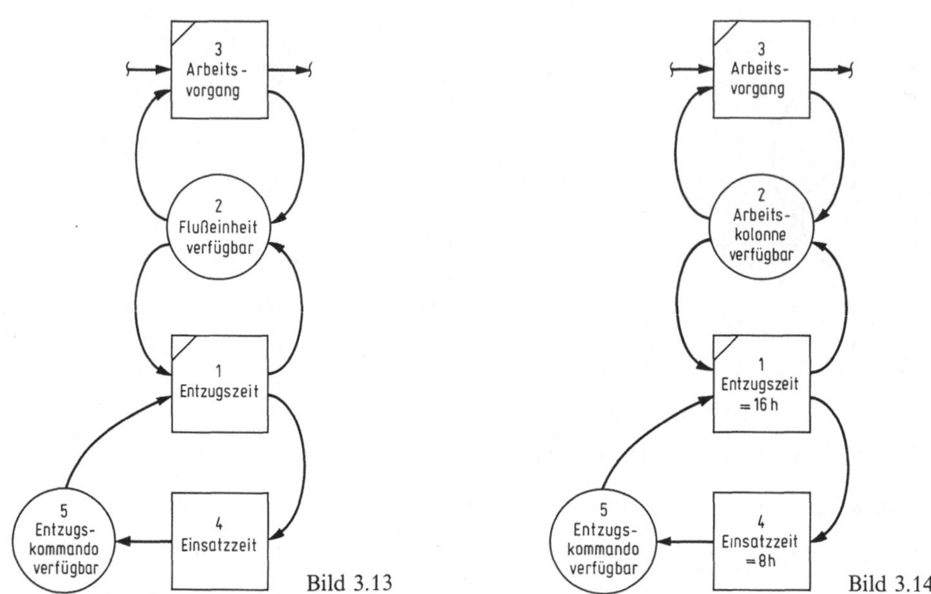

Bild 3.13. Einfacher Entzugsmechanismus

Bild 3.14. Entzugsmechanismus für 8/16 h Schichtbetrieb

Die Flußeinheit unter Betrachtung kann nur dann dem Produktionssystem entzogen werden, wenn sie sich im KREIS-Element 3 befindet. Durch den Entzug wird die Flußeinheit im Vorgang „Entzugszeit" gebunden. Die Dauer des Entzuges der Flußeinheit ist durch die Dauer des Vorganges „Entzugszeit" bestimmt. Bei dem in Bild 3.14 dargestellten Entzugsmechanismus zum 16-stündigen Entzug einer Arbeitskolonne aus dem Produktionsprozeß und anschließender Freisetzung für 8 h einmal alle 24 h, beträgt die Dauer des Vorganges „Entzugszeit" offensichtlich 16 h.

Die im Schichtbetrieb arbeitende Arbeitskolonne befindet sich in einem Sklavenzyklus zwischen den Elementen 2 und 3. Während des Einsatzes der Arbeitskolonne in diesem Sklavenzyklus befindet sich die Flußeinheit „Entzugskommando" im Vorgang 4. Nach Ablauf der Einsatzzeit (8 h) bewegt sich das Entzugskommando zum KREIS-Element 5 fort. Nach Rückkehr der Arbeitskolonne in den Wartezustand des KREIS-Elementes 2 sind alle Bedingungen zur Durchführung des Vorganges 1 erfüllt, wodurch der Entzug der Arbeitskolonne aus dem Produktionssystem vorgenommen wird. Der Fluß der Arbeitskolonne vom Element 2 zum Element 1 und nicht zum Element 3 ist durch die niedrigere Nummer des Arbeitsvorganges „Entzugszeit" (1 < 3) bestimmt. Die Arbeitskolonne wird im Vorgang 1 16 h gebunden. Während dieser Zeit ist die Flußeinheit „Arbeitskolonne" nicht im Element 2 verfügbar, wodurch der Arbeitsvorgang 3 unterbrochen wird. Nach den 16 h Entzugszeit fließt die Arbeitskolonne wieder in das KREIS-Element 2 zurück, und das Entzugskommando fließt für 8 h in den Vorgang 4 „Einsatzzeit". Dadurch kann die Arbeitskolonne 8 h eingesetzt werden, bis das Entzugskommando wieder zum Element 5 weiterfließt. Die Arbeitskolonne wird abwechselnd entzogen und eingesetzt.

Die Entzugs- und Einsatzperioden sind durch die Dauer der Vorgänge, die das Entzugskommando durchfließt, bestimmt. Die Dauer eines Entzugskommandozyklus ergibt sich als Summe von Einsatzzeit und Entzugszeit.

Die Dauer eines Arbeitsvorganges, der von der betrachteten Flußeinheit (Arbeitskolonne) durchgeführt wird, steht normalerweise in keiner Beziehung zu der Einsatz- oder Entzugszeit. Meist ist die Dauer dieses Arbeitsvorganges wesentlich kürzer als die Einsatzzeit der Flußeinheit. Dieser Arbeitsvorgang kann daher oftmalig während der Einsatzzeit wiederholt werden.

Der einfache Entzugsmechanismus kann um ein KREIS-Element (Element 6) erweitert werden, um die Startposition des Entzugskommandos variieren zu können. Da Flußeinheiten nur jeweils KREIS-Elementen zugewiesen werden können, würde das Entzugskommando in der Startsituation des Bildes 3.14 dem Element 5 zugewiesen werden. Dadurch würde der Entzugsmechanismus sofort eintreten und die betrachtete Flußeinheit sofort dem Produktionssystem entzogen werden. Da diese Annahme meist unrealistisch ist, muß ein weiteres KREIS-Element im Modell eingeführt werden, dem das Entzugskommando in der Startsituation zugewiesen werden kann. Das Element 6 wird „Startposition Entzugskommando" genannt. Im Element 6 wird das Entzugskommando für die erste Einsatzzeit der betrachteten Flußeinheiten gebunden (Bild 3.15). Anschließend verläuft der Entzugsmechanismus so wie oben erläutert.

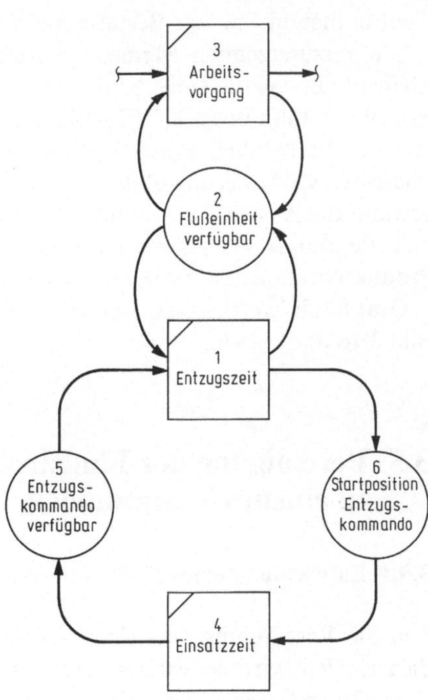

Bild 3.15. Erweiterter Entzugsmechanismus

3.4 Bestimmung der einzusetzenden Mengen einzelner Flußeinheiten

Nach der Entwicklung der Flußstrukturen einzelner Flußeinheiten sind die einzusetzenden Mengen je definierter Flußeinheit festzulegen. Die Entscheidung hierüber hat der Planer zu treffen.

Die im Bauproduktionsprozeß zum Einsatz kommenden Mengen je Flußeinheit (z. B. Anzahl Lastkraftwagen, Anzahl Maurer, Anzahl Hilfsarbeiter usw.) sind einerseits vom angewandten Bauverfahren und andererseits von den verfügbaren Kapazitäten des Bauunternehmens abhängig. Begrenzte Kapazitäten eines Bauunternehmens können eine — hinsichtlich der Produktivität — optimale Ausstattung eines Bauprozesses verhindern.

Die zur Erzielung der maximalen Produktivität eines Bauprozesses notwendigen Mengen einzelner Flußeinheiten können am CYCLONE-Modell durch Simulation verschiedener Kombinationen festgestellt werden. Als Kombinationen bezüglich der einzusetzenden Mengen an Flußeinheiten zur Durchführung des Bauprozesses „Maurerarbeiten" sind z. B.
— 1 Hilfsarbeiter, 1 Maurer,
— 1 Hilfsarbeiter, 2 Maurer,
— 1 Hilfsarbeiter, 3 Maurer
möglich.

Oft genügen die Erfahrung des Planers und die Verfügbarkeit historischer Daten zur Bestimmung der einzusetzenden Mengen je Flußeinheit. Das CYCLONE-Modell dient in diesem Fall zur Bestätigung der getroffenen Entscheidungen.

Die einzusetzenden Mengen je Flußeinheit können dem logisch ersten KREIS-Element des Zyklus einer Flußeinheit zugewiesen werden. Die Zuordnung von Flußeinheiten kann nur zu KREIS-Elementen erfolgen. Die Auswahl eines oder mehrerer von der Flußeinheit durchflossenen KREIS-Elemente zur Zuordnung ist in dieser Phase der Modellierung ohne Bedeutung. Nach der Formulierung des Gesamtmodells gewinnt die Auswahl bestimmter KREIS-Elemente zur Zuordnung der Flußeinheiten an Bedeutung, da von dieser Auswahl die Startsituationen des Modells und dadurch die Produktivität des Bauprozesses in der Anlaufphase abhängig ist.

Graphisch werden die einzusetzenden Mengen einzelner Flußeinheiten gemäß Bild 3.16 dargestellt.

3.5 Vereinigung der Flußstrukturen einzelner Flußeinheiten zu einem Gesamtmodell

3.5.1 Entwicklung eines Flußnetzwerkes

Um die Vereinigung von Flußstrukturen einzelner Flußeinheiten zu einem Modell darzustellen, wird der extrem vereinfachte Bauprozeß „Maurerarbeiten" gewählt. Für diesen Prozeß sind vorerst die einzusetzenden Flußeinheiten und deren Flußstrukturen zu bestimmen.

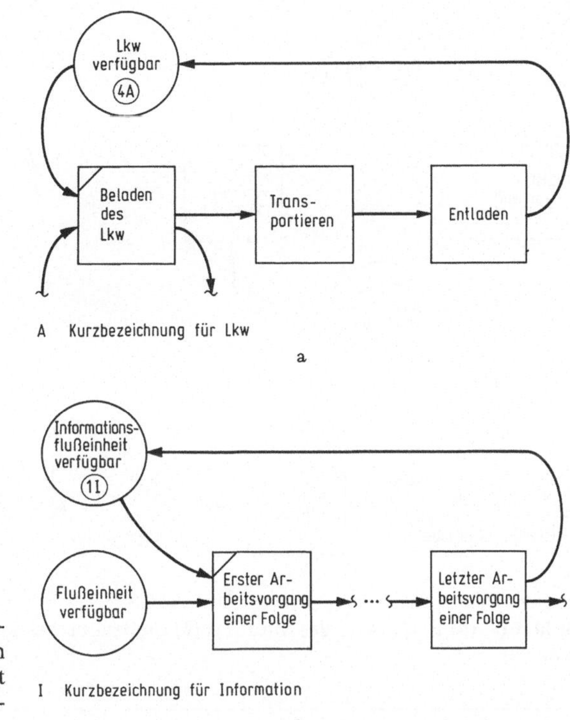

Bild 3.16. (a) Zyklus des Lastkraftwagens im Erdtransportprozeß, in dem vier Lastkraftwagen eingesetzt werden, (b) Zyklus der Informationsflußeinheit

Es wird angenommen, daß ein Maurer durch die Durchführung des Arbeitsvorganges „Ziegelverlegen" eine Ziegelmauer errichtet. Als im Bauprozeß einzusetzendes Material werden nur die Ziegel berücksichtigt; Mörtel bleibt zur Vereinfachung unberücksichtigt. Ein Hilfsarbeiter unterstützt den Maurer durch den Transport von Ziegelpaketen zu je 10 Ziegel vom Ziegelstapel zur Verlegestelle, wo der Maurer die Ziegelpakete übernimmt. Der Maurer ist daher in den Arbeitsvorgängen „Ziegeltransport" und „Ziegelverlegen" eingesetzt. Der Hilfsarbeiter führt keine weiteren Arbeitsvorgänge aus und ist daher nur im Arbeitsvorgang „Ziegeltransport" eingesetzt.

Der Ziegelstapel enthält x Ziegelpakete.

Die Arbeitsvorgänge des Bauproduktionsprozesses „Maurerarbeiten" sind daher

— Ziegeltransport und

— Ziegelverlegen.

Die Flußeinheiten des Bauproduktionsprozesses „Maurerarbeiten" sind

— der Maurer,

— der Hilfsarbeiter und

— das Ziegelpaket.

Bei der Entwicklung der Flußstrukturen werden die Arbeitsvorgänge als KOMBI-Elemente dargestellt, und daher liegt jeweils ein KREIS-Element vor den KOMBI-Elementen. Sollte sich bei Vereinigung der einzelnen Strukturen zeigen, daß die Durchführung eines durch ein KOMBI-Element dargestellten Arbeitsvorganges nicht von

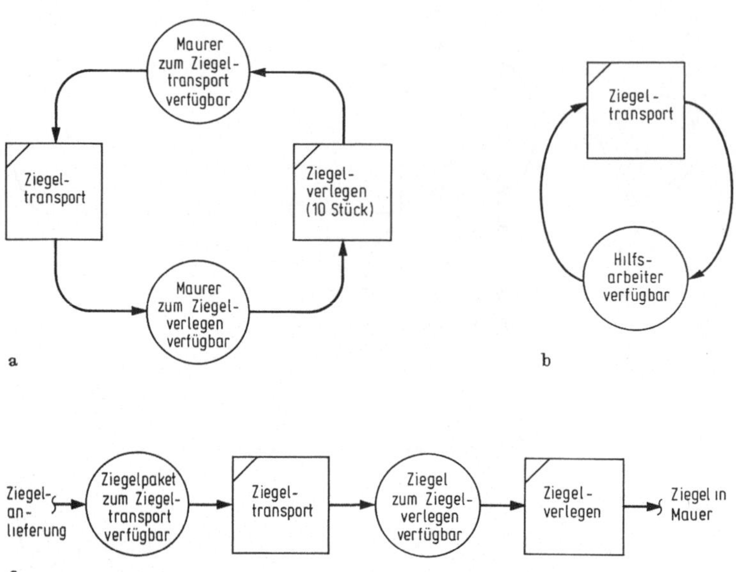

Bild 3.17. (a) Flußzyklus des Maurers, **(b)** Flußzyklus des Hilfsarbeiters, **(c)** Flußpfad des Ziegelpaketes

der Verfügbarkeit zweier oder mehrerer Flußeinheiten bedingt ist, kann das KOMBI-Element durch ein NORMAL-Element ersetzt werden. Die logischen Abhängigkeiten der Durchführung werden erst bei Vereinigung der Flußstrukturen ersichtlich.

Der Flußzyklus des Maurers beinhaltet die beiden aktiven Zustände „Ziegeltransport" und „Ziegelverlegen" und die beiden passiven Zustände „Maurer verfügbar zum Ziegeltransport" und „Maurer verfügbar zum Ziegelverlegen". Der Flußzyklus des Hilfsarbeiters ist einfach, da der Hilfsarbeiter nur in zwei Zustände versetzt werden kann; entweder in den aktiven Zustand des Ziegeltransportes oder in den passiven Zustand des Wartens auf die nächste Anforderung eines Ziegeltransportes. Der Flußzyklus des Hilfsarbeiters ist ein typisches Sklavenmuster.

Der Flußpfad der Ziegel beinhaltet zwei aktive Zustände und zwei zugehörige KREIS-Elemente. Die Ziegelpakete, die je 10 Ziegel beinhalten, befinden sich im Ziegelstapel in einem passiven Zustand. Durch den Transportvorgang wird jeweils ein Ziegelpaket in einen aktiven Zustand versetzt, dem der passive Zustand der Lagerung an der Verlegestelle bis zum aktiven Zustand, der Ziegelverlegung, folgt.

Die Zyklen, die die Flußeinheiten „Maurer", „Hilfsarbeiter" und „Ziegel" durchfließen, sind in Bild 3.17 dargestellt.

Die Ziegel scheiden aus dem Produktionsprozeß durch den Einbau in die Ziegelmauer aus. Da jedoch zur Fortführung des Prozesses weitere Ziegel eingesetzt werden, die wieder durch dieselben aktiven und passiven Zustände fließen, kann der Flußpfad des Ziegelpaketes zu einem Flußzyklus geschlossen werden (Bild 3.18). Der Fluß-

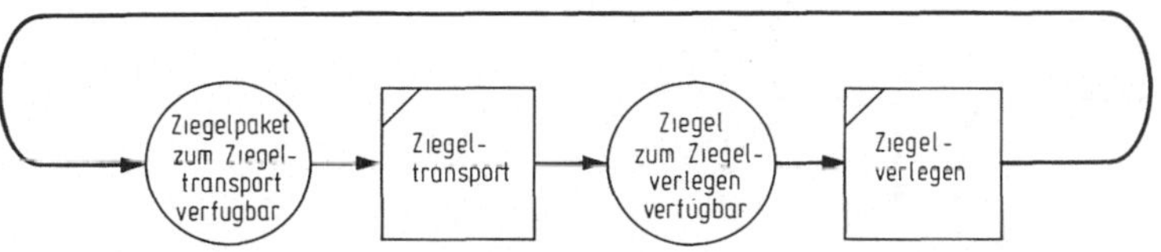

Bild 3.18. Flußzyklus des Ziegelpaketes

zyklus des Ziegelpaktes besteht aus zwei KOMBI-Elementen und zwei zugehörigen KREIS-Elementen.

Das Schließen eines Flußpfades zu einem Flußzyklus hat den Vorteil, daß die Anzahl der zu definierenden Flußeinheiten klein gehalten werden kann. Es ist nur eine Flußeinheit Ziegelpaket (zu 10 Ziegel) an Stelle der x Ziegelpakete, die zur Errichtung der Mauer notwendig sind, zu bestimmen. Diese Möglichkeit des „Recyclings" kann dann genutzt werden, wenn Flußeinheiten aus einer unendlichen Menge (Ziegellieferung) in einen Bauprozeß eintreten und nach ihrer Bearbeitung aus dem Bauprozeß ausscheiden (Ziegel in Ziegelmauer).

Die Bestimmung der im Bauproduktionsprozeß „Maurerarbeiten" einzusetzenden Mengen der einzelnen Flußeinheiten läßt sich aus der verbalen Beschreibung des Bauprozesses ableiten, in der ein Maurer, ein Hilfsarbeiter und jeweils ein Ziegelpaket zu 10 Ziegel angeführt wird. Die eingesetzten Mengen je Flußeinheit sind in Tabelle 3.2 zusammengefaßt.

Die Vereinigung einzelner Flußstrukturen wird durch die Tatsache, daß Flußstrukturen gemeinsame Arbeitsvorgänge haben, möglich. Im ersten Schritt der Vereinigung der Zyklen des Bauproduktionsprozesses „Maurerarbeiten" werden die Flußzyklen des Maurers und des Hilfsarbeiters betrachtet. Der gemeinsame Arbeitsvorgang dieser beiden Zyklen ist der Vorgang „Ziegeltransport". Die Vereinigung der beiden Zyklen erfolgt durch Überlagerung der beiden Zyklen am KOMBI-Element des Arbeitsvorganges „Ziegeltransport". Das Resultat der Vereinigung des Zyklus des Maurers und des Zyklus des Hilfsarbeiters wird in Bild 3.19 gezeigt.

Hätten die beiden vereinigten Flußzyklen mehr als einen gemeinsamen Arbeitsvorgang gehabt, wären auch diese zusätzlichen gemeinsamen KOMBI-Elemente überlagert worden, wodurch zusätzliche Kontaktpunkte der beiden Zyklen entstünden. Durch die Vereinigung zweier oder mehrerer Zyklen entstehen Multi-Zyklus-Modelle. Wenn alle anfänglich definierten Zyklen vereint sind, resultiert ein Gesamtmodell des modellierten Bauproduktionsprozesses.

Tabelle 3.2. Eingesetzte Mengen je Flußeinheit (Bauprozeß „Maurerarbeiten")

Flußeinheit	Eingesetzte Mengen
Maurer	1
Hilfsarbeiter	1
Ziegelpakete zu 10 Ziegel	x

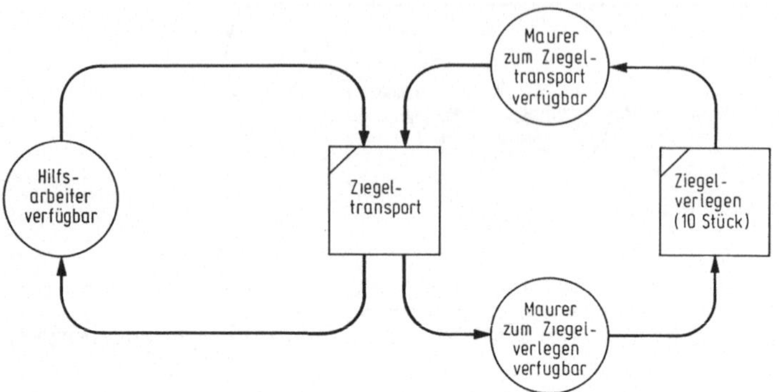

Bild 3.19. Vereinigung der Flußzyklen des Maurers und des Hilfsarbeiters

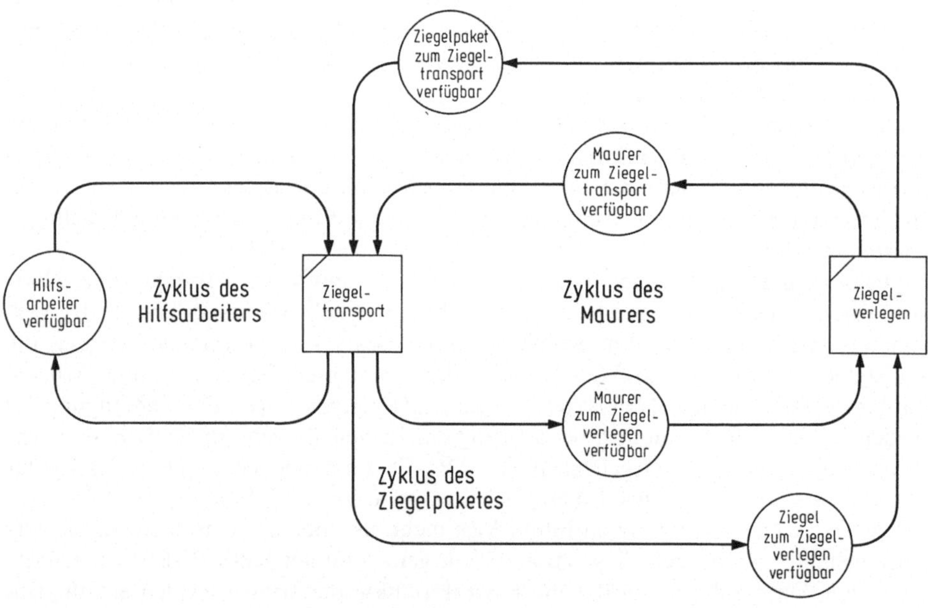

Bild 3.20. Vereinigung des Zyklus des Ziegelpaketes mit den Zyklen des Maurers und des Hilfsarbeiters

Im nächsten Schritt der Vereinigung von Flußzyklen ist das Multi-Zyklus-Modell des Bildes 3.19, das aus der Vereinigung der Flußzyklen des Maurers und des Hilfsarbeiters resultierte, mit dem Flußzyklus des Ziegelpaketes zu vereinigen. Letzterer hat mit dem Multi-Zyklus-Modell zwei Arbeitsvorgänge gemeinsam, und zwar die Arbeitsvorgänge „Ziegeltransport" und „Ziegelverlegen". Die KOMBI-Elemente dieser beiden Vorgänge sind zu überlagern, woraus das in Bild 3.20 dargestellte Gesamtmodell resultiert.

Alle ursprünglich definierten Zyklen der einzelnen Flußeinheiten sind zu einem Gesamtmodell zu vereinen. Diese Vereinigung erfolgt durch Überlagerung gemeinsamer KOMBI-Elemente. Sollte der Fall eintreten, daß ein definierter Zyklus kein gemeinsames KOMBI-Element mit einem anderen Zyklus hat und dadurch nicht in das Gesamtmodell integriert werden kann, ist die Notwendigkeit der Berücksichtigung dieses Zyklus im Gesamtmodell zu überprüfen. Stellt sich heraus, daß der Zyklus im Gesamtmodell beinhaltet sein muß, dann ist die Integration dieses Zyklus durch eine neue, detailliertere Bestimmung der Arbeitsvorgänge des Bauprozesses und eine Überprüfung der Abfolge dieser Arbeitsvorgänge zu ermöglichen.

3.5.2 Vereinfachung der Darstellung des Flußnetzwerkes

Bei Vereinigung mehrerer Flußstrukturen entstehen meist parallele Pfade im Flußnetzwerk des Gesamtmodells. Manche dieser Pfade können zur Vereinfachung der Darstellung des Modells eliminiert werden, ohne dabei die Logik zu beeinflussen oder die beschreibende Funktion des Modells zu verringern.

Die Überlagerung der einzelnen Flußzyklen des Bauprozesses „Maurerarbeiten" führt zu parallelen Pfaden zwischen den Arbeitsvorgängen „Ziegeltransport" und „Ziegelverlegen". Um die Modelldarstellung zu vereinfachen, ist zu prüfen, ob einige dieser Pfade durch das Zusammenziehen von KREIS-Elementen ausgeschieden werden können. Eine erste Vereinfachung kann durch das Zusammenziehen der KREIS-Elemente „Maurer zum Ziegelverlegen verfügbar" und „Ziegel zum Ziegelverlegen verfügbar" zu einem gemeinsamen KREIS-Element „Maurer und Ziegel zum Ziegelverlegen verfügbar" erfolgen. Weiter kann eine Kombination der KREIS-Elemente „Maurer zum Ziegeltransport verfügbar" und „Ziegelpaket zum Ziegeltransport verfügbar" zu einem KREIS-Element „Maurer und Ziegelpaket zum Ziegeltransport verfügbar" erfolgen. Diese Kombination ist möglich, da in jedem Fall sowohl die Ziegel als auch der Maurer nach Durchführung des Vorganges „Ziegelverlegen" verfügbar sind. Diese Schritte zur Vereinfachung des Modells sind in Bild 3.21 a dargestellt.

Bei Vereinigung der einzelnen Zyklen zu einem Gesamtmodell wird festgestellt, ob ein oder mehrere KREIS-Elemente einem aktiven Zustand vorliegen. Wenn nur ein KREIS-Element einem aktiven Zustand vorliegt, wird dieser Arbeitsvorgang als NORMAL-Element definiert und das vorliegende KREIS-Element wird ausgeschieden.

Eine weitere Vereinfachung der Modelldarstellung kann daher durch die Ersetzung des KOMBI-Elementes des Arbeitsvorganges „Ziegelverlegen" durch ein NORMAL-Element bei gleichzeitiger Eliminierung des KREIS-Elementes „Maurer und Ziegel zum Ziegelverlegen verfügbar" erfolgen (Bild 3.21 b). Dieser Schritt ist möglich, da nur ein KREIS-Element dem Vorgang „Ziegelverlegen" vorliegt, was bedeutet, daß die Durchführung des Vorganges nur von der Verfügbarkeit einer Flußeinheit abhängig ist. Laut Definition ist ein Vorgang, der nur eine Flußeinheit zur Durchführung benötigt, durch ein NORMAL-Element darzustellen.

Der Arbeitsvorgang des Ziegelverlegens kann daher unmittelbar nach Durchführung des Arbeitsvorganges „Ziegeltransport" begonnen werden. Die Anforderung, daß sowohl Maurer als auch Ziegel zur Durchführung des Arbeitsvorganges „Ziegelverlegen" zur Verfügung stehen, ist immer implizit erfüllt, da die beiden Flußeinheiten im Arbeitsvorgang „Ziegeltransport" bereits gemeinsam eingesetzt und nach der

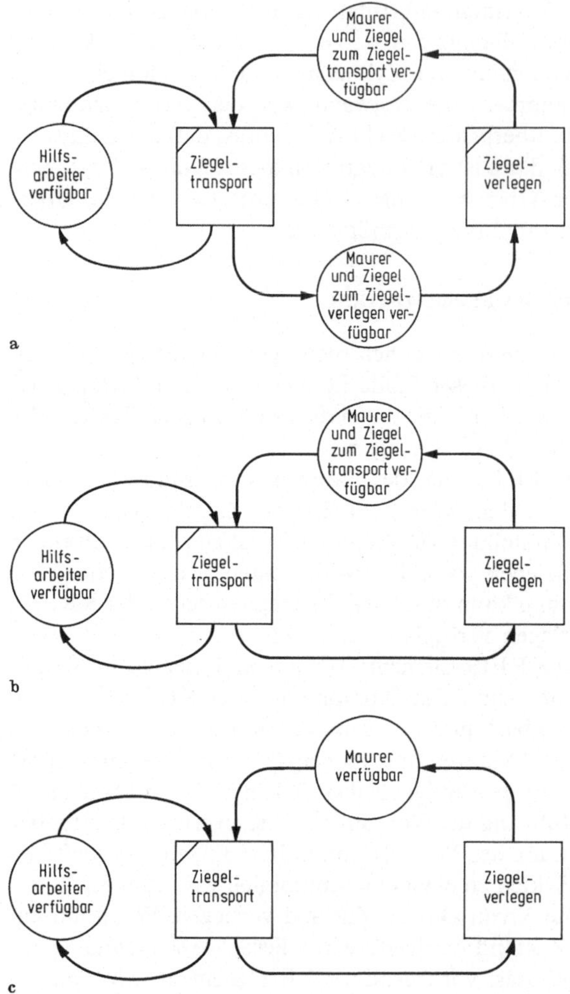

Bild 3.21. (a) Eliminierung paralleler Pfade durch Zusammenziehen von KREIS-Elementen, (b) Ersetzen des KOMBI-Elementes „Ziegelverlegen" durch ein NORMAL-Element, (c) Gesamtmodell des Bauproduktionsprozesses „Maurerarbeiten"

Durchführung dieses Vorganges gemeinsam freigesetzt werden. Der Arbeitsvorgang „Ziegelverlegen" wird daher als NORMAL-Element dargestellt, hat kein vorliegendes KREIS-Element und kann unmittelbar nach Durchführung des Ziegeltransportes erfolgen.

In einem eventuell möglichen letzten Schritt der Vereinfachung der Modelldarstellung kann die verbale Bezeichnung des KREIS-Elementes 3 vereinfacht werden. Unter der bisherigen Annahme, daß die Ziegel aus einer unendlichen Menge (Population) in den Bauprozeß eintreten, können die Ziegel in keinem Fall einen Engpaßfaktor des Bauproduktionsprozesses bilden. Wenn eine Flußeinheit jedoch kein potentieller Engpaßfaktor ist, kann diese Flußeinheit andere Flußeinheiten, die zur Durchführung eines KOMBI-Elementes notwendig sind, nie in einen Wartezustand versetzen. Eine Kontrolle dieser aus einer unendlichen Population stammenden Flußeinheiten kann daher vernachlässigt werden. Im Beispiel des Bauprozesses „Maurerarbeiten" kann somit auf eine Kontrolle der Verfügbarkeit von Ziegel zur Durchführung des KOMBI-Elementes „Ziegeltransport" verzichtet werden. Dargestellt und kontrolliert wird daher nur die Verfügbarkeit der Flußeinheiten „Maurer" und „Hilfsarbeiter". Die verbale Bezeichnung des KREIS-Elementes 3 kann daher von „Maurer und Ziegel zum Ziegeltransport verfügbar" zu „Maurer verfügbar" geändert und vereinfacht werden.

Das nach Durchführung dieser Schritte zur Vereinfachung der Modelldarstellung resultierende Gesamtmodell des Bauproduktionsprozesses „Maurerarbeiten" ist in Bild 3.21c dargestellt. Dieses Gesamtmodell beinhaltet zwei KREIS-Elemente, die mögliche Wartezustände darstellen. Informationen, die vom Modell gewonnen werden können, beziehen sich einerseits auf das KREIS-Element 2 „Hilfsarbeiter verfügbar", an dem festgestellt werden kann, wie lange der Hilfsarbeiter unproduktiv ist, und andererseits auf das KREIS-Element 3 „Maurer verfügbar", an dem festgestellt werden kann, wie lange und wie oft der Maurer auf die Leistung des Hilfsarbeiters warten muß.

3.6 Bestimmung der maximalen Menge der gleichzeitig in einem Arbeitsvorgang durchführbaren Serviceleistungen

Ein NORMAL-Element wurde definiert als ein Element, für dessen Durchführung nur eine Flußeinheit notwendig ist. Sobald diese Flußeinheit zur Verfügung steht, kann mit der Durchführung des NORMAL-Elementes begonnen werden, unabhängig von der zur Verfügung stehenden Menge dieser Flußeinheit, d. h. es wird jede Menge dieser Flußeinheit, sobald sie verfügbar ist, durchgeführt. Daher gibt es vor NORMAL-Elementen keine Warteschlangen. Bei einem NORMAL-Element handelt es sich also, um eine „Parallelbedienungsstation", also um ein Element, das in einer Periode gleichzeitig mehrere Serviceleistungen durchführen kann.

Die Charakterisierung des NORMAL-Elementes als Parallelbedienungsstation wird am Beispiel der Betonfertigteilproduktion veranschaulicht: Ein NORMAL-Element kann verwendet werden, um den Vorgang des Trocknens von Betonfertigteilen in einem Heiztunnel darzustellen. Mehrere Betonfertigteile werden offensichtlich gleichzeitig durch den Tunnel auf einem Förderband befördert. Das Förderband steht laufend zur Verfügung, und es kann daher keine Warteschlange vor dem Heiztunnel entstehen (Bild 3.22).

Das KOMBI-Element kann im Gegensatz zum NORMAL-Element nicht generell als Parallelbedienungsstation angesehen werden. Da zur Durchführung eines KOMBI-Elementes zwei oder mehrere Flußeinheiten zur Verfügung stehen müssen, bedingen die im Produktionsprozeß eingesetzten Mengen der einzelnen Flußeinheiten, also z. B. die Anzahl der eingesetzten Lastkraftwagen oder die Anzahl der eingesetzten Radlader, die maximale Menge der gleichzeitig in einem Arbeitsvorgang durchführbaren Bedienungen (Serviceleistungen). Wenn daher z. B. nur ein Radlader im Produktionsprozeß eingesetzt wird, kann auch im Fall, daß jede Menge Erde und mehrere Lastkraftwagen zur Verfügung stehen, maximal nur ein Lastkraftwagen mit Erde mittels des einen Radladers beladen werden. In diesem Beispiel handelt es sich bei dem den

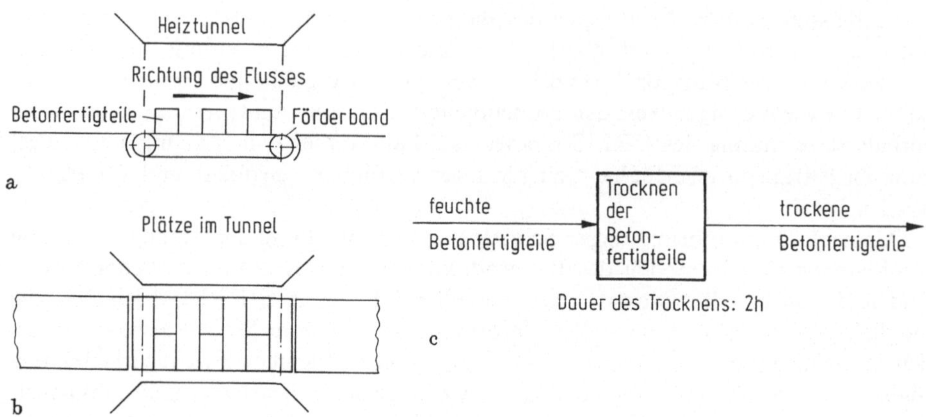

Bild 3.22. Der Heiztunnel als Parallelbedienungsstation. **(a)** Aufrißdarstellung des Tunnels, **(b)** Grundrißdarstellung des Tunnels, **(c)** NORMAL-Element zur Darstellung des Arbeitsvorganges „Trocknen von Betonfertigteilen"

Beladevorgang darstellenden KOMBI-Element um eine Einfachbedienungsstation. Nur eine Serviceleistung kann gleichzeitig durchgeführt werden (Bild 3.23).

Wenn aber im obigen Beispiel des Beladevorganges an Stelle eines Radladers zwei Radlader im Bauprozeß eingesetzt werden, können maximal zwei Lastkraftwagen mit Erde mittels der beiden Radlader beladen werden. Das KOMBI-Element wird von einer einfachen Bedienungsstation zu einer Parallelbedienungsstation (Bild 3.24).

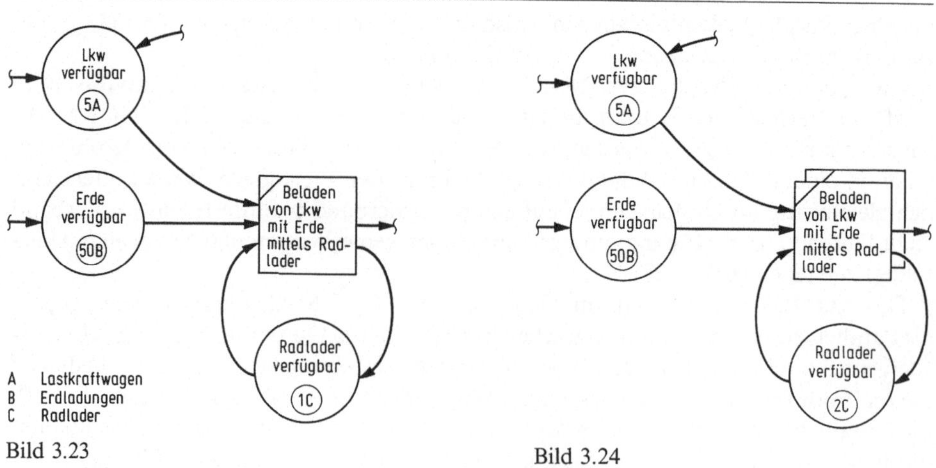

Bild 3.23. Das KOMBI-Element als Einfachbedienungsstation

Bild 3.24. Das KOMBI-Element als Parallelbedienungsstation

Die graphische Darstellung eines Parallelbedienungs-KOMBI-Elementes erfolgt durch die Beifügung von Schattenquadraten zum ursprünglichen KOMBI-Element. Die Anzahl der dargestellten Quadrate (ursprüngliches Quadrat plus Schattenquadrate) ist gleich der maximalen Menge der gleichzeitig durchführbaren Serviceleistung.

Allgemein kann die maximale Menge der gleichzeitig in einem Arbeitsvorgang durchführbaren Serviceleistungen ermittelt werden durch

$$S = \min_{i=1}^{m} (n_i),$$

wobei

$S:$ maximale Menge der gleichzeitig in einem durch ein KOMBI-Element dargestellten Arbeitsvorgang durchführbaren Serviceleistungen,

$m:$ Anzahl der dem Kombi-Element vorliegenden KREIS-Elemente, die die Anzahl der einzusetzenden Flußeinheiten bestimmen,

$n:$ maximale Menge einer Flußeinheit, die gleichzeitig im KREIS-element i zur Verfügung stehen kann,

ist.

Die Verwendung eines KOMBI-Elementes als Parallelbedienungs-Element wird nachfolgend am erweiterten Beispiel des Bauproduktionsprozesses „Maurerarbeiten" gezeigt.

Im bisher entwickelten Beispiel des Bauprozesses „Maurerarbeiten" wurde angenommen, daß ein Hilfsarbeiter einen Maurer durch den Transport von Ziegeln zur Verlegungsstelle unterstützt. Es wird offensichtlich, daß bei Einsatz je eines Hilfsarbeiters und eines Maurers im Bauprozeß „Maurerarbeiten" die Flußeinheit „Hilfsarbeiter" oft in einen Wartezustand versetzt wird, da der Hilfsarbeiter mit der Durchführung des Arbeitsvorganges „Ziegeltransport" warten muß, bis der Maurer den Arbeitsvorgang „Ziegelverlegen" abgeschlossen hat und wieder zum Ziegeltransport verfügbar ist (Bild 3.21 c).

Um das Produktionssystem, bestehend aus Hilfsarbeiter und Maurer, auszugleichen und die Wartezeiten des Hilfsarbeiters zu reduzieren, können mehrere Maurer im Produktionsprozeß eingesetzt werden, die von einem Hilfsarbeiter bedient werden. Im erweiterten Beispiel wird angenommen, daß ein Hilfsarbeiter weitestgehend ausgelastet ist, wenn er drei Maurer zu bedienen hat.

Der Ablauf des Bauproduktionsprozesses „Maurerarbeiten" wird schematisch in Bild 3.25 dargestellt. Die Arbeitsvorgänge des Bauprozesses „Maurerarbeiten" sind wie bisher der „Ziegeltransport" und das „Ziegelverlegen". Als Flußeinheiten werden „Maurer", „Hilfsarbeiter" und „Ziegelpakete" definiert.

Der einzige Unterschied zum Modell, das nur einen Maurer zur Durchführung der Arbeitsvorgänge „Ziegeltransport" und „Ziegelverlegen" einsetzte, ist, daß jetzt drei Maurer eingesetzt werden, was aus Tabelle 3.3 ersichtlich wird. Die zur Durchführung

Die zur Durchführung der beiden Arbeitsvorgänge „Ziegeltransport" und „Ziegelverlegen" maximal verfügbaren Flußeinheiten sind

für den „Ziegeltransport"

— 3 Maurer,

— 1 Hilfsarbeiter,

— 1 Ziegelpaket,

Bild 3.25. Schematische Darstellung des Bauprozesses „Maurerarbeiten"

Tabelle 3.3. Eingesetzte Mengen je Flußeinheit (Bauprozeß „Maurerarbeiten")

Flußeinheit	Eingesetzte Mengen
Maurer	3
Hilfsarbeiter	1
Ziegelpakete zu 10 Ziegel	x

für das „Ziegelverlegen"
— 3 Maurer,
— 10 Ziegel (je Ziegelpaket),
was graphisch in Bild 3.26 dargestellt wird.

Die maximale Menge der gleichzeitig im Arbeitsvorgang „Ziegeltransport" durch-führbaren Serviceleistungen wird durch Anwendung der Formel

$$S = \min_{i=1}^{m} (n_i)$$

ermittelt:

$$S_{\text{Ziegeltransport}} = \min (3, 1, 1) = 1.$$

Die maximale Menge der gleichzeitig im Arbeitsvorgang „Ziegelverlegen" durch-führbaren Serviceleistung ist

$$S_{\text{Ziegelverlegen}} = \min (3, 10) = 3.$$

Der Arbeitsvorgang „Ziegelverlegen" kann also gleichzeitig von maximal drei Maurern durchgeführt werden. Zur Durchführung dieses Arbeitsvorganges benötigt jeder Maurer mindestens einen Ziegel. Da je 10 Ziegel in einem Ziegelpaket enthalten sind, bedingen die Ziegel nur sekundär die maximale Menge der gleichzeitig durch-führbaren Serviceleistungen im Arbeitsvorgang „Ziegelverlegen".

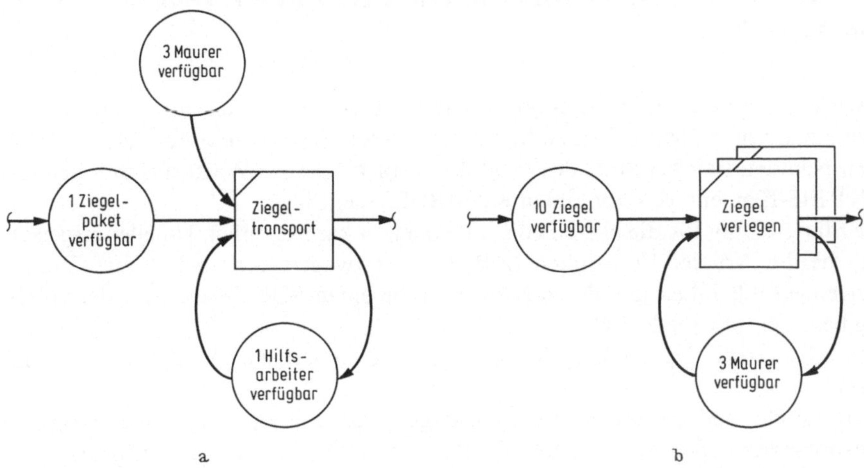

Bild 3.26. (a) Arbeitsvorgang „Ziegeltransport", **(b)** Arbeitsvorgang „Ziegelverlegen"

Graphisch kann der Tatsache, daß es sich beim KOMBI-Element zur Darstellung des Arbeitsvorganges „Ziegelverlegen" um eine Parallelbedienungsstation handelt, durch die Beifügung von Schattenquadraten zum ursprünglichen Quadrat Rechnung getragen werden, was aus Bild 3.27 ersichtlich wird.[2]

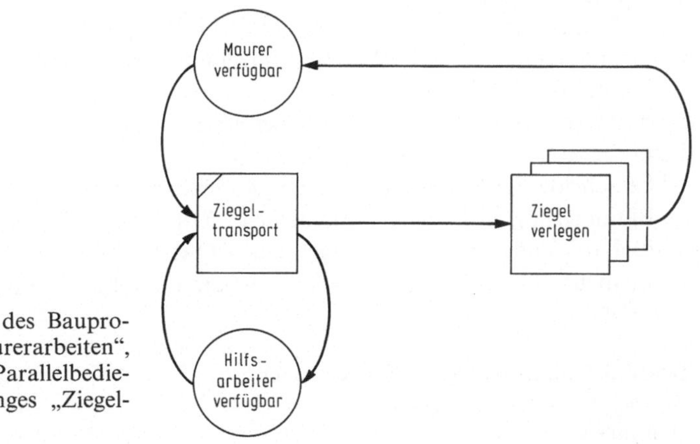

Bild 3.27. Flußnetzwerk des Bauproduktionsprozesses „Maurerarbeiten", berücksichtigend die Parallelbedienungsstation des Vorganges „Ziegelverlegen"

---

[2] Grundsätzlich handelt es sich bei dem den Arbeitsvorgang „Ziegelverlegen" darstellenden Element um ein KOMBI-Element, da zwei Produktionseinheiten zur Durchführung des Arbeitsvorganges notwendig sind (Maurer und Ziegel). Zur Vereinfachung der Darstellung des Flußnetzwerkes wird die Verfügbarkeit der Ziegel, die keinen Engpaßfaktor darstellen, implizit angenommen.

3.7 Festlegung der Startsituation eines Bauproduktionsprozesses im Modell

Die Startsituation eines Bauproduktionsprozesses wird im Modell durch die Zuordnung der einzelnen Flußeinheiten zu bestimmten KREIS-Elementen festgelegt. Flußeinheiten befinden sich bei Start des Produktionsprozesses im Wartezustand, also in einem KREIS-Element, das vor einem KOMBI-Element liegt.

Diese Startstellung für die einzelnen Flußeinheiten kann in einer Tabelle festgelegt werden, die die Art der Flußeinheit (z. B. Lastkraftwagen, Arbeitskolonne, Erde), die Mengen je Flußeinheit und deren Zuordnung zu einem KREIS-Element der Startstellung beschreibt (Tabelle 3.4).

Graphisch kann die Startstellung der einzelnen Flußeinheiten im Modell festgehalten werden.

Die graphische und die tabellarische Festlegung der Startsituation eines Bauproduktionsprozesses sollen am Beispiel des Bauproduktionsprozesses „Erdtransport" erläutert werden. Die Arbeitsvorgänge des Bauprozesses „Erdtransport"
— Beladen von Lastkraftwagen mit Erde mittels Radlader,
— Transportieren der Erde zur Entladestelle mittels Lastkraftwagen,
— Entladen der Erde,
— Rückfahrt des Lastkraftwagens zur Beladestelle
wurden in Abschnitt 2.2.2 beschrieben. Für die einzusetzenden Flußeinheiten werden folgende Mengen festgelegt:
— 4 Lastkraftwagen,
— 1 Radlader,
— 50 Erdladungen,
— 1 Entladeplatz.

Die Flußzyklen der Flußeinheiten „Lastkraftwagen", „Radlader", „Erdladungen" und „Entladeplatz" sind in Bild 3.28 einzeln dargestellt und in Bild 3.29 zum Gesamtmodell des Bauproduktionsprozesses „Erdtransport" vereinigt, wobei Bild 3.29a das Gesamtmodell nach Überlagerung der einzelnen Flußzyklen zeigt und Bild 3.29b dieses Gesamtmodell vereinfacht darstellt.

Die Schritte der Vereinfachung der Modelldarstellung sind
— Eliminierung des KREIS-Elementes „Mit Erde beladener Lastkraftwagen verfügbar" und Ersatz des folgenden KOMBI-Elementes durch ein NORMAL-Element, da der Vorgang „Transportieren der Erde" unmittelbar nach dem Be-

Tabelle 3.4. Startstellung von Flußeinheiten

Flußeinheit	Kurz-bezeichnung	Mengen	Zugeordnet dem KREIS-Element	
			Nr.	Bezeichnung

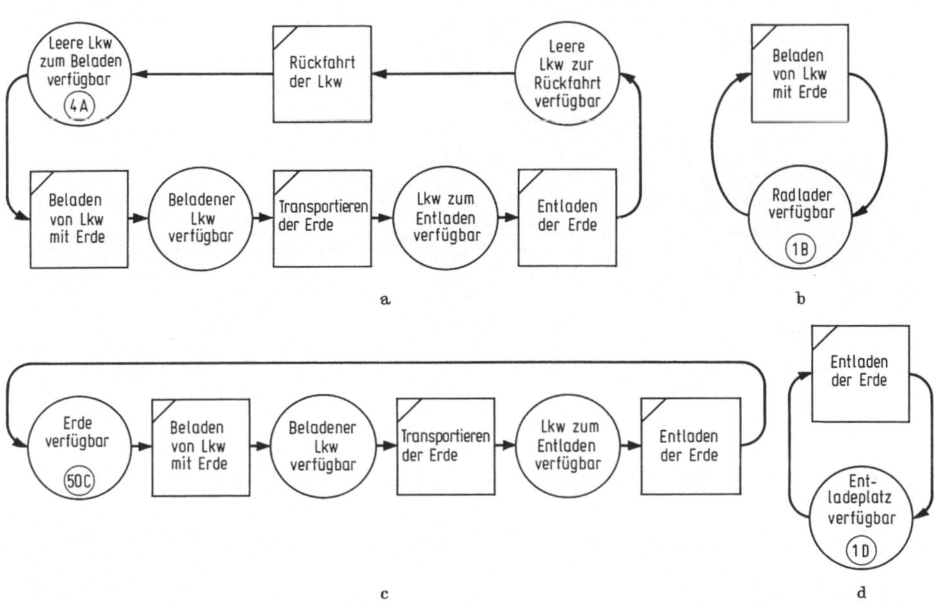

Bild 3.28. (a) Flußzyklus der Lastkraftwagen (A), **(c)** künstlicher Flußzyklus der Erde (C),
(b) Flußzyklus des Radladers (B), **(d)** Flußzyklus des Entladeplatzes (D)

ladevorgang durchgeführt werden kann und sich zwischen den beiden Vorgängen keine Warteschlange bilden kann;

— Eliminierung des KREIS-Elementes „Leere Lastkraftwagen verfügbar" und Ersatz des folgenden KOMBI-Elementes „Rückfahrt der Lastkraftwagen" durch ein NORMAL-Element, da die Rückfahrt unmittelbar nach dem Entladevorgang angetreten werden kann und sich zwischen den beiden Vorgängen keine Warteschlange bilden kann;

— Eliminierung des KREIS-Elementes „Erde verfügbar", da die Verfügbarkeit von Erdladungen keinen Engpaßfaktor darstellt (der Fluß der Flußeinheit „Erdladungen" durch das Flußnetzwerk ist implizit in der vereinfachten Modelldarstellung).

In dem vereinfachten Gesamtmodell des Bauproduktionsprozesses „Erdtransport" ist die Ausgangssituation des Bauprozesses durch die Zuordnung der einzelnen Flußeinheiten zu einzelnen KREIS-Elementen festzulegen.

Wenn eine Flußeinheit nur ein KREIS-Element in ihrem Flußzyklus durchfließt (z. B. bei Sklavenzyklus), ist sie diesem KREIS-Element zuzuordnen. Der Radlader ist daher dem KREIS-Element 1, der Entladeplatz dem KREIS-Element 6 zuzuordnen. Da die Flußeinheit „Erdladung" als implizit in der Modelldarstellung beinhaltet angesehen wird und daher kein KREIS-Element zur Darstellung der Verfügbarkeit der Erdladungen im Modell notwendig ist, entfällt auch das Problem der Zuordnung der Flußeinheit „Erdladung".

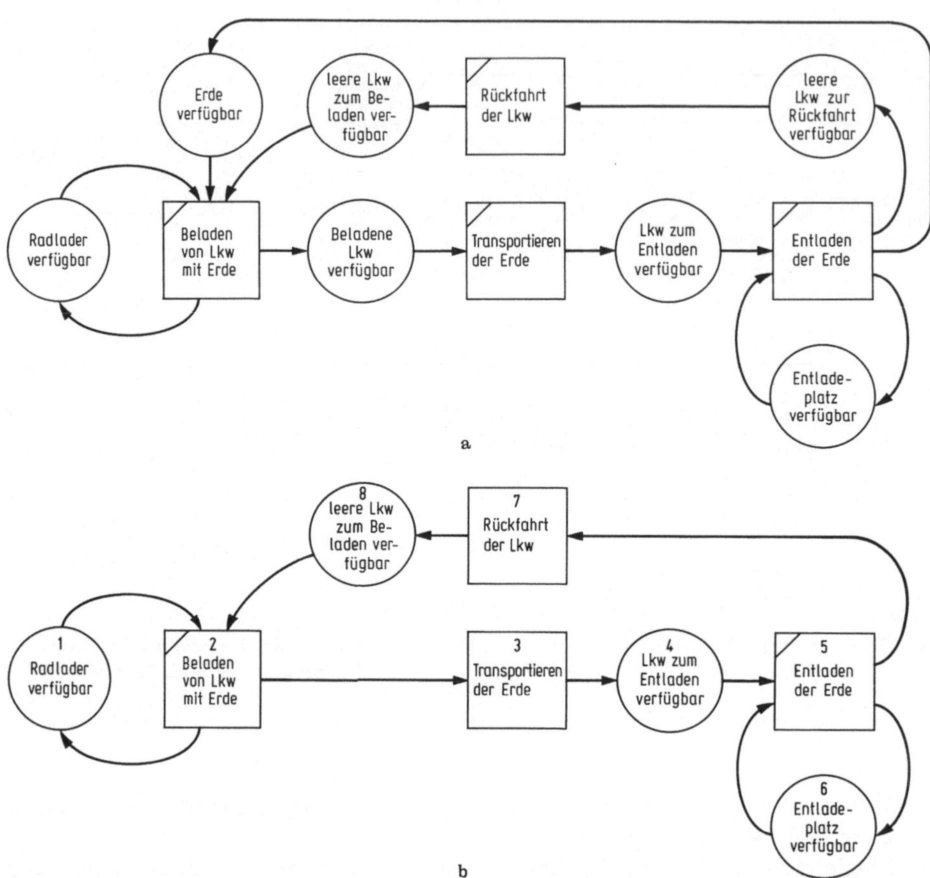

Bild 3.29. **(a)** Gesamtmodell des Bauproduktionsprozesses „Erdtransport", **(b)** Vereinfachtes Gesamtmodell des Bauproduktionsprozesses „Erdtransport"

Alternativen bezüglich der Zuordnung einer Flußeinheit zu KREIS-Elementen ergeben sich nur für die Flußeinheit „Lastkraftwagen". Die Lastkraftwagen können sowohl dem KREIS-Element 8 „Leere Lastkraftwagen verfügbar" als auch dem KREIS-Element 4 „Mit Erde beladene Lastkraftwagen verfügbar" zugeordnet werden. Jede Kombination von Zuordnungen ist möglich. Im Fall, daß vier Lastkraftwagen eingesetzt werden, ergeben sich die Kombinationsmöglichkeiten von Tabelle 3.5.

Der Planer hat zu entscheiden, welche dieser Alternativen der Startsituation des Bauproduktionsprozesses in der Realität entspricht. Entscheidet der Planer z. B., daß alle vier Lastkraftwagen zu Beginn des Bauprozesses leer zur Verfügung stehen und auf den Beladevorgang warten, so kann diese Ausgangssituation sowohl tabellarisch als auch graphisch im Modell dargestellt werden (Tabelle 3.6 und Bild 3.30). Zur Vereinfachung werden Buchstaben als Kurzbezeichnungen für die einzelnen Flußeinheiten verwendet.

Tabelle 3.5. Zuordnungen der Lastkraftwagen zu KREIS-Elementen

Zuordnung zu KREIS-Element 8	Zuordnung zu KREIS-Element 4
4 Lastkraftwagen	0 Lastkraftwagen
3 Lastkraftwagen	1 Lastkraftwagen
2 Lastkraftwagen	2 Lastkraftwagen
1 Lastkraftwagen	3 Lastkraftwagen
0 Lastkraftwagen	4 Lastkraftwagen

Tabelle 3.6. Festlegung der Startsituation (tabellarisch)

Flußeinheit	Kurz-bezeichnung	Mengen	Zugeordnet dem KREIS-Element	
			Nr.	Bezeichnung
Lastkraftwagen	A	4	8	leere Lastkraftwagen verfügbar
Lastkraftwagen	A	0	4	beladene Lastkraftwagen verfügbar
Radlader	B	1	1	Radlader verfügbar
Entladeplatz	C	1	6	Entladeplatz verfügbar

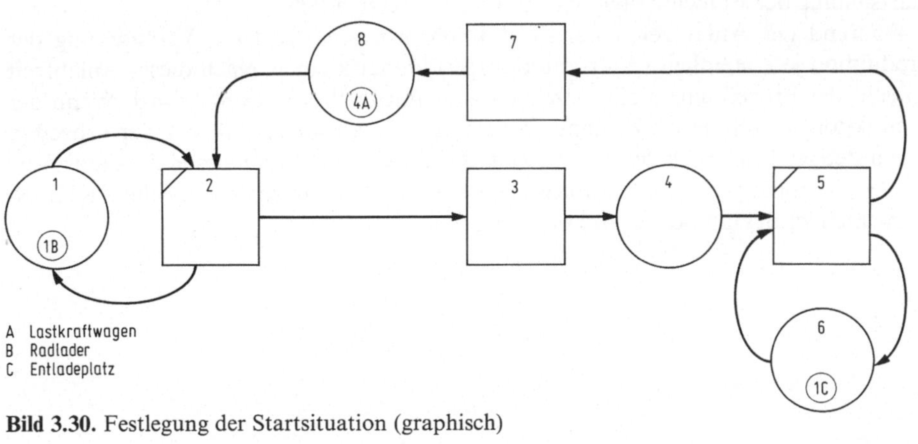

Bild 3.30. Festlegung der Startsituation (graphisch)

Aufgrund unterschiedlicher Zuordnungen von Flußeinheiten zu KREIS-Elementen ergeben sich unterschiedliche Startbedingungen eines Bauprozesses. Letztere wiederum resultieren in unterschiedlich langen Anlaufzeiten des Produktionsprozesses zur Erreichung eines angestrebten stetigen Produktionsniveaus. Die Produktivität eines Produktionsprozesses in der Anlaufphase ist daher abhängig von der Zuordnung der einzelnen Flußeinheiten zu den KREIS-Elementen.

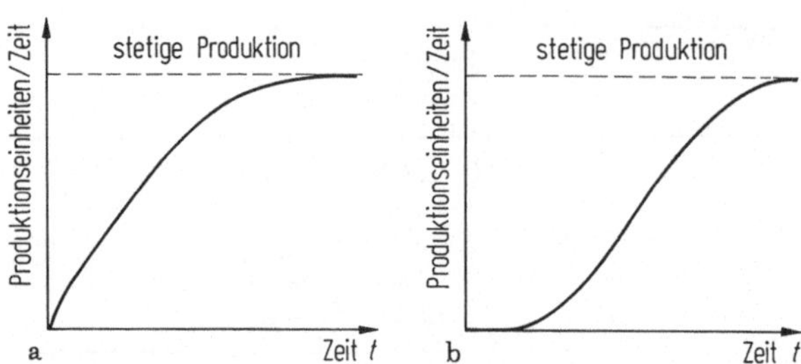

Bild 3.31. Produktivität des Produktionsprozesses in Abhängigkeit von der Startstellung der Flußeinheiten. **(a)** Vier beladene Lastkraftwagen in Element 4 „Beladene Lastkraftwagen verfügbar", **(b)** Vier leere Lastkraftwagen in Element 8 „Leere Lastkraftwagen verfügbar"

Beispielsweise können zwei Extreme des Erdtransportprozesses betrachtet werden. Die vier zum Einsatz kommenden Lastkraftwagen können entweder leer dem KREIS-Element 8 „Leere Lastkraftwagen verfügbar" oder beladen dem KREIS-Element 4 „Beladene Lastkraftwagen verfügbar" zugeordnet werden. Es ist offensichtlich, daß der Produktionsprozeß mit beladenen Lastkraftwagen in der Startstellung rascher ein angestrebtes Produktionsniveau erreicht als der Produktionsprozeß, der mit leeren Lastkraftwagen beginnt.

Die Abhängigkeit der Produktivität eines Bauprozesses in der Anlaufphase von der Startstellung der Flußeinheiten wird in Bild 3.31 ersichtlich.

Während der Anlaufzeit eines Produktionsprozesses wird die Veränderung der Produktion je Zeiteinheit (Δ Produktion/Δt) immer kleiner. Nach dieser Anlaufzeit erreicht der Prozeß eine stetige Produktivität mit Δ Produktion/$\Delta t = 0$. Wenn der Produktionsprozeß diesen Zustand erreicht, kann man sagen, daß sich der Prozeß in einem stetigen Zustand befindet. Die Zeit, die notwendig ist, um diesen Zustand zu erreichen, ist abhängig von der Zuordnung der Flußeinheiten zu den einzelnen KREIS-Elementen zu Beginn des Produktionsprozesses.

4 Beispiele der Modellformulierung

Zur Illustration der in den Abschnitten 3.1 bis 3.7 beschriebenen Schritte der Formulierung von CYCLONE-Modellen werden nachfolgend vier Bauproduktionsprozesse modelliert. Es handelt sich dabei um den gegenüber der Darstellung in Abschnitt 3.6 erweiterten Bauprozeß „Maurerarbeiten", den Bauprozeß „Stollenvortrieb", den Bauprozeß „Betonfertigteilerzeugung" und den Bauprozeß „Erdtransport".

4.1 Bauproduktionsprozeß „Maurerarbeiten" (Berücksichtigung eines Lagerplatzes für Ziegelpakete)

Eine Erweiterung des in Bild 3.27 dargestellten Modells des Bauproduktionsprozesses „Maurerarbeiten" kann durch die Berücksichtigung eines Lagerplatzes für Ziegelpakete an der Verlegestelle vorgenommen werden.

Im bisher beschriebenen Bauprozeß „Maurerarbeiten" bestand die Möglichkeit der Lagerung von Ziegeln an der Verlegestelle nicht. Dadurch waren sowohl der Hilfsarbeiter als jeweils ein Maurer am Arbeitsvorgang „Ziegeltransport" beschäftigt. Wenn angenommen wird, daß an der Verlegestelle ein Lagerplatz für Ziegel zur Verfügung steht, kann der Hilfsarbeiter unabhängig von der Verfügbarkeit eines Maurers Ziegelpakete zu diesem Lagerplatz transportieren.

Zusätzlich zu den drei bereits definierten Flußeinheiten des Bauprozesses „Maurerarbeiten" („Maurer", „Hilfsarbeiter" und „Ziegelpakete") ist in diesem Fall der „Lagerplatz" an der Verlegestelle als weitere Flußeinheit anzusehen. Der Flußzyklus der Flußeinheit „Lagerplatz" ist in Bild 4.1 dargestellt.

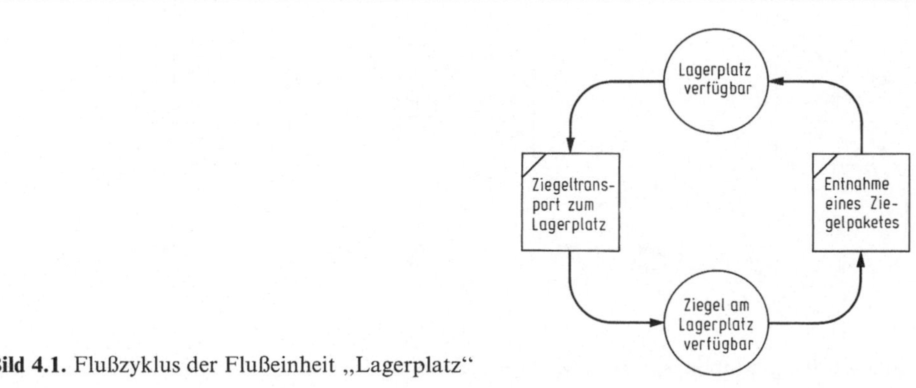

Bild 4.1. Flußzyklus der Flußeinheit „Lagerplatz"

Der Lagerplatz ist in seiner Kapazität beschränkt. Hier wird angenommen, daß drei Lagerpositionen zur Verfügung stehen, also drei Ziegelpakete an der Verlegestelle gelagert werden können. Der Hilfsarbeiter transportiert Ziegelpakete zum Lagerplatz, bis der Lagerplatz mit drei Ziegelpaketen belegt ist. Die Flußeinheit „Lagerplatz" zeigt durch den Zustand „verfügbar" an, ob eine oder mehrere Lagerpositionen verfügbar sind.

Um die Flußeinheit „Lagerplatz" von dem Zustand „verfügbar" in den Zustand „belegt" oder umgekehrt zu versetzen, muß die Flußeinheit durch einen aktiven Zustand fließen, also ein Arbeitsvorgang durchgeführt werden. Wenn eine Lagerposition bei Start des Bauprozesses verfügbar ist, hat der Hilfsarbeiter den Arbeitsvorgang „Ziegeltransport" durchzuführen, um den Lagerplatz in den „belegten" Zustand im KREIS-Element „Ziegel am Lagerplatz verfügbar" zu versetzen. Ist der Lagerplatz anfänglich belegt, kann die Flußeinheit „Lagerplatz" dann in den Zustand „verfügbar" fließen, wenn ein Maurer ein Ziegelpaket vom Lagerplatz entnimmt.

Im Gegensatz zum bisher dargestellten Modell wird der Arbeitsvorgang „Ziegeltransport" im erweiterten Modell in zwei Arbeitsvorgänge zerlegt: in den Arbeitsvorgang „Ziegeltransport", der vom Hilfsarbeiter durchgeführt wird, und in den Arbeitsvorgang „Entnahme eines Ziegelpaketes", der von einem oder mehreren Maurern gleichzeitig durchgeführt wird. Wenn z. B. drei Ziegelpakete auf dem Lagerplatz gelagert sind, können gleichzeitig drei Maurer Ziegelpakete entnehmen.

Das um die Flußeinheit „Lagerplatz" erweiterte Gesamtmodell des Bauproduktionsprozesses „Maurerarbeiten" kann entweder, wie in Bild 4.2 den Flußzyklus der Flußeinheit „Ziegelpaket" berücksichtigend darstellen oder, wie in Bild 4.3, den Flußzyklus der Flußeinheit „Ziegelpaket" implizit annehmen.

Die Wahl der Modelldarstellung ist von der Entscheidung des Planers abhängig. Die in Bild 4.2 gewählte Darstellung ist grundsätzlich informativer und beinhaltet alle definierten Flußeinheiten. Die Darstellung des Bildes 4.3 hingegen hat den Vorteil, daß sie die Anzahl der zu beobachtenden Flußeinheiten reduziert.

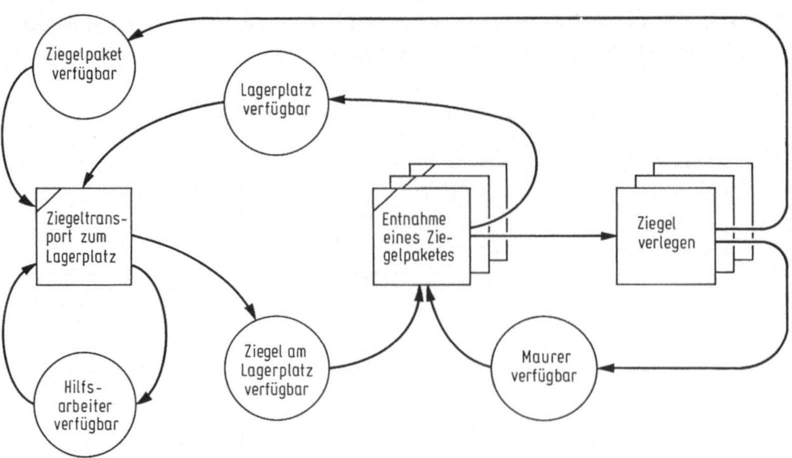

Bild 4.2. Bauproduktionsprozeß „Maurerarbeiten"

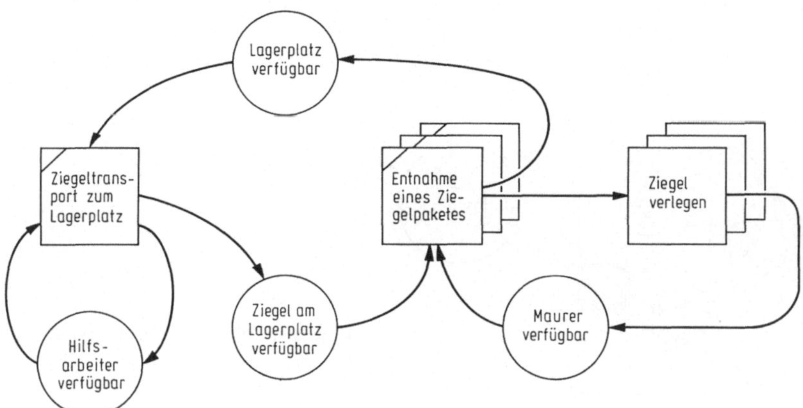

Bild 4.3. Bauproduktionsprozeß „Maurerarbeiten" (Flußzyklus der Flußeinheit „Ziegelpaket" implizit)

In Abschnitt 3.7 wurden die Möglichkeiten, die Startsituation eines Bauproduktionsprozesses im Modell festzulegen, beschrieben. Die Startsituation des Bauprozesses „Maurerarbeiten" ist in Tabelle 4.1 festgehalten.

In der in Tabelle 4.1 festgelegten Startsituation wird angenommen, daß zu Beginn des Bauprozesses keine Ziegelpakete am Lagerplatz der Verlegestelle gelagert sind. Ebenso könnte angenommen werden, daß sich Ziegelpakete im KREIS-Element 9 befänden, wodurch der Lagerplatz entweder voll oder teilweise belegt wäre.

Wenn der Lagerplatz leer ist, müssen die Maurer warten, bis die Ziegelpakete vom Hilfsarbeiter zum Lagerplatz transportiert werden. Es ist offensichtlich, daß dadurch eine gewisse Anlaufzeit bis zur Erreichung der stetigen Produktivität des Produktionssystems notwendig wird. Wenn hingegen der Lagerplatz an der Verlegestelle mit Ziegelpaketen belegt ist, können die Maurer sofort mit dem Ziegelverlegen beginnen. Durch die Möglichkeit der Lagerung von Ziegeln an der Verlegestelle werden während des Ablaufes des Produktionsprozesses die Wartezeiten (oder Stillstandzeiten) der Maurer und des Hilfsarbeiters im Vergleich zum Produktionssystem ohne Lagerplatz an der Verlegestelle verringert.

Durch die Berücksichtigung von Lagermöglichkeiten in einem Produktionssystem kann die Leistung (Produktion) einer Flußeinheit gelagert werden. Eine Flußeinheit,

Tabelle 4.1. Startsituation des Bauproduktionsprozesses „Maurerarbeiten"

Flußeinheit	Kurzbezeichnung	Mengen	Zugeordnet dem KREIS-Element	
			Nr.	Bezeichnung
Maurer	M	3	3	Maurer verfügbar
Hilfsarbeiter	H	1	2	Hilfsarbeiter verfügbar
Lagerplatz	L	3	8	Lagerplatz verfügbar

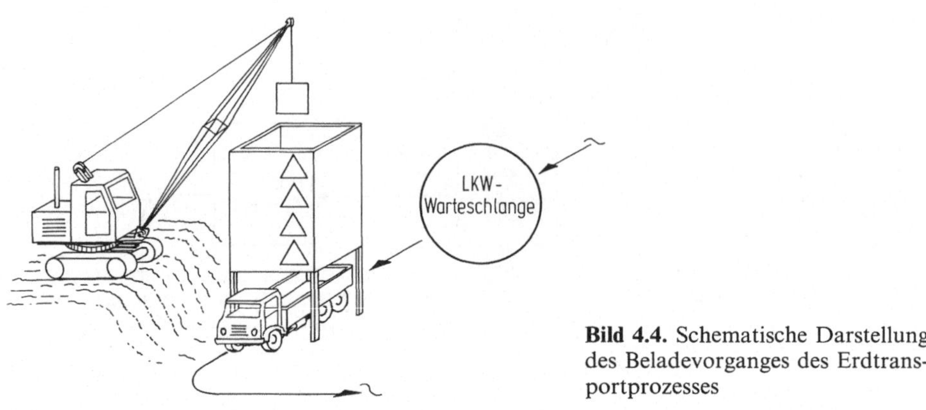

Bild 4.4. Schematische Darstellung des Beladevorganges des Erdtransportprozesses

z. B. der Hilfsarbeiter, ist daher nicht mehr direkt von der Verfügbarkeit einer anderen Flußeinheit (z. B. dem Maurer), abhängig. Die Einführung von Lagermöglichkeiten verhilft daher, die Unausgeglichenheit zwischen zwei zusammenarbeitenden Flußeinheiten zu minimieren.

Ein typisches Beispiel der Baupraxis, wo die Einführung von Lagermöglichkeiten verhilft, die unterschiedliche Produktivität zweier Flußeinheiten auszugleichen, ist der Silo im Beladevorgang des Erdtransportprozesses. Die im Beladevorgang beschäftigten Flußeinheiten sind Lastkraftwagen einerseits und ein Ladegerät andererseits. Anstatt jeweils auf einen ankommenden Lastkraftwagen zu warten, um mit dem Beladevorgang beginnen zu können, belädt das Ladegerät einen Silo, der z. B. ein Fassungsvermögen von fünf Lastkraftwagenladungen hat. Jedes der Dreiecke in der schematischen Darstellung des Beladevorganges in Bild 4.4 repräsentiert also eine Lastkraftwagenladung.

Die Einführung eines Silos zur Durchführung des Beladevorganges im Bauprozeß „Erdtransport" verringert die Stillstandzeiten des Ladegerätes und erhöht die Produktivität der Lastkraftwagen, da sich deren Wartezeiten ebenfalls verringern.

4.2 Bauproduktionsprozeß „Stollenvortrieb"

In Abschnitt 4.1 wurde eine Erweiterung des Modells eines bereits im vorangehenden Abschnitt beschriebenen Bauprozesses vorgenommen, weshalb die einzelnen Modellierungsphasen nicht im Detail behandelt werden mußten. Im komplexen Beispiel des Bauproduktionsprozesses „Stollenvortrieb" werden die einzelnen Phasen der Modellformulierung schrittweise beschrieben. Unter der Annahme, daß ein Stollen im weichen Boden gebaut wird, kann das aus Bild 4.5 ersichtliche Bauverfahren angewandt werden. Das dargestellte Bauverfahren ist eher als ein Spezialverfahren (Rohrvorpressung) denn als ein Standardverfahren des Stollenvortriebes anzusehen.

In dieser schematischen Darstellung werden mehrere Bauprozesse zusammengefaßt. Neben dem Stollenvortrieb und der Mantelrohrverlegung werden auch die Baupro-

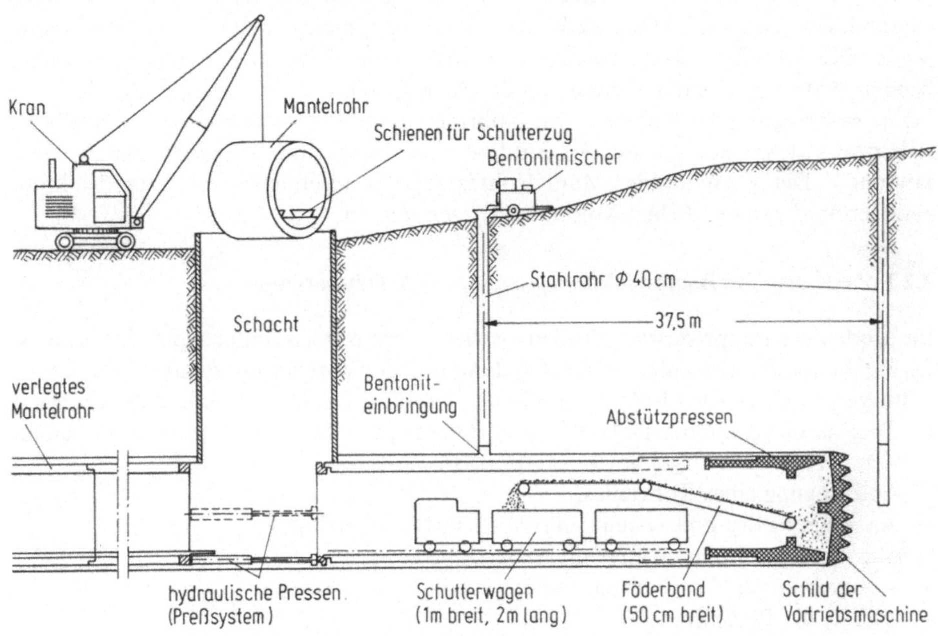

Bild 4.5. Schematische Darstellung des Bauproduktionsprozesses „Stollenvortrieb"

zesse des Materialtransportes aus dem Stollen (Schutterung) und die Betoniteinbringung ersichtlich.[1]

Eine Analyse dieses Bauproduktionsprozesses kann sich auf den Stollenvortrieb und die Mantelrohrverlegung beschränken, da anzunehmen ist, daß die Betoniteinbringung und der Materialtransport aus dem Stollen die Produktivität des Gesamtprozesses nicht bestimmen. Die Produktivität des Gesamtprozesses wird durch den Stollenvortrieb und die Rohrverlegung bestimmt. Sie werden nachfolgend verbal beschrieben.

Rohrteile werden mittels Kran durch einen Schacht auf das Stollenniveau befördert. Ein eingebrachter Rohrteil wird an das Ende des bereits vorgeschobenen Mantelrohres angesetzt. Anschließend wird das um den eingebrachten Rohrteil verlängerte Mantelrohr mittels Hydraulikpressen vorgeschoben. Zur Übertragung des Anpreßdruckes von den Hydraulikpressen auf das Mantelrohr wird ein Kraftverteilerring verwendet. Jeder Rohrteil ist 180 cm lang. Die Preßzylinder der Hydraulikpressen können daher bis auf eine Länge von 180 cm ausgefahren werden. Das Schild der Vortriebsmaschine wird am vorderen Ende des Mantelrohres durch Pressen abgestützt. Es wird angenommen, daß die Vortriebsmaschine während des Vorschubes des Mantelrohres mit einer Produktivität von 60 cm/h arbeitet und für Wartungsarbeiten während der Einbringung neuer Rohrteile auf das Stollenniveau stillsteht. Da jeder Rohrteil 180 cm lang

---

1 Die Bentoniteinbringung dient zur Reduzierung des Reibungswiderstandes während des Vorschubes der Mantelrohre.

ist, muß ungefähr alle 3 h ein neuer Rohrteil auf das Stollenniveau befördert werden, wodurch sich etwa alle 3 h Gelegenheit für Wartungsarbeiten an der Vortriebsmaschine ergibt. Der Betrieb der Vortriebsmaschine und die Durchführung der jeweils anschließenden Wartungsarbeiten werden von der Arbeitskolonne 0 vorgenommen.

Die Beförderung der Rohrteile, die Anbringung des Preßsystems und des Kraftverteilerringes sowie der Abbau des Kraftverteilerringes sind Aufgaben der Arbeitskolonne 1. Der Vorschub des Mantelrohres und der anschließende Einzug der Preßzylinder wird von der Arbeitskolonne 2 vorgenommen.

4.2.1 Zerlegung des Bauproduktionsprozesses in Arbeitsvorgänge

Im Modell des Bauprozesses „Stollenvortrieb" wird das Zusammenspiel des Kranes, der Rohrteile, des hydraulischen Preßsystems und der Vortriebsmaschine analysiert.

Im ersten Schritt der Modellformulierung kann der Bauprozeß aufgrund der verbalen Beschreibung und der Darstellung in Bild 4.5 in einzelne Arbeitsvorgänge zerlegt werden. Die Arbeitsvorgänge des Bauprozesses „Stollenvortrieb" sind
— Einbringung eines Rohrteiles,
— Anbringung des Preßsystems und des Kraftverteilerringes,
— Vorschub des Mantelrohres um 180 cm,
— Vortrieb durch Vortriebsmaschine,
— Einzug der Preßzylinder,
— Abbau des Kraftverteilerringes,
— Wartungsarbeit an der Vortriebsmaschine.

In der verbalen Beschreibung des Bauprozesses „Stollenvortrieb" wurde aus Gründen der Vereinfachung angenommen, daß der Vortrieb der Vortriebsmaschine jeweils gleichzeitig mit dem Vorschub des Mantelrohres stattfindet. Die Dauer dieser beiden Arbeitsvorgänge ist daher immer gleich, die beiden Vorgänge beginnen und enden gleichzeitig. Eine Zusammenfassung der Vorgänge „Vorschub des Mantelrohres" und „Vortrieb durch Vortriebsmaschine" zu einem Vorgang „Vorschub und Vortrieb" ist daher möglich.

4.2.2 Bestimmung der Flußeinheiten des Bauproduktionsprozesses

Im zweiten Schritt der Modellformulierung sind die Flußeinheiten des Bauproduktionsprozesses zu bestimmen. Hauptsächlich zu berücksichtigende Flußeinheiten sind
— Rohrteile,
— Kran,
— hydraulisches Preßsystem,
— Kraftverteilerring,
— Vortriebsmaschine.
Zusätzliche Flußeinheiten stellen noch die zum Einsatz kommenden Arbeitskolonnen dar.

Die Verfügbarkeit der Arbeitskolonne 0 zur Durchführung der Vorgänge „Vortrieb durch Vortriebsmaschine" und „Wartungsarbeiten" ist immer gewährleistet, da diese beiden Vorgänge abwechselnd durchgeführt werden. Die Arbeitskolonne 0 kann daher keinen Engpaß des Bauprozesses darstellen und muß im Modell des Bauprozesses weder definiert noch beobachtet werden.

Da die Arbeitskolonnen 1 und 2 zur Durchführung mehrerer Arbeitsvorgänge eingesetzt werden, stellen sie potentielle Engpaßfaktoren dar und sind daher als Flußeinheiten zu definieren.

4.2.3 Bestimmung der Flußzyklen

Die Flußeinheit, die durch das ganze Flußnetzwerk fließt, sind die „Rohrteile". Die möglichen aktiven und passiven Zustände eines Rohrteiles beeinflussen daher die übrigen Flußeinheiten des Bauprozesses. Die Arbeitsvorgänge des Flußzyklus eines Rohrteiles sind
— Einbringung eines Rohrteiles,
— Anbringung des Preßsystems und des Kraftverteilerringes,
— Vorschub (und Vortrieb).
Es wird angenommen, daß die Rohrfertigteile nahe dem Einbringungsschacht gelagert sind. Nach Erhalt des Signals, daß der Vorschub des zuvor eingebrachten Rohrteiles stattgefunden hat, nimmt der Kran einen neuen Rohrteil auf und befördert diesen in den Stollen. Die Arbeitskolonne 1 bringt den Rohrteil in die richtige Position. Danach bringt die Arbeitskolonne 1 das Preßsystem und den Kraftverteilerring an. Wenn dieser Vorgang abgeschlossen ist, wird der Rohrteil 1,80 m vorgeschoben. Durch den Vorschub ist der Fluß eines Rohrteiles abgeschlossen, und dieser tritt aus dem Produktionssystem aus. Da jedoch unmittelbar nach Abschluß des Vorschubvorganges ein neuer Rohrteil in das Produktionssystem eingebracht wird, kann der Fluß der Flußeinheit „Rohrteil" als künstlicher Flußzyklus dargestellt werden (Bild 4.6).
Der Zyklus der Flußeinheit „Kran" ist ein Sklavenzyklus, da der Kran — gemäß Annahme — nur den Arbeitsvorgang „Einbringung eines Rohrteiles" durchführt (Bild 4.7).
Der Flußzyklus des Preßsystems hat zwei Arbeitsvorgänge mit dem Zyklus der Rohrteile gemeinsam, nämlich die Vorgänge „Anbringung des Preßsystems und des Kraftverteilerringes" und „Vorschub". Diese Arbeitsvorgänge müssen daher im Flußzyklus des Preßsystems beinhaltet sein. Darüber hinaus ist zu prüfen, ob zusätzliche Arbeitsvorgänge für den Flußzyklus zu berücksichtigen sind. Nach dem Ausfahren der Preßzylinder auf eine Länge von 1,80 m müssen die Preßzylinder wieder eingezogen

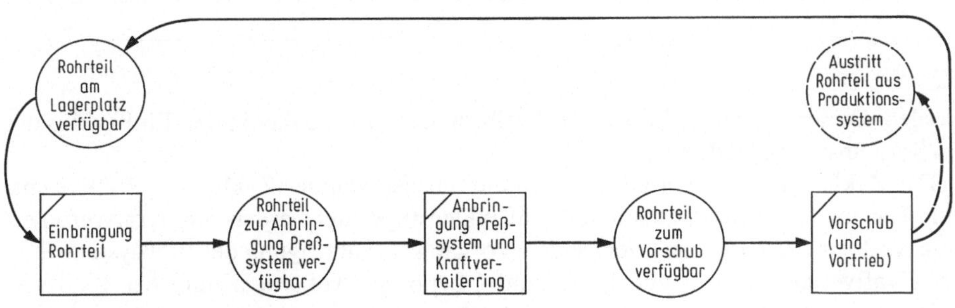

Bild 4.6. Künstlicher Flußzyklus der Flußeinheit „Rohrteil"

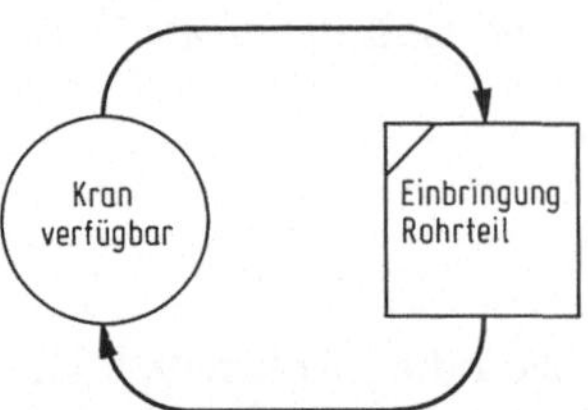

Bild 4.7. Flußzyklus der Flußeinheit „Kran"

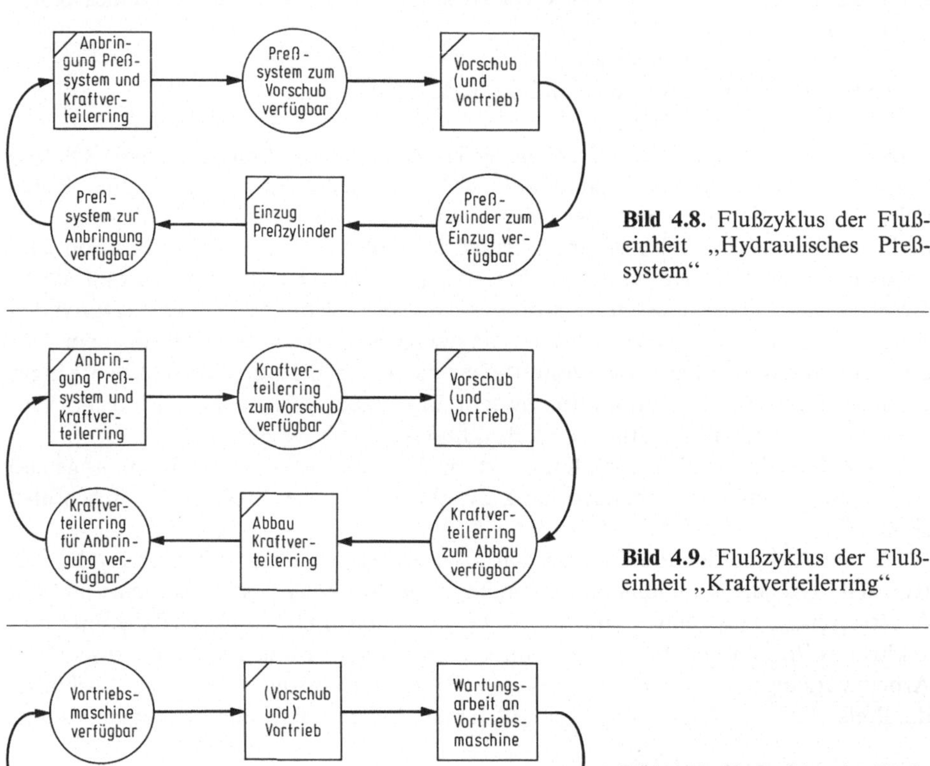

Bild 4.8. Flußzyklus der Fluß-einheit „Hydraulisches Preß-system"

Bild 4.9. Flußzyklus der Fluß-einheit „Kraftverteilerring"

Bild 4.10. Flußzyklus der Fluß-einheit „Vortriebsmaschine"

werden. Dieser Vorgang „Einzug der Preßzylinder" wird daher in den Flußzyklus des Preßsystems eingegliedert (Bild 4.8).

Der Zyklus des Kraftverteilerringes kann ebenso wie der Zyklus des Preßsystems zum Teil aus den bisher entwickelten Flußzyklen abgeleitet werden. Der Kraftverteiler-ring wird zur Durchführung der beiden Vorgänge „Anbringung des Preßsystems und des Kraftverteilerringes" und „Vorschub" benötigt. Außerdem muß der Kraftver-teilerring genauso wie die Preßzylinder abgebaut werden. Bei Berücksichtigung dieses zusätzlichen Vorganges „Abbau des Kraftverteilerringes" ergibt sich der in Bild 4.9 dargestellte Flußzyklus.

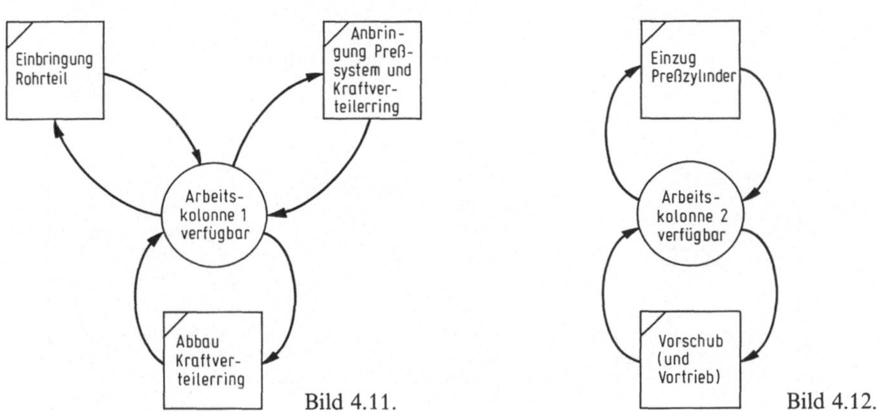

Bild 4.11.   Bild 4.12.

Bild 4.11. Flußzyklus der Flußeinheit „Arbeitskolonne 1"

Bild 4.12. Flußzyklus der Flußeinheit „Arbeitskolonne 2"

Der Flußzyklus der Vortriebsmaschine ist durch die beiden Vorgänge „Vorschub und Vortrieb" und „Wartungsarbeiten" bestimmt (Bild 4.10). Da die Wartungsarbeiten sofort nach Abschluß des Vorschubes begonnen und keine weiteren Produktionseinheiten eingesetzt werden, kann dieser Vorgang durch ein NORMAL-Element dargestellt werden.

Der verbal beschriebene Einsatz der beiden Arbeitskolonnen zur Durchführung der einzelnen Arbeitsvorgänge wird aus den Flußzyklen der Arbeitskolonne 1 (Bild 4.11) und der Arbeitskolonne 2 (Bild 4.12) ersichtlich. Der Flußzyklus der Arbeitskolonne 1 stellt ein Multieinsatzmuster, der Flußzyklus der Arbeitskolonne 2 ein Schmetterlingsmuster dar.

4.2.4 Vereinigung der Flußzyklen

Nach der Bestimmung der Flußzyklen der definierten Flußeinheiten können diese Flußzyklen zu einem Gesamtmodell vereinigt werden (Bild 4.13).

Das Multi-Einsatzmuster des Bildes 4.11 zeigt, daß die Arbeitskolonne 1 zur Durchführung von drei Arbeitsvorgängen eingesetzt wird. Die Numerierung der Arbeitsvorgänge legt folgende Prioritäten für die Einsatzfolge der Arbeitskolonne 1 fest:
— zuerst: Vorgang 1 „Einbringung eines Rohrteiles",
— dann: Vorgang 3 „Anbringung des Preßsystems und des Kraftverteilerringes",
— und schließlich: Vorgang 12 „Abbau des Kraftverteilerringes",
wobei Vorgang 3 sowohl Vorgang 1 als auch Vorgang 12 unmittelbar folgt. (Es liegen keine Arbeitsvorgänge zwischen den Vorgängen 1 bzw. 12 und Vorgang 3.) Die durch die Vorgangsnumerierung festgelegten Prioritäten resultieren darin, daß die Arbeitskolonne 1 solange für Vorgang 1 eingesetzt werden würde, bis alle Rohrteile in den Stollen eingebracht sind, ohne je einen der beiden anderen Vorgänge (3 oder 12) aus-

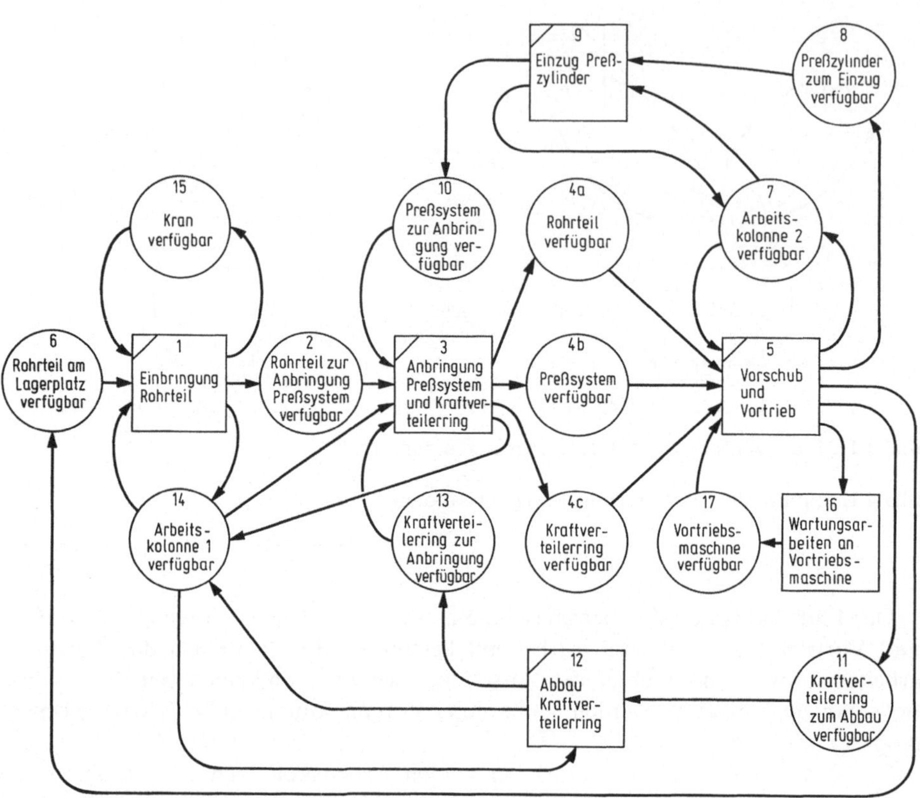

Bild 4.13. Gesamtmodell des Bauprozesses „Stollenvortrieb"

geführt zu haben. Dadurch würde das Rohrteillager in den Stollen verlegt werden, Vorschub und Vortrieb würden jedoch nicht vorgenommen werden. Um diese Situation zu verhindern, muß eine Flußeinheit „Kontrollsignal" eingeführt werden, um die Arbeitskolonne 1 vom ständigen Einsatz im Arbeitsvorgang 1 abzuhalten. Dieses Kontrollsignal hat dann vom Arbeitsvorgang 9 „Einzug der Preßzylinder" zum Arbeitsvorgang 1 „Einbringung eines Rohrteiles" zu fließen, wenn der Einzug der Preßzylinder und dadurch automatisch auch der Vorschub des vorher eingebrachten Rohrteiles beendet ist. Die Verfügbarkeit des Kontrollsignals veranlaßt die Einbringung eines neuen Rohrteiles. Das Kontrollsignal wird mit „Neuer Rohrteil benötigt" bezeichnet. Die Einführung des zusätzlichen KREIS-Elementes 18 „Neuer Rohrteil benötigt" wird in Bild 4.14 dargestellt.

4.2.5 Vereinfachung des Flußnetzwerkes

Im nächsten Schritt des Modellierens können Vereinfachungen der Modelldarstellung vorgenommen werden. Erstens kann das KREIS-Element 10 „Preßsystem zur An-

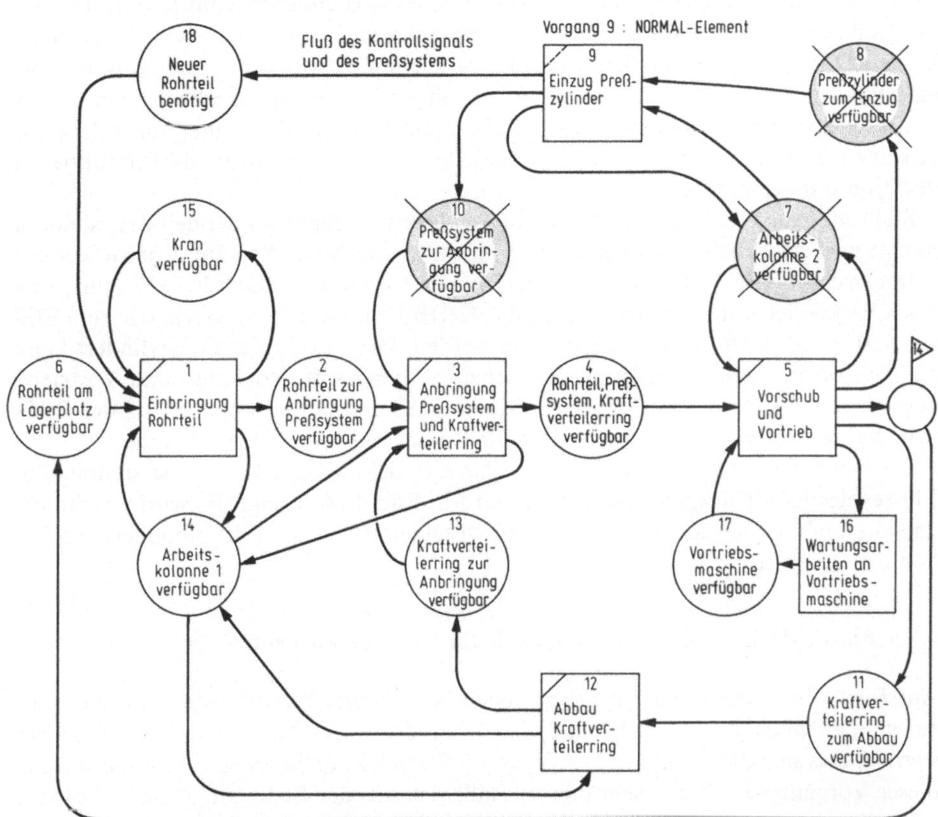

Bild 4.14. Gesamtmodell des Bauprozesses „Stollenvortrieb" (unter Berücksichtigung des Kontrollsignals und nach Vereinfachungsschritten)

bringung verfügbar" eliminiert werden. Dieser Schritt ist möglich, da die Einführung des Pfades 9–18–1 des Kontrollsignals bereits bedingt, daß die Preßzylinder eingezogen wurden, wodurch diese Bedingung zur Durchführung des Vorganges 3 automatisch erfüllt ist und daher nicht mehr durch das KREIS-Element 10 ausgedrückt werden muß. Die Flußeinheit „Preßsystem" fließt daher durch die Elemente 18, 1, 2, 3, 4, 5 und 9.

Eine weitere Vereinfachung kann dadurch erreicht werden, daß die KREIS-Elemente 4a „Rohrteil verfügbar", 4b „Preßsystem verfügbar" und 4c „Kraftverteilerring verfügbar" zu einem KREIS-Element 4 „Rohrteil, Preßsystem, Kraftverteilerring verfügbar" zusammengezogen werden. Dieser Schritt ist möglich, da die drei Flußeinheiten bereits zur Durchführung des Vorganges 3 verfügbar sein müssen und nach der Durchführung des Vorganges 3 gemeinsam zum Vorgang 5 weiterfließen.

Unter der oben getroffenen Annahme, daß sich nur jeweils ein Rohrteil im Produktionssystem befindet, kann die Arbeitskolonne 2 nie zu einem Engpaß des Produktionssystems werden. Die Arbeitskolonne 2 wird, wie aus Bild 4.13 ersichtlich, in den

Vorgängen 5 und 9 eingesetzt. Da der Vorgang 9 bei Vorhandensein nur eines Rohrteiles im Produktionssystem immer nach Vorgang 5 durchgeführt wird, steht die Arbeitskolonne 2 immer für die beiden Vorgänge — zuerst für Vorgang 5 und dann für Vorgang 9 — zur Verfügung. Wenn eine Flußeinheit jedoch kein potentieller Engpaßfaktor ist, braucht sie nicht unbedingt im Modell dargestellt zu werden. Eine Flußeinheit, die zu keinem Engpaßfaktor werden kann, hat in keinem Fall Einfluß auf die Produktivität des Produktionssystems.

Stellt man also die Flußeinheit „Arbeitskolonne 2" nicht im Modell dar, sondern nimmt man das Vorhandensein dieser Flußeinheit im Modell als implizit an, erspart man sich das KREIS-Element 7 „Arbeitskolonne 2 verfügbar". Durch die Eliminierung des KREIS-Elementes 7 braucht auch das KREIS-Element 8 „Preßzylinder zum Einzug verfügbar" nicht mehr dargestellt zu werden. Der Einzug des Preßzylinders kann nämlich sofort nach Beendigung des Arbeitsvorganges 5 „Vorschub und Vortrieb" begonnen werden, was wieder zur Folge hat, daß der Vorgang 9 „Einzug der Preßzylinder" als NORMAL-Element dargestellt werden kann.

Das vereinfachte Gesamtmodell, das das KREIS-Element 18 zur Darstellung des Flusses des Kontrollsignals beinhaltet, wird in Bild 4.14 gezeigt. Es wird ersichtlich, daß die anfangs berücksichtigten KREIS-Elemente 7, 8 und 10 eliminiert werden können.

4.2.6 Entwicklung einer Bedingungstabelle für KOMBI-Elemente

Aus Bild 4.14 werden vier Vorgänge ersichtlich, deren Durchführung von mehr als einer Flußeinheit abhängig ist und die daher durch KOMBI-Elemente dargestellt werden. Das sind die Vorgänge 1, 3, 5 und 12. Welche Flußeinheiten zur Durchführung dieser Vorgänge verfügbar sein müssen, läßt sich aus der Bedingungstabelle (Tabelle 4.2) ablesen.

Liest man die Bedingungstabelle spaltenweise, werden die zur Durchführung eines KOMBI-Elementes notwendigen Flußeinheiten ersichtlich. Wenn man die Bedingungstabelle zeilenweise liest, können die Arbeitsvorgänge verfolgt werden, durch die eine Flußeinheit fließen muß.

Tabelle 4.2. Bedingungstabelle für durch KOMBI-Elemente dargestellte Vorgänge

Flußeinheit \\ Vorgänge	1 Einbringung eine Rohrteils	3 Anbringung des Preßsystems u. des Kraftverteilerringes	5 Vorschub und Vortrieb	12 Abbau des Kraftverteilerringes
Rohrteile	●	●	●	
Kran	●			
Kraftverteilerring		●	●	●
Preßsystem		●	●	
Arbeitskolonne 1	●	●		●
Vortriebsmaschine			●	
Kontrollsignal	●	●	●	

4.2.7 Bestimmung der Mengen einzelner Flußeinheiten und Festlegung der Startsituation

Die eingesetzten Mengen je definierter Flußeinheit und deren Zuordnung zu KREIS-Elementen zur Festlegung der Startsituation des Bauprozesses „Stollenvortrieb" sind aus Tabelle 4.3 abzulesen.

Die Berücksichtigung der Flußeinheit „Kontrollsignal" in der Tabelle 4.3 erübrigt sich, da die Flußeinheit „Preßsystem" dem KREIS-Element 18 zugeordnet wurde, die Flußeinheit „Preßsystem" daher durch das KREIS-Element 18 fließen muß und dadurch die Funktion des Kontrollsignals ausübt.

Die statische Planung des Bauprozesses „Stollenvortrieb" ist durch die Entwicklung der Struktur des Flußnetzwerkes und die Festlegung der Startsituation abgeschlossen. Die Dynamik des Bauprozesses kann durch Simulation der Abläufe im Flußnetzwerk analysiert und kontrolliert werden. Die Ergebnisse einer solchen Simulation des Bauprozesses „Stollenvortrieb" werden in Abschnitt 8.3 angeführt.

Tabelle 4.3. Mengen je definierter Flußeinheit und deren Zuordnung zu KREIS-Elementen für den Bauprozeß „Stollenvortrieb"

Flußeinheit	Menge	Zugeordnet dem KREIS-Element	
		Nr.	Bezeichnung
Rohrteile	10	6	Rohrteil am Lagerplatz verfügbar
Kran	1	15	Kran verfügbar
Kraftverteilerring	1	13	Kraftverteilerring zur Anbringung verfügbar
Preßsystem	1	18	Neuer Rohrteil benötigt
Arbeitskolonne 1	1	14	Arbeitskolonne 1 verfügbar
Vortriebsmaschine	1	17	Vortriebsmaschine verfügbar
(Kontrollsignal	1	18	Neuer Rohrteil benötigt)

4.3 Bauproduktionsprozeß „Betonfertigteilerzeugung"

Als Beispiel eines stationären Bauproduktionsprozesses kann die Betonfertigteilerzeugung modelliert werden. Verbal läßt sich dieser Bauprozeß wie folgt beschreiben:

In einer Mischanlage wird Mischgut (Zement, Wasser und Zuschlagsstoffe) zu Frischbeton gemischt und anschließend in Schalungen geschüttet. In einer Schalung werden gleichzeitig zehn Fertigteile geformt. Eine Schalung wird auf jeweils einem von drei vorhandenen Plätzen zum Vortrocknen aufgebaut. Nach dem Vortrocknen wird jeweils eine Schalung von einer Arbeitskolonne entfernt, und die erhärteten Fertigteile werden mittels Kran zum Dampftrocknen im Trockentunnel befördert. Die Schalung wird nach ihrer Entfernung von den Fertigteilen von einer Arbeitskolonne gereinigt. Nach dem Dampftrocknen werden die Fertigteile mittels Kran vom Tunnel auf Lastkraftwagen geladen und zu einem Lagerplatz transportiert.

Tabelle 4.4. Mengen, Startsituation und Flußzyklen der Flußeinheiten der Betonfertigteil-erzeugung

Flußeinheit	Menge	Startposition (im KREIS Nr.)	Flußzyklus
Plätze zum Vortrocknen	3	23	23-2-3-4
Schalungen	5	24	24-2-3-4-5-6-16-19
Mischgüter	20	20	20-21-22-2-3-4-5-6-7-8-9- -10-11-12-13-14-26
Arbeitskolonnen	2	15	15-2/15-6/15-19
Plätze zum Dampftrocknen	8	18	18-8-9-10-11-12
Kran	1	25	26-8/25-12
Lastkraftwagen	4	17	17-12-13-14
Mischerlaubnis	1	27	21-27

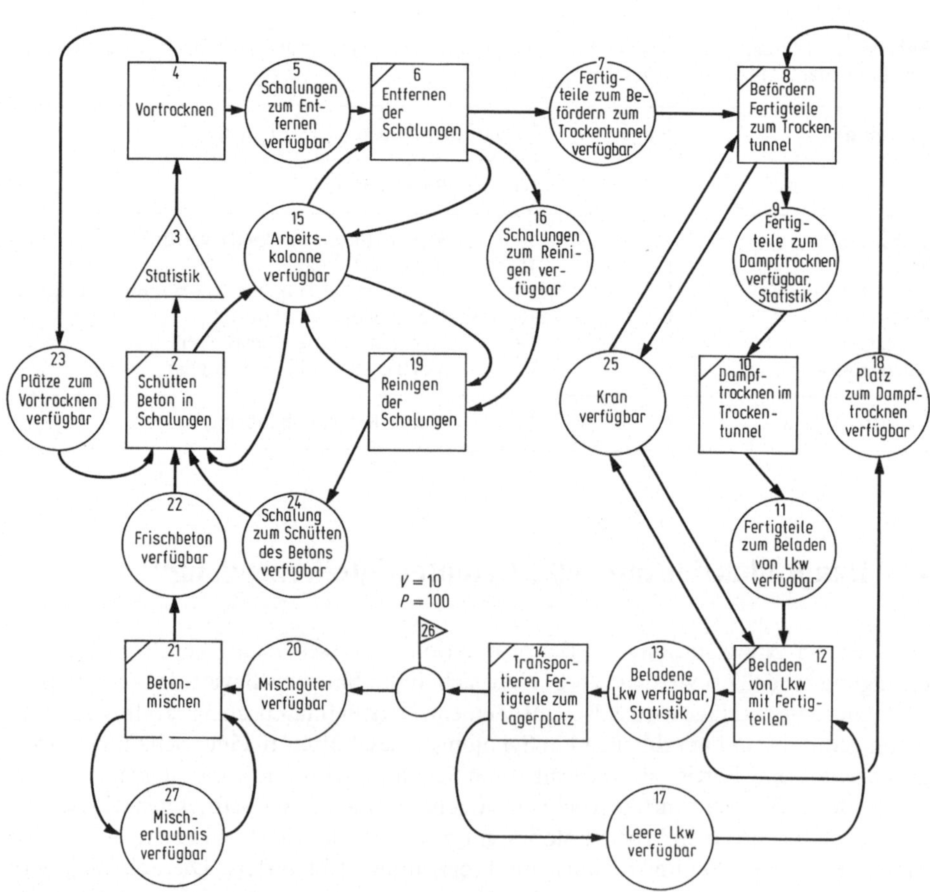

Bild 4.15. Bauprozeß „Betonfertigteilerzeugung"

Diese verbale Beschreibung der Betonfertigteilerzeugung erlaubt eine Zerlegung des Bauprozesses in folgende Arbeitsvorgänge:
— Betonmischen,
— Schütten des Betons in Schalungen,
— Vortrocknen der Fertigteile,
— Entfernen der Schalungen,
— Reinigen der Schalungen,
— Befördern der Fertigteile zum Trockentunnel,
— Dampftrocknen im Trockentunnel,
— Beladen von Lastkraftwagen mit Fertigteilen,
— Transportieren der Fertigteile zum Lagerplatz.
  Als Flußeinheiten des Bauprozesses können definiert werden
— Plätze zum Vortrocknen,
— Schalungen,
— Mischgüter (Fertigteile),
— Arbeitskolonnen,
— Plätze zum Dampftrocknen,
— Kran,
— Lastkraftwagen,
— Mischerlaubnis.
Die Bestimmung der Flußzyklen der einzelnen Flußeinheiten, die Bestimmung der Mengen der einzelnen Flußeinheiten sowie die Festlegung der Startposition der einzelnen Flußeinheiten wird diesmal nicht in graphischer Form vorgenommen, sondern tabellarisch in Tabelle 4.4 zusammengefaßt. Die Numerierung der einzelnen Elemente ist aus der Gesamtmodelldarstellung des Bildes 4.15 zu entnehmen.
  Zur zusätzlichen Erläuterung werden die Bedingungen zur Durchführung der einzelnen Arbeitsvorgänge in einer weiteren Tabelle (Tabelle 4.5) aufgezeigt.

Tabelle 4.5. Bedingungen zur Durchführung der Arbeitsvorgänge der Betonfertigteilerzeugung

Arbeitsvorgang				
2 Schütten des Betons in Schalung	6 Entfernen der Schalung	8 Befördern der Fertigteile zum Trockentunnel	12 Beladen von Lkw mit Fertigteilen	19 Reinigen der Schalung
Arbeitskolonne in 15	Mischgut u. Schalung in 5	Mischgut in 7	Mischgut in 11	Arbeitskolonne in 15
Mischgut in 22	Arbeitskolonne in 15	Platz zum Dampftrocknen in 18	Lastkraftwagen in 17	Schalung in 16
Platz zum Vor- trocknen in 23		Kran in 25	Kran in 25	
Schalung in 24				

Aus Tabelle 4.5 wird ersichtlich, daß nur die Vorgänge 2, 6, 8, 12 und 19 in ihrer Durchführung von mehr als einer Flußeinheit abhängig und daher im Modell als KOMBI-Elemente darzustellen sind. Aus Bild 4.15 wird jedoch ersichtlich, daß auch die Vorgänge 10 und 14 durch KOMBI-Elemente dargestellt sind. Diese Darstellungsweise ist dadurch zu erklären, daß vor die Vorgänge 10 und 14 KREIS-Elemente eingeführt wurden, um von diesen KREIS-Elementen Statistiken aufbereiten zu lassen, was im CYCLONE-Programm für jedes definierte KREIS-Element automatisch geschieht.

Zur logischen Darstellung des Bauprozesses wäre daher die Einführung der beiden KREIS-Elemente und die Darstellung der Arbeitsvorgänge 10 und 14 als KOMBI-Elemente nicht notwendig gewesen.

Bei einer Betrachtung des Flußnetzwerkes des Bildes 4.15 zeigt sich, daß die Arbeitskolonnen (Element 15) und der Kran (Element 25) für mehrere Arbeitsvorgänge eingesetzt werden. Die Arbeitskolonnen arbeiten alternativ an den Vorgängen 2, 6 und 19. Der Kran wird in den Vorgängen 8 und 12 eingesetzt. Die beiden Raum-Flußeinheiten „Plätze zum Vortrocknen" und „Plätze zum Dampftrocknen" üben Erlaubnisfunktionen zur Durchführung der Vorgänge 2 bzw. 8 aus. Wenn kein Platz zum Vortrocknen verfügbar ist, kann Vorgang 2 „Schütten des Betons in Schalungen" nicht begonnen werden. Ebenso kann kein Fertigteil zum Trockentunnel befördert werden, solange kein Platz im KREIS-Element 18 verfügbar ist.

Die Produktion des Systems wird durch den ZÄHLER (Element 26) gemessen. Dieser ist mit den Parametern $U = 10$ und $P = 100$ ausgestattet. Der Umrechnungsfaktor 10 bewirkt, daß jede den ZÄHLER passierende Flußeinheit mal 10 multipliziert wird. Der Umrechnungsfaktor wurde mit 10 festgelegt, da je 10 Fertigteile gleichzeitig durch ein Mischgut und eine Schalung produziert werden. Die maximale Produktionsmenge wurde mit 100 Fertigteilen festgelegt. Für Kontrollzwecke (siehe Abschnitt 7.3.1) wurden den KREIS-Elementen 9 und 13 zusätzliche Statistikfunktionen zugewiesen.

Der Produktionsfluß des Systems ist von mehreren Faktoren abhängig. Der Flußzyklus der Schalungen kontrolliert die Frequenz des Vorganges „Schütten des Betons in Schalungen", da Schalungen zur Durchführung dieses Vorganges notwendig sind. Der Fluß der Schalungen ist jedoch selbst von der Verfügbarkeit der im KREIS-Element 15 befindlichen Arbeitskolonnen abhängig. Diese Verfügbarkeit resultiert aus den Prioritäten mit welchen die Arbeitskolonnen die einzelnen Arbeitsvorgänge durchführen. Diese Prioritäten werden durch die Numerierung der einzelnen Elemente festgelegt. Die Arbeitskolonnen ordnen entsprechend dieser Numerierung dem Vorgang „Schütten des Betons in Schalungen" höchste Priorität zu, gefolgt vom Vorgang „Entfernen der Schalungen". Niedrigste Priorität hat der Vorgang „Reinigen der Schalungen". Der Kran kontrolliert den Fluß der Fertigteile durch den Trockentunnel und ordnet dabei dem „Befördern der Fertigteile zum Trockentunnel" höhere Priorität zu als dem „Beladen von Lastkraftwagen mit Fertigteilen". Zusätzlich zum Kran kontrolliert ferner die Verfügbarkeit von Lastkraftwagen den Transport der Fertigteile vom Trockentunnel zum Lagerplatz.

Wenn 10 Fertigteile den ZÄHLER passiert haben, beginnt ein neues Mischgut den Fluß durch das Produktionssystem. Durch diese Annahme kann der Bauprozeß „Betonfertigteilerzeugung" als Zyklus dargestellt werden.

4.4 Bauproduktionsprozeß „Erdtransport"

Zur Darstellung des Einsatzes von GEN-KON-Kombinationen in einem Gesamtmodell wird der Bauproduktionsprozeß „Erdtransport" gewählt. Ziel dieses Beispieles ist es, die kapazitive Abstimmung von 15- und 20-t-Lastkraftwagen mit 5-t-Ladern einerseits und von 15- und 20-t-Lastkraftwagen mit 3- und 5-t-Ladern andererseits vorzunehmen.

4.4.1 Einsatz von 15- und 20-t-Lastkraftwagen und 5-t-Lader

Die Arbeitsvorgänge des Bauproduktionsprozesses „Erdtransport" wurden bereits ausführlich in Abschnitt 3.7 beschrieben. Da sie außerdem aus der Bezeichnung der Elemente der Flußzyklen bzw. des Flußnetzwerkes ersichtlich sind, ist eine Wiederholung der Beschreibung nicht notwendig. Als Flußeinheiten werden nur zwei Lastkraftwagentypen sowie die 5-t-Lader betrachtet, da die zu transportierende Erde keinen Engpaßfaktor bildet und daher im Modell nicht speziell betrachtet und verfolgt werden muß.

Um im Modell die Möglichkeit des Laders, sowohl 20-t-Lkw als auch 15-t-Lkw zu beladen, darzustellen, sind getrennte Flußzyklen für die beiden Lkw-Typen zu entwickeln (Bild 4.16). Ihre Flußzyklen unterscheiden sich jedoch nur durch die den GEN-KON-Kombination zugewiesenen Zahlen N. (15-t-Lkw: $N = 3$; 20-t-Lkw: $N = 4$).

Im Falle des 20-t-Lkw repräsentiert ein Lastkraftwagen vier Ladezyklen des Laders. Durch die GEN-Funktion wird ein Lastkraftwagen mit 4 multipliziert, wodurch vier Ladeanforderungen an den Lader entstehen. Im Falle des 15-t-Lkw werden durch die GEN-Funktion drei Ladeanforderungen an den Lader erzeugt.

Die beladenen Lastkraftwagen (vier bzw. drei Anforderungseinheiten) werden durch die KON-Funktionen wieder zu einer Flußeinheit zusammengefaßt. Die Flußeinheit „Lader" wird in einem Schmetterlingsmuster entweder zum Beladen eines 20-t-Lkw oder zum Beladen eines 15-t-Lkw eingesetzt (Bild 4.17).

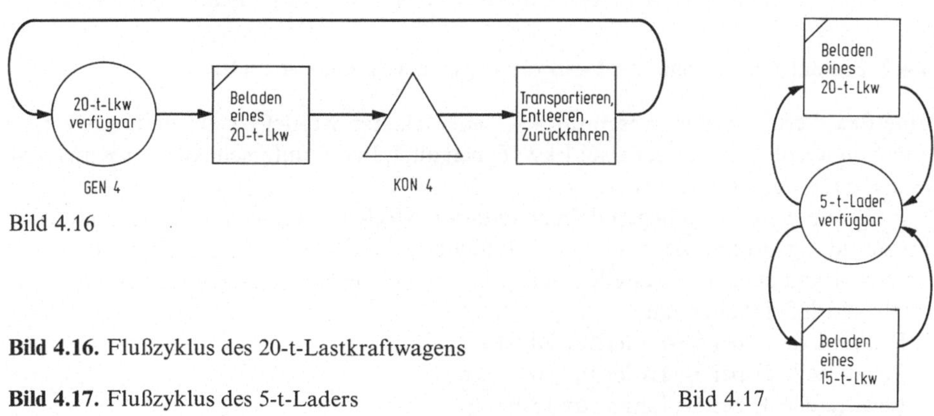

Bild 4.16

Bild 4.16. Flußzyklus des 20-t-Lastkraftwagens

Bild 4.17. Flußzyklus des 5-t-Laders   Bild 4.17

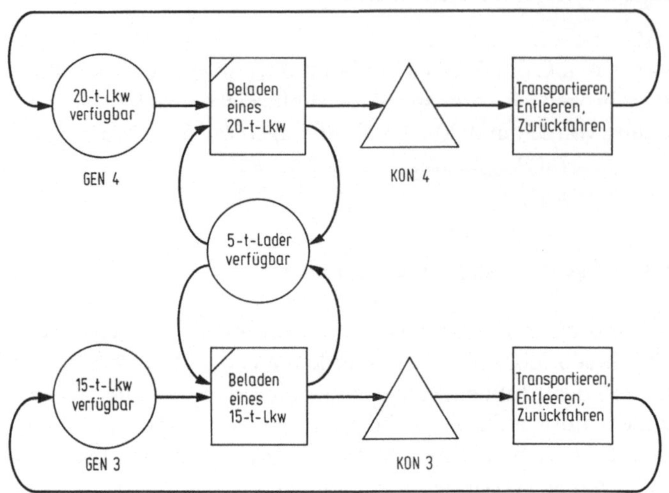

Bild 4.18. Gesamtmodell des Bauprozesses „Erdtransport"

Bei Vereinigung der Flußzyklen des Lastkraftwagens und des Laders entsteht das Gesamtmodell des Bauprozesses „Erdtransport" des Bildes 4.18.

Die Einsatzfolge des Laders — entweder Beladen des 20-t- oder des 15-t-Lkw — wird durch die Numerierung der Beladevorgänge festgelegt. Der Beladevorgang mit der niedrigen Nummer (Element 2 des 20-t-Lkw) erhält die höhere Priorität. Wenn Flußeinheiten in den KREIS-Elementen 1 und 6 verfügbar sind, wird daher immer das KOMBI-Element 2 vor dem KOMBI-Element 7 durchgeführt.

Die Modellierung des Bildes 4.18 führt im weiteren dazu, daß der Lader das Beladen des 15-t-Lkw unterbricht, wenn eine Beladeanforderung eines 20-t-Lkw eintrifft. Falls diese Annahme nicht wirklichkeitsnah erscheint, kann durch Einsatz des Entzugsmechanismus (siehe Abschnitt 3.3.4) die Beendigung des Beladens des 15-t-Lkw — auch bei Eintreffen einer Beladeanforderung eines 20-t-Lkw — bedungen werden.

4.4.2 Einsatz von 15- und 20-t-Lastkraftwagen und 3- und 5-t-Lader

Eine Erweiterung des in Abschnitt 4.4.1 entwickelten Modells kann dadurch vorgenommen werden, daß außer zwei Lkw-Typen auch Lader unterschiedlicher Kapazität (3 und 5 t) eingesetzt werden.

Folgende Annahmen liegen dem erweiterten Modell des Bildes 4.19 zugrunde: Die Entscheidung, ob ein Lkw zu einem 5-t-Lader oder zu einem 3-t-Lader führt, ist von der Verfügbarkeit einer Beladestelle abhängig. Die Beladestellen 1 bis 4 stellen daher zusätzliche Flußeinheiten dar:

Beladestelle 1: bei 5-t-Lader für 20-t-Lkw,
Beladestelle 2: bei 3-t-Lader für 20-t-Lkw,
Beladestelle 3: bei 3-t-Lader für 15-t-Lkw,
Beladestelle 4: bei 5-t-Lader für 15-t-Lkw.

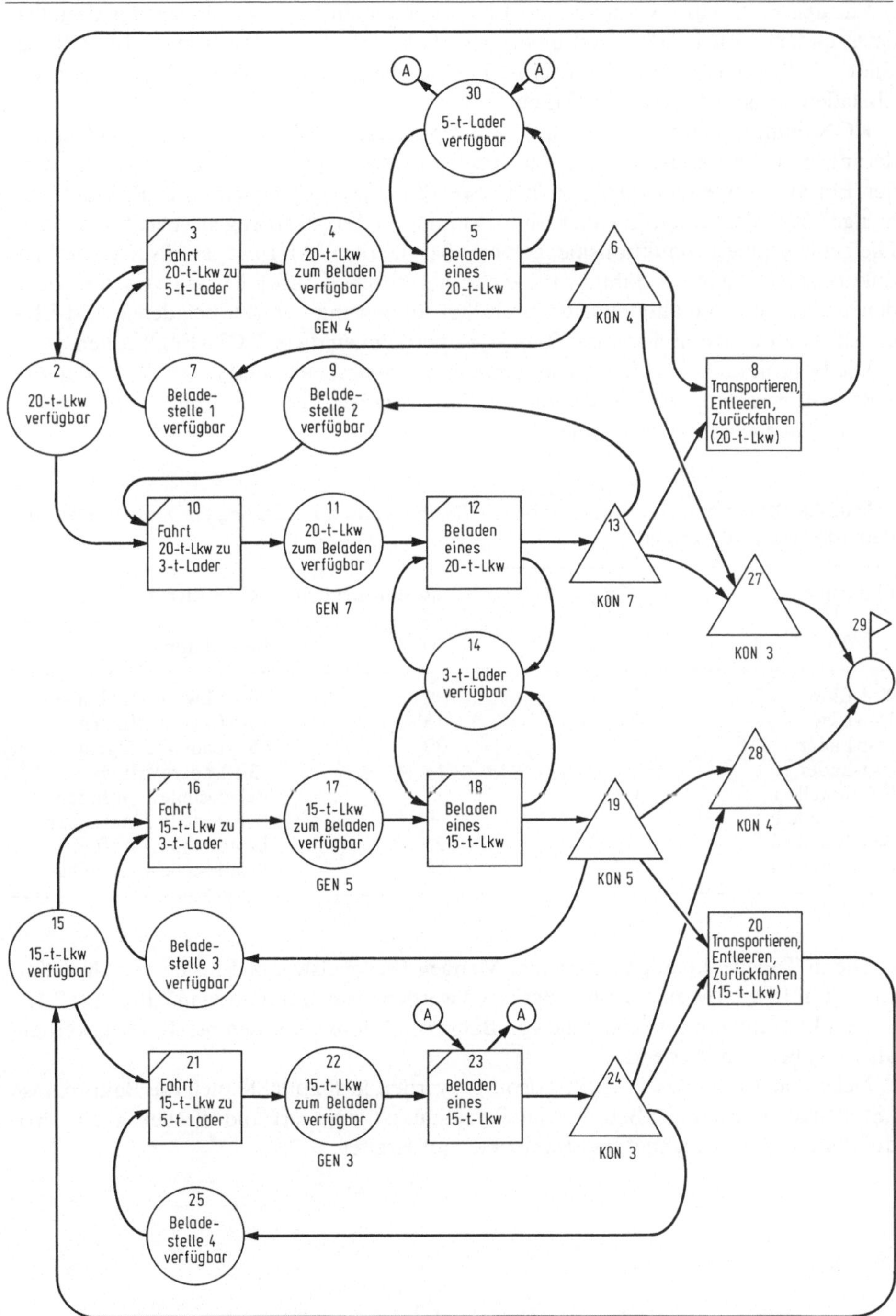

Bild 4.19. Gesamtmodell des Bauprozesses „Erdtransport" (zwei Ladertypen)

Für den Fall, daß sowohl ein 20-t-Lkw als auch ein 15-t-Lkw in den Beladestellen eines Laders zum Beladen verfügbar sind, haben die 20-t-Lkw (wie im Modell des Bildes 4.18) höhere Priorität. Das ist aus der Numerierung der KOMBI-Elemente „Beladen eines ...-t-Lkw" ersichtlich.

KON-Funktionen werden in diesem Beispiel erstens benützt, um die Beladeanforderungen an die Radlader wieder zu einzelnen Lkw's zu konsolidieren. Zweitens wird der Einsatz von KON-Funktionen notwendig, um eine gemeinsame Produktionsmenge (60 t) der unterschiedlich dimensionierten Lastkraftwagentypen festzulegen. Die gemeinsame Produktionsmenge von 60 t, die der ZÄHLER jeweils als eine Produktionsmengeneinheit zählt, wird einerseits durch Konsolidierung von drei beladenen 20-t-Lkw und andererseits durch Konsolidierung von vier beladenen 15-t-Lkw erzielt. Die Funktionselemente 27 und 28 übernehmen diese KON-Funktionen.

Die Bestimmung der Mengen der einzelnen Flußeinheiten und deren Zuordnung zu KREIS-Elementen, zur Festlegung der Startsituation des Bauprozesses im Modell, wird in Tabelle 4.6 vorgenommen.

Tabelle 4.6. Bestimmung der Mengen der Flußeinheiten und Festlegung der Startsituation des Bauprozesses „Erdtransport"

Flußeinheit	Menge	Zugeordnet dem KREIS-Element	
		Nr.	Bezeichnung
20-t-Lkw	3	2	20-t-Lkw verfügbar
15-t-Lkw	5	15	15-t-Lkw verfügbar
5-t-Lader	1	30	5-t-Lader verfügbar
3-t-Lader	2	14	3-t-Lader verfügbar
Beladestelle 1	1	7	Beladestelle 1 verfügbar
Beladestelle 2	1	9	Beladestelle 2 verfügbar
Beladestelle 3	1	25	Beladestelle 3 verfügbar
Beladestelle 4	1	26	Beladestelle 4 verfügbar

Die in Tabelle 4.6 angenommenen Mengen (beispielsweiser Einsatz von drei 20-t-Lkw, fünf 15-t-Lkw, einem 5-t-Lader usw.) werden in der Simulation in Abschnitt 7.1.2, in dem Instrumente zur Kontrolle von Bauproduktionsprozessen beschrieben werden, als Eingabedaten verwendet.

Neben dem Bauprozeß „Erdtransport" werden in Kapitel 8 auch die Bauprozesse „Stollenvortrieb" und „Betonfertigteilerzeugung" simuliert und diesbezügliche Produktivitätswerte errechnet und Statistiken aufbereitet.

5 Schätzung von Arbeitsvorgangsdauern

Als Dauer eines Arbeitsvorganges ist die Zeitspanne von seinem Anfang bis zu seinem Ende zu verstehen. Von den in Kapitel 2 beschriebenen Elementen des CYCLONE-Modells verbrauchen nur das NORMAL-Element, das KOMBI-Element und die KONSOLIDATION-Funktion Zeit zur Durchführung der mittels dieser Elemente beschriebenen Arbeitsvorgänge oder Funktionen. Das KREIS- und das PFEIL-Element, der ZÄHLER und die sonstigen Funktionen verbrauchen keine Zeit zur ihrer Durchführung.

Die Dauern zur Durchführung der NORMAL- und KOMBI-Elemente werden vom Planer bestimmt. Die Dauern der KON-Funktionen ergeben sich aus denen der NORMAL- und KOMBI-Elemente. Die folgenden Ausführungen über Dauernschätzungen beziehen sich daher ausschließlich auf die Schätzung von Dauern von Arbeitsvorgängen, die durch NORMAL- und KOMBI-Elemente dargestellt werden. Bei der Simulation von Bauprozessen zur Berechnung ihrer Produktivitäten werden diesen beiden Elementen vom Planer Vorgangsdauern zugewiesen. Da die Produktivität eines mittels des CYCLONE-Modells dargestellten Produktionssystems von den Dauern der Arbeitsvorgänge und der Logik des Modells abhängig ist, ist eine möglichst genaue Dauernschätzung bedeutend, um aussagekräftige Ergebnisse zu erzielen.

Die folgenden Faktoren beeinflussen die Dauern von Arbeitsvorgängen:
— der Umfang eines Arbeitsvorganges,
— die Einsatzmöglichkeit von Baugeräten und Baumaschinen,
— die Verfügbarkeit von Fachkräften,
— die Umwelteinflüsse auf der Baustelle, wie z. B. Wetter, geographische Lage usw.,
— die Qualifikation der Bauleitung.

Wenn die Einflußfaktoren der Dauern von Arbeitsvorgängen relativ genau abgeschätzt werden können, ist die Verwendung von deterministischen Dauern im Modell möglich. Wenn die Einflüsse auf die Dauern von Arbeitsvorgängen jedoch nicht genau abzuschätzen sind, sondern zufällig variieren, ist die Verwendung von stochastischen Dauern notwendig. Sowohl bei der Verwendung von deterministischen als auch stochastischen Vorgangsdauern ist ihre Ermittlung mit Hilfe von Fachleuten vorzunehmen, die mit der Durchführung der einzelnen Vorgänge vertraut sind. Es ist also nicht Aufgabe des Planers, selbst Dauernschätzungen vorzunehmen. Der Planer benötigt die Angaben der Fachleute und unterstützt die Fachleute bei Anwendung ihrer Schätzungsmethoden durch exakte Abgrenzungen der einzelnen Arbeitsvorgänge und eigene Erfahrungswerte. Folgende Schätzungsmethoden können zur Anwendung kommen:
— Schätzung unter Verwendung eigener historischer Daten gleicher oder ähnlicher Vorgänge;

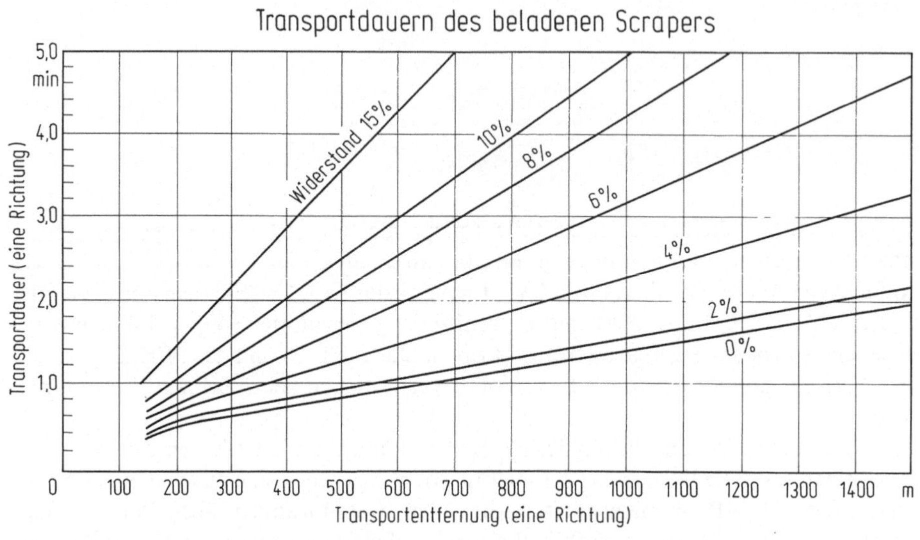

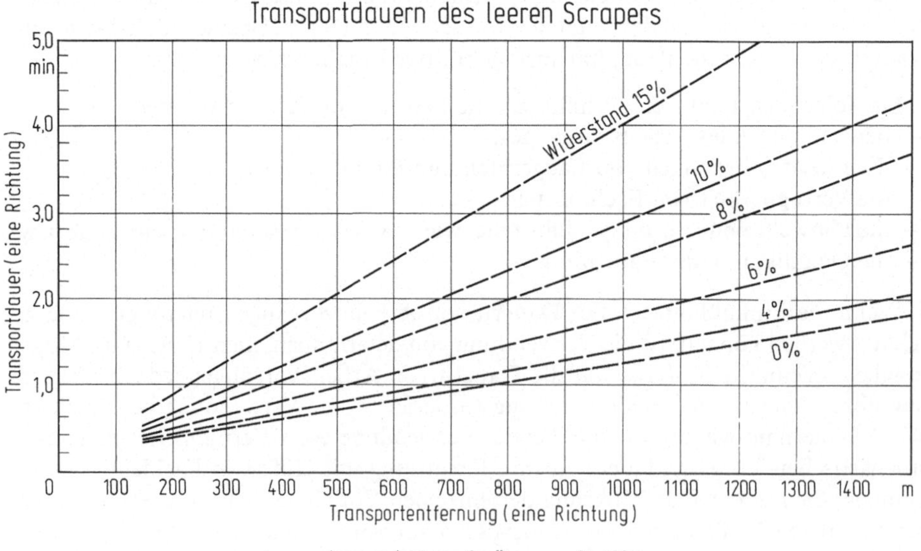

Bild 5.1. Transportdauern – Nomograph

— Schätzung unter Verwendung von in Maschinenhandbüchern und in der bauwirtschaftlichen Literatur aufbereiteten Daten[1];

— Schätzung nach analytischer Methode durch Bestimmung der Produktivitäten der für einen Arbeitsvorgang einzusetzenden Produktionseinheiten;

— Schätzung nach Durchführung von Probeläufen. Wenn für sehr umfangreiche und sich oft wiederholende Bauprozesse entweder keine historischen Daten zur Verfügung stehen oder besondere Einflußfaktoren die Verläßlichkeit vorhandener historischer Daten in Frage stellen, kann es vorteilhaft sein, die Dauern der einzelnen Arbeitsvorgänge durch Probeläufe zu bestimmen.[2]

Diesbezügliche Daten werden z. B. für Erdtransportarbeiten von der Caterpillar Tractor Company in den „Fundamentals of Eaerthmoving" entwickelt. In Transportdauern-Nomographen wird die Transportdauer eines bestimmten Scrapers in Abhängigkeit von Transportentfernung und Widerstand in % dargestellt (Bild 5.1).

5.1 Deterministische Vorgangsdauern

Bei der Schätzung deterministischer Vorgangsdauern ist angesichts der immer bestehenden Unsicherheit diejenige Dauer festzulegen, die der Fachmann als die wahrscheinlichste ansieht. Die deterministische Dauer wird oft als Normaldauer bezeichnet, also als jene Dauer, die unter normalen Umständen erreicht wird. Wenn deterministische Vorgangsdauern vom Planer angenommen werden, verweilen die Flußeinheiten genau diese bestimmte Zeitspanne in einem NORMAL- oder KOMBI-Element, bevor sie freigesetzt werden, um in einem folgenden Arbeitsvorgang eingesetzt zu werden.

Die Annahme deterministischer Vorgangsdauern ist gerechtfertigt, wenn:

— ein Arbeitsvorgang definitionsgemäß immer die gleiche Vorgangsdauer hat (typische Beispiele dafür sind die Härtungszeit von Beton von einer Woche, die Dauer einer 8-h-Schicht usw.);

— die tatsächlichen Dauern nur geringen Abweichungen von einem bestimmten Mittelwert unterliegen (typische Beispiele dafür sind die Fahrzeit eines Lastenaufzuges, die Fahrzeit eines Scrapers bei bestimmten Baustellenbedingungen, die Beladezeit eines Lastkraftwagens mit Sand, usw.);

— es Zielsetzung der Modellierung ist, für möglichst wenige Arbeitsvorgänge stochastische Vorgangsdauern zu berücksichtigen. So kann z. B. ein grob definierter Arbeitsvorgang, der starken zufälligen Variationen der Vorgangsdauer unterliegt, in eine Menge detaillierter Arbeitsvorgänge zerlegt werden. Für einige dieser detaillierten Arbeitsvorgänge können dann meist deterministische Vorgangsdauern angenommen werden.

Für viele Arbeitsvorgänge der Bauproduktion können deterministische Vorgangsdauern angenommen werden, wobei diese Annahme für maschinenintensive Arbeits-

---

1 Siehe z. B.: JURECKA, W.: Kosten und Leistungen von Baumaschinen. Wien–New York: Springer 1975.
REISMANN, W.: Kostenerfassung im maschinellen Erdbau. Veröffentlichungen des Instituts für Maschinenwesen im Baubetrieb der Universität Karlsruhe. Reihe F, Heft 4, Karlsruhe 1973.

2 Zu Methoden der Dauernschätzung siehe unter anderen: MODER, F.; PHILLIPS, C.: Project Management with CPM and PERT. New York: Van Nostrand 1970.

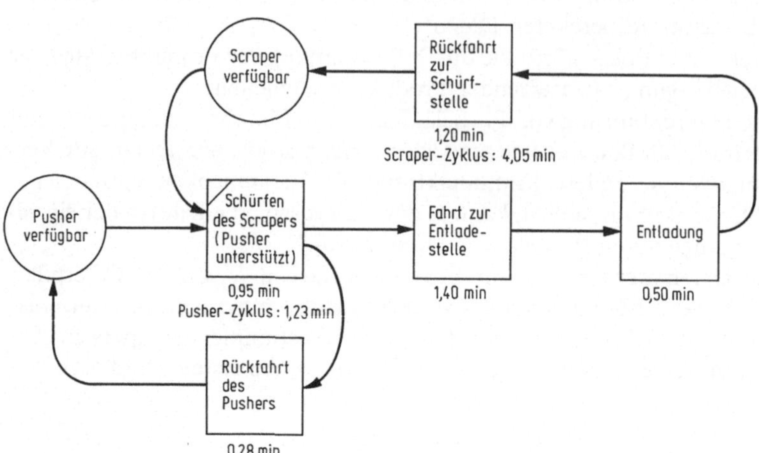

Bild 5.2. CYCLONE-Modell des Erdtransportprozesses (Scraper durch Pusher unterstützt)

vorgänge in der Regel leichter vertretbar erscheint als für arbeitsintensive Arbeitsvorgänge. Es können also auch in Situationen, wo die Zufälligkeit und die Variation der tatsächlichen Vorgangsdauern offensichtlich ist, deterministische Werte für die Vorgangsdauern angenommen werden, sofern die Auswirkungen der Variationen auf das Gesamtergebnis als minimal erachtet werden. Die Produktivität relativ einfacher Bauprozesse kann daher oft unter der Annahme deterministischer Vorgangsdauern berechnet werden.

Das wird für ein einfaches Erdtransportsystem auf der Grundlage deterministischer Vorgangsdauern nachfolgend beispielsweise erläutert: Das CYCLONE-Modell dieses Bauprozesses ist in Bild 5.2 dargestellt. Ein 20-m³-Scraper wird beim Schürfvorgang von einem 385-PS-Pusher (Schubraupe) unterstützt. Bei einer vereinfachten Darstellung von nur zwei Flußzyklen, dem des Scrapers und dem des Pushers, und der Annahme deterministischer Vorgangsdauern ist es einfach, die Produktivität des Produktionssystems zu berechnen.

Um die deterministischen Fahrtdauern des Scrapers (Fahrtdauer beladen, Fahrtdauer leer) festzustellen, wird angenommen, daß der Scraper voll beladen zur Entladestelle fährt, die Transportentfernung zur Entladestelle 1000 m beträgt und der Rollwiderstand der Fahrbahn 18 kg/t für den beladenen Scraper beträgt. Weiter wird angenommen, daß der Transport auf einer ebenen Fahrbahn durchgeführt wird und daher kein Steigungswiderstand besteht.

In Bild 5.1 sind die Fahrtdauern für den beladenen und den leeren Scraper in Abhängigkeit von der Transportentfernung und dem Widerstand in % angegeben. Um den gesamten Widerstand in % zu erhalten, ist zum Steigungswiderstand in % der umgerechnete Rollwiderstand zu addieren. Zur Umrechnung des Rollwiderstandes in kg/t in den Rollwiderstand in % ist die Formel:

$$\text{Rollwiderstand in \%} = \frac{\text{Rollwiderstand kg/t}}{9 \text{ kg/t/\%}}$$

anzuwenden. Für das gewählte Beispiel ergibt sich:

$$\text{Rollwiderstand in } \% = \frac{18\ \text{kg/t}}{9\ \text{kg/t}/\%} = 2\%$$

Der in % umgerechnete Rollwiderstand beträgt daher sowohl für den leeren als auch für den beladenen Scraper 2%. Da kein zusätzlicher Steigungswiderstand aufgrund der ebenen Fahrbahn zu berücksichtigen ist, kann die Fahrtdauer des beladenen Scrapers für eine Transportenetfernung von 1000 m und einem gesamten Widerstand von 2% aus Bild 5.1 (oben) abgelesen werden. Die Fahrtdauer des beladenen Scrapers beträgt 1,4 Min. Die Fahrtdauer des leeren Scrapers von 1,2 min. kann aus Bild 5.1 (unten) abgelesen werden.

Unter der weiteren Annahme, daß die Entladezeit des Scrapers 0,5 min ist und die Schürfzeit 0,95 min beträgt, ergeben sich die folgenden Gesamtdauern für den Scraper-Zyklus:

Schürfzeit	0,95 min
Fahrtzeit beladen	1,40 min
Fahrtzeit leer	1,20 min
Entladezeit	0,50 min
Gesamtdauer	4,05 min

Unter der Annahme einer Rückfahrzeit des Pushers von 0,28 min ergibt sich die folgende Gesamtdauer für den Pusher-Zyklus:

Schürfzeit	0,95 min
Rückfahrzeit	0,28 min
Gesamtdauer	1,23 min

Die Gesamtdauern des Scraper- und des Pusher-Zyklus können verwendet werden, um die maximale Produktivität eines Scrapers bzw. eines Pushers je Stunde zu errechnen.[3]
Die maximale Produktivität eines Scrapers ist:

$$\frac{60\ \text{min/h}}{4,05\ \text{min}} \cdot 20\ \text{m}^3 = 296{,}3\ \text{m}^3/\text{h}.$$

Die maximale Produktivität eines Pushers ist

$$\frac{60\ \text{min/h}}{1,23\ \text{min}} \cdot 20\ \text{m}^3 = 975{,}6\ \text{m}^3/\text{h}.$$

Diese Zahlen zeigen, daß ein Pusher wesentlich produktiver ist als ein Scraper. Wenn daher ein Pusher mit nur einem Scraper ein Produktionssystem bildete, würde sich der

---

3 Es wird eine 60-min-Arbeitsstunde angenommen.

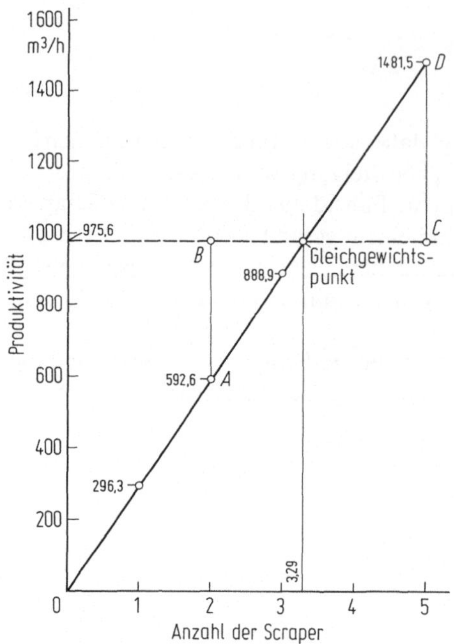

Bild 5.3. Produktivitätskurve des Scraper-Pusher-Produktionssystems

Pusher vorwiegend im Wartezustand befinden. Die Produktivität des Produktionssystems wäre durch die Produktivität des Scrapers mit 296,3 m³/h bestimmt.

In Bild 5.3 wird gezeigt, wieviele Scraper eingesetzt werden müssen, um den Pusher auszulasten und dadurch die Produktivität des Produktionssystems auf die Produktivität des Pushers zu steigern. Daraus wird ersichtlich, daß die Produktivität des Produktionssystems bei ansteigender Scraperzahl zunimmt. Die Produktivität des Pushers limitiert die Produktivität des Produktionssystems auf 975,6 m³/h. Diese obere Grenze wird durch die strichlierte Linie dargestellt, die parallel zur x-Achse verläuft.

Der Schnittpunkt dieser horizontalen Linie mit der Produktivitätskurve der Scraper ist der Gleichgewichtspunkt des Produktionssystems. Das ist jener Punkt, an welchem die Anzahl der Scraper ausreicht, um den Pusher 100%ig auszulasten. Bevor dieser Gleichgewichtspunkt erreicht wird, ist der Pusher nicht voll ausgelastet und befindet sich daher — abhängig von der eingesetzten Anzahl Scraper — manchmal im Wartezustand. Diese Verfügbarkeit des Pushers resultiert in einem Produktivitätsverlust des Produktionssystems. Sein Ausmaß kann als die Differenz zwischen der horizontalen Linie der Pusherproduktivität und der Scraperproduktivitätskurve festgestellt werden. Werden z. B. zwei Scraper im Produktionssystem eingesetzt, ist die Produktivität des Scraper

$$2 \cdot 296,3 \text{ m}^3 = 592,6 \text{ m}^3$$

und die Produktivität des Pushers 975,6 m³, woraus sich der durch die Ordinate AB dargestellte Produktivitätsverlust von

$$975,6 \text{ m}^3 - 592,6 \text{ m}^3 = 383 \text{ m}^3$$

ergibt. Es wird ersichtlich, daß etwa weniger als die Hälfte der Produktivität des Pushers durch das Ungleichgewicht des Produktionssystems verloren geht.

Wenn ein weiterer Scraper verwendet wird, verbessert sich dieses Ungleichgewicht, und beim Einsatz von vier Scrapern ist der Pusher voll ausgelastet. In diesem Fall entsteht jedoch ein Produktivitätsverlust der eingesetzten Scraper, da die vier Scraper mit 1185,3 m³ die maximale Produktivität des Produktionssystems bestimmen. Beim Einsatz von vier Scrapern müssen Scraper auf die Unterstützung des Pushers zur Durchführung des Schürfvorganges warten. Werden beispielsweise fünf Scraper eingesetzt, zeigt die Ordinate CD den resultierenden Produktivitätsverlust von

$$5\,(296,3) \text{ m}^3 - 975,6 \text{ m}^3 = 505,9 \text{ m}^3$$

auf.

Das Gleichgewicht im Produktionssystem wird hier nur unter Berücksichtigung der deterministischen Dauern der Zyklen der Scraper und des Pushers gesucht. Bei dieser Analyse werden Produktivitätsverluste, die durch zufällige Variationen der Dauern der Scraper und Pusherzyklen entstehen, nicht berücksichtigt.

In vielen Produktionssystemen ist der Verlust an Produktivität, der durch zufällige Variationen der Vorgangsdauern entsteht, so bedeutend, daß die Berücksichtigung stochastischer Vorgangsdauern notwendig ist, um praxisrelevante Informationen über die Produktivität von Bauproduktionssystemen zu erhalten.

5.2 Stochastische Vorgangsdauern

Bei der Schätzung stochastischer Vorgangsdauern wird die Angabe der Dauern in Form einer Wahrscheinlichkeitsverteilung vorgenommen. Es wird angenommen, daß die zufälligen Streuungen von Vorgangsdauern durch Wahrscheinlichkeitsverteilungen dargestellt werden können.

Wird ein und derselbe Vorgang wiederholt ausgeführt, und mißt man die jeweils benötigte Zeit, so kann man eine Streuung der Dauer dieses Vorganges feststellen und die Verteilung dieser Zeiten in Form einer Kurve (Dichtefunktion der Verteilung) graphisch darstellen. Grundsätzlich kann man dabei zwischen diskreten und stetigen Verteilungen unterscheiden. Bei diskreten Verteilungen treten als Ergebnisse von Beobachtungen nur bestimmte Werte auf. Dagegen ergeben sich stetige Verteilungen bei Beobachtungen, bei denen die Zufallsvariable (hier Vorgangsdauer) alle Werte annehmen können.

Diskrete Verteilungen werden graphisch in der Form von Histogrammen, stetige Verteilungen durch kontinuierliche Kurven dargestellt (Bilder 5.4 und 5.5).

Ein Histogramm kommt so zustande, daß man die x-Achse in eine Anzahl gleich breiter Intervalle aufteilt und dann über jedem Intervall eine Säule zeichnet, deren Höhe gleich der absoluten Häufigkeit ist, mit der einzelne Beobachtungen im Intervall aufgetreten sind. Die Säulenhöhe entspricht also der sogenannten Besetzungszahl des Intervalls. Dividiert man diese absoluten Häufigkeiten durch die Anzahl aller Beobachtungen, erhält man die relative Häufigkeit.

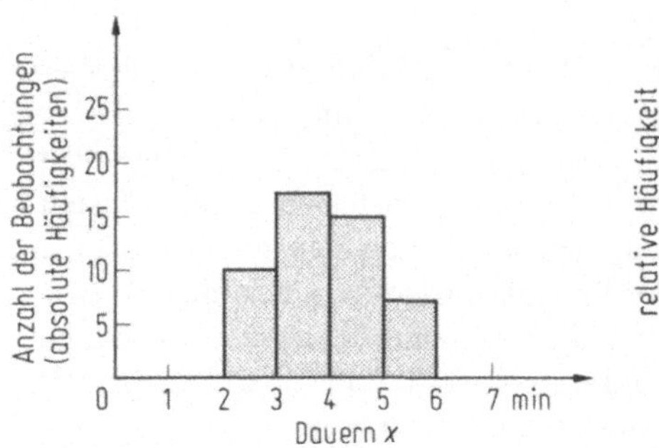

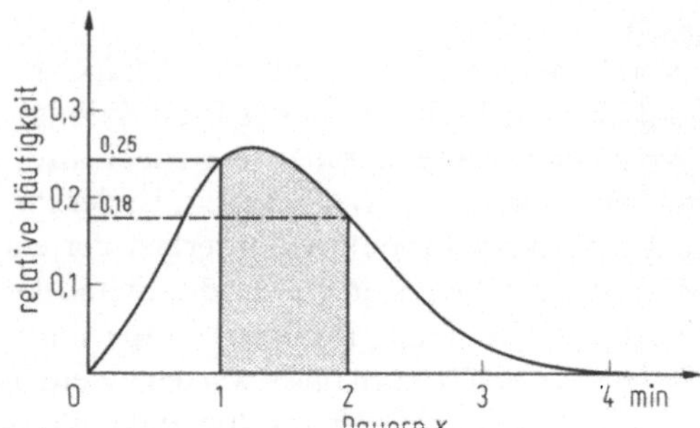

Bild 5.4. Beispiel eines Histogramms   **Bild 5.5.** Beispiel einer kontinuierlichen Verteilung

Die Form der Treppenkurve ist für die relativen Häufigkeiten die gleiche wie, für die absoluten Häufigkeiten, nur der Maßstab der y-Achse ist ein anderer. Die unter der Verteilungskurve liegende Fläche entspricht im Falle der absoluten Häufigkeiten der Gesamtzahl aller Beobachtungen, im Falle der relativen Häufigkeiten der Summe aller Prozentsätze der Säulen, das ist 100% bzw. 1,00.

Die Verwendung eines Histogramms zur Darstellung der Verteilung relativer Häufigkeiten der Dauern eines Vorganges „Ziegelverlegen" wird auf der Grundlage von Feldstudiendaten der Tabelle 5.1 gezeigt. Die Daten von 100 Beobachtungen wurden in Klassenintervalle unterteilt. Die Größe eines Intervalls hängt von der gewünschten Genauigkeit der Planung ab. Im Beispiel des Vorganges „Ziegelverlegen" werden Intervalle von je 1 min gebildet. Die Anzahl der Beobachtungen in einem Intervall bestimmt die Höhe des Balkens eines Histogramms, der das Klassenintervall als Basis hat (Bild 5.6).

Tabelle 5.1. Daten der Feldstudie eines Vorganges „Ziegelverlegen"

Intervall	Anzahl Beobachtungen (absolute Häufigkeit)	Relative Häufigkeit[a]	Kumulative relative Häufigkeit
0,00 … 0,99	0	0,00	0,00
1,00 … 1,99	0	0,00	0,00
2,00 … 2,99	0	0,00	0,00
3,00 … 3,99	12	0,12	0,12
4,00 … 4,99	15	0,15	0,27
5,00 … 5,99	18	0,18	0,45
6,00 … 6,99	21	0,21	0,66
7,00 … 7,99	16	0,16	0,82
8,00 … 8,99	12	0,12	0,94
9,00 … 9,99	6	0,06	1,00
Gesamt	100	1,00	

[a] $\text{relative Häufigkeit} = \dfrac{\text{Anzahl Beobachtungen je Klassenintervall}}{\text{Summe aller Beobachtungen}}$

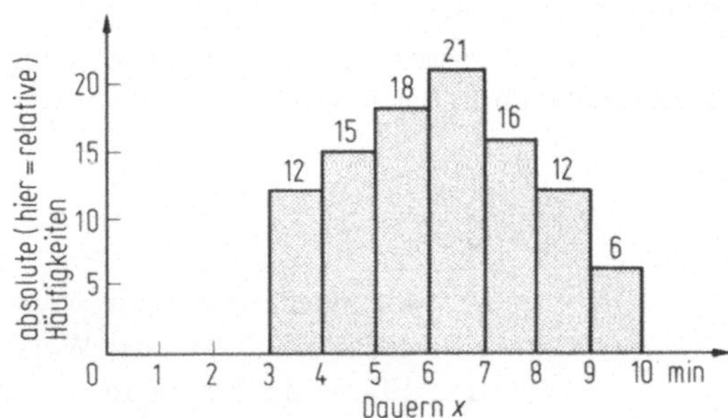

Bild 5.6. Absolute bzw. relative Häufigkeiten der Dauern des Vorganges
„Ziegelverlegen" (Histogramm)

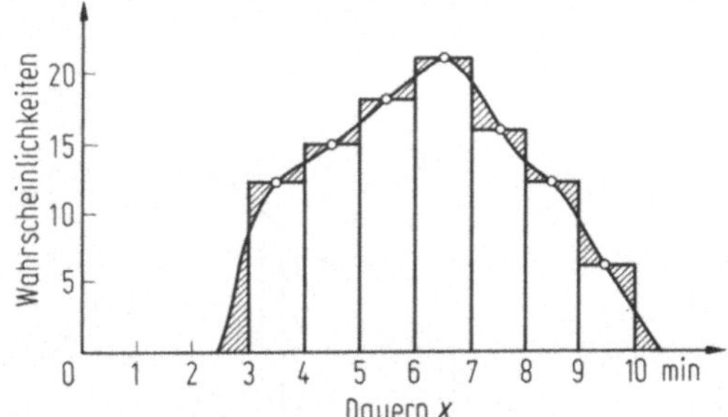

Bild 5.7. Wahrscheinlichkeitsverteilung
der Dauern des Vorganges „Ziegelverlegen" (kontinuierliche Kurve)

Die Daten der Tabelle 5.1 werden in Bild 5.6 in Histogrammform dargestellt. Die
x-Achse dieses Histogramms zeigt die Dauern in Minuten, die y-Achse die absolute bzw.
relative Häufigkeit je Klassenintervall an. Entsprechend dem Axiom der Wahrschein-
lichkeitstheorie, daß die Wahrscheinlichkeit gleich der relativen Häufigkeit bei einem
Grenzübergang für $n \rightarrow \infty$ ist[4], kann in Annäherung die relative Häufigkeit gleich
der Wahrscheinlichkeit gesetzt werden. Daher kann z. B. gesagt werden, daß die Wahrscheinlichkeit, daß der tatsächliche Vorgang „Ziegelverlegen" 4 bis 4,99 min dauert,
15% ist. Diese Aussage ist im statistischen Sinn nicht ganz richtig, da die Stichprobe
von 100 Beobachtungen nicht genügt, um eine exakte Aussage zuzulassen. Sie wäre nur
unter Berücksichtigung der vollkommenen Population möglich. Eine Annäherung zu
einer exakteren Aussage auf Grundlage der theoretischen Berücksichtigung der Population aller möglichen Dauern des Vorganges „Ziegelverlegen" kann durch die Entwicklung einer kontinuierlichen Kurve durch die Mittelpunkte der Balken der einzelnen Klassenintervalle erzielt werden (Bild 5.7).

Bei der Entwicklung dieser kontinuierlichen Kurve wird angenommen, daß z. B.
das Flächenstück unter der Kurve zwischen 4,00 und 4,99 min 15% der Gesamtfläche
unter der Kurve beträgt. Die Gesamtfläche unter der Kurve entspricht der Summe
aller Eintrittswahrscheinlichkeiten, die 100% ist. Die kontinuierliche Kurve resultiert
in einem Verlust der gekreuzten Flächen und in einer Einbeziehung der schraffierten
Flächen. Es wird daher angenommen, daß der Verlust an Fläche dem Gewinn an Fläche

---

4 n: Anzahl der Beobachtungen.

entspricht, so daß die Eintrittswahrscheinlichkeit einer Dauer im Intervall von 4,00 bis 4,99 min 15% bleibt.

Mathematisch lassen sich die obigen Zusammenhänge wie folgt ausdrücken: Die Gesamtfläche unter der Kurve ist

$$F = \int_{x_u}^{x_o} f(x)\,\mathrm{d}x = 1,0$$

wobei

x_u: kleinster auftretender Wert der Zufallsvariablen auf der x-Achse,

x_o: größter auftretender Wert der Zufallsvariablen auf der x-Achse,

$f(x)\,\mathrm{d}x$:   Fläche des Segmentes unter der Kurve mit der Basis $\mathrm{d}x$ und der Höhe $f(x)$

ist. Schematisch wird dies in Bild 5.8 gezeigt.

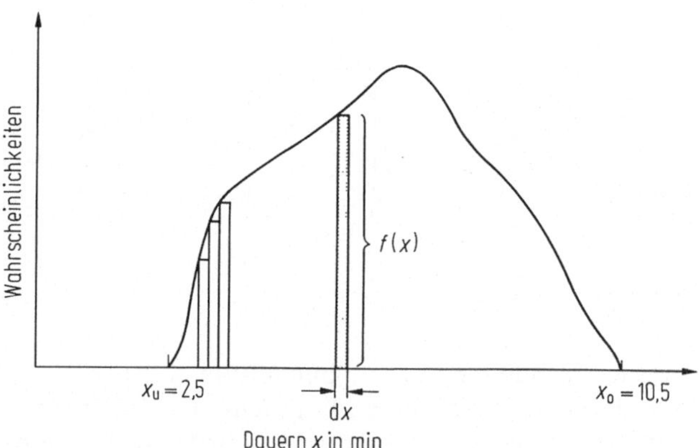

Bild 5.8. Schematische Darstellung von Segmenten, die in Summe 100% ergeben

Für in späteren Kapiteln behandelte Simulationszwecke sind kumulative Wahrscheinlichkeitsverteilungen von Bedeutung. Eine Darstellung der kumulativen Häufigkeiten bzw. Wahrscheinlichkeiten der Dauern des Vorganges „Ziegelverlegen" wird in den Bildern 5.9 und 5.10 vorgenommen, wobei Bild 5.9 eine Histogrammdarstellung der kumulativen Häufigkeiten ist und in Bild 5.10 zur Darstellung der kumulativen Wahrscheinlichkeiten eine kontinuierliche Kurve verwendet wurde.

Die intervallsmäßige Entwicklung von Wahrscheinlichkeitsverteilungen ist mühsam. Der Gebrauch von häufig auftretenden Wahrscheinlichkeitsverteilungen, hier als Standardverteilungen bezeichnet, die durch ein oder zwei Parameter einfach zu definieren sind, erweist sich daher oft als vorteilhaft. Einige der häufig verwendeten Wahrscheinlichkeitsverteilungen sind in Tabelle 5.2 angeführt.

Eine Beschreibung der Parameter dieser Standardverteilungen und ihre Ermittlung aus Felddaten kann in einführenden Statistikbüchern nachgelesen werden[5] und wird hier nicht näher erläutert.

---

5 Siehe z.B.: HEINHOLD, J.; GAEDE, K.W.: Ingenieur-Statistik. München, Wien: Oldenburg 1968.

Tabelle 5.2. Standardwahrscheinlichkeitsverteilungen

Verteilung	Wahrscheinlichkeitsdichte	Beschreibung	Graphische Darstellung
Normalverteilung	$f(x) = \dfrac{1}{\sigma_x \sqrt{2\pi}} \exp - \dfrac{1}{2}\left(\dfrac{x - \mu_x}{\sigma_x}\right)^2$	Die Normalverteilung ist stetig und um den Mittelwert symmetrisch. Sie ist durch zwei Parameter, den Mittelwert μ und die Standardabweichung σ definiert (2 Parameter).	
Logarithmische Normalverteilung	$f(y) = \dfrac{1}{\sigma_y \sqrt{2\pi}} \exp\left[\left(-\dfrac{1}{2}\right)\left(\dfrac{y - \mu_y}{\sigma_y}\right)^2\right]$ für $-\infty < y < +\infty$ und $y = \ln x$	Die logarithmische Normalverteilung ist stetig und unsymmetrisch. Sie hat einen häufigsten Wert (Modus), der links vom Mittelwert liegt. Die Verteilung wird durch den Mittelwert μ und die Standardabweichung σ charakterisiert (2 Parameter).	
Erlangverteilung	$f(x) = \dfrac{\alpha^k x^{(k-1)} e^{-\alpha x}}{(k-1)!}$ $\left.\begin{array}{l}\alpha > 0\\ k > 0\\ x > 0\end{array}\right\}$ alle nicht negativ	Die Erlangverteilung ist stetig und kann durch die Variation des Parameters k in ihrer prinzipiellen Form verändert werden (2 Parameter).	
Exponentialverteilung	$f(x) = \alpha e^{-\alpha x}$ $\alpha > 0$ und $x \geq 0$	Die Exponentialverteilung ist stetig und existiert für $0 < x < +\infty$ (1 Parameter).	

Verteilung	Punktwahrscheinlichkeit	Beschreibung	Graphische Darstellung
Poissonverteilung	$f(x) = e^{-\lambda}\left(\dfrac{\lambda^x}{x!}\right)$ $x = 0, 1, 2, \ldots$ $\lambda = 0$	Die Poissonverteilung ist eine diskrete Verteilung zur Beschreibung der Wahrscheinlichkeit von x Ankünften innerhalb eines gegebenen Zeitintervalls. Dabei wird angenommen, daß die Intervalle zwischen den Ankünften exponential verteilt sind und einen Mittelwert λ haben (1 Parameter).	

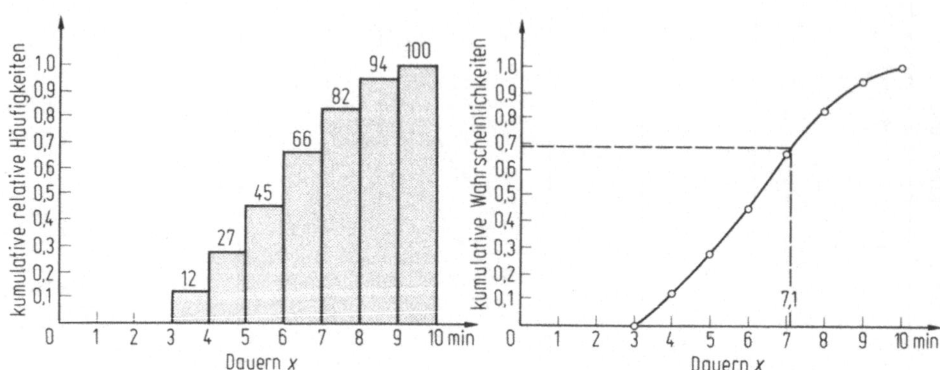

Bild 5.9. Kumulative Häufigkeiten der Dauern des vorganges „Ziegelverlegen"

Bild 5.10. Kumulative Wahrscheinlichkeiten der Dauern des Vorganges „Ziegelverlegen"

Viele der in Feldbeobachtungen gewonnenen Daten können mit ausreichender Genauigkeit durch die in Tabelle 5.2 angeführten Wahrscheinlichkeitsverteilungen beschrieben werden. Aufgabe des Planers ist es daher, eine Wahrscheinlichkeitsverteilung zu wählen, die dem Verlauf der Verteilung der beobachteten Felddaten am genauesten entspricht. Ist diese Auswahl getroffen, können Mittelwert und Standardabweichung dieser Wahrscheinlichkeitsverteilungen errechnet werden. Es wird angenommen, daß diese beiden Kenngrößen (Moment 1. und Moment 2. Ordnung) die Verteilung der Felddaten repräsentieren. Zur Kontrolle können die Wahrscheinlichkeitsverteilungen mit den zugehörigen empirisch ermittelten Häufigkeitsverteilungen der Felddaten verglichen werden. Wenn sich große Abweichungen ergeben, müssen entweder die Parameter der Wahrscheinlichkeitsverteilungen geändert werden, oder es muß eine die Verteilung der tatsächlichen Felddaten besser beschreibende Wahrscheinlichkeitsverteilung gewählt werden.

Bei allen diesen Betrachtungen wird angenommen, daß die auftretenden Ereignisse im statistischen Sinne voneinander unabhängig sind. So können z. B. keine Einübungseffekte berücksichtigt werden.

5.3 Verwendung kumulativer Wahrscheinlichkeitsverteilungen zur Auswahl zufälliger Vorgangsdauern

Ziel der Ermittlung deterministischer oder stochastischer Vorgangsdauern ist es, für eine am CYCLONE-Modell durchzuführende Simulation eines Bauprozesses Eingabedaten aufzubereiten. Auf der Grundlage der Dauern der einzelnen Arbeitsvorgänge und der im Produktionsprozeß eingesetzten Flußeinheiten kann durch Simulation der Wirklichkeit die Produktivität eines Produktionssystems errechnet werden. Weiter ermöglichen die Vorgangsdauern die Ermittlung von Einsatz- bzw. Stillstandszeiten der eingesetzten Flußeinheiten und die Aufbereitung diesbezüglicher Statistiken.

Die deterministischen Vorgangsdauern werden für Simulationszwecke vom Planer festgelegt. Bei Anwendung stochastischer Vorgangsdauern können vom Planer nur entsprechende Wahrscheinlichkeitsverteilungen angenommen werden, aus denen für jeden Simulationslauf zufällig Vorgangsdauern gewählt werden. Diese Auswahl zufälliger Vorgangsdauern kann mit Hilfe kumulativer Wahrscheinlichkeitsverteilungen vorgenommen werden. Die Wahrscheinlichkeitswerte auf der y-Achse einer kumulativen Wahrscheinlichkeit nehmen definitionsgemäß die Werte zwischen 0,0 und 1,0 an. Soll daher eine zufällige Dauer eines Vorganges gewählt werden, ist nur eine Zufallszahl zwischen 0,0 und 1,0 zu erzeugen und auf der y-Achse der kumulativen Wahrscheinlichkeitsverteilung aufzusuchen. Danach kann direkt der zugehörige Wert auf der x-Achse, die zufällige Vorgangsdauer, abgelesen werden. Wenn z. B. eine Zufallszahl von 0,68 als y-Wert erzeugt wird, weist die graphische Darstellung des Bildes 5.10 diesem y-Wert einen x-Wert von 7,1 zu. Die Auswahl einer zufälligen Dauer eines Arbeitsvorganges wird also durch Erzeugung einer Zufallszahl zur Festlegung einer kumulativen Wahrscheinlichkeit und den anschließenden Zuweisung eines Dauernwertes auf der x-Achse zu diesem y-Wert vorgenommen.

Die Methode, mit Hilfe von Zufallszahlen Zufallsereignisse (Zufallsdauern) zu erzeugen, wird als Monte-Carlo-Methode bezeichnet. In fast allen Simulationen (im Sinne des Operations Research) werden Zufallszahlen benötigt. Die Auswahl der Zufallszahlen wird dabei ähnlich der Methode des Würfelrollens vorgenommen. Die zur Auswahl stehenden Zufallszahlen sind bei Durchführung von Handsimulationen in einer Zufallszahlentabelle (Tabelle 5.3) enthalten. Die Zufallszahlen werden dieser Tabelle nach einer festzulegenden Vorgangsweise entnommen (z. B. zeilen- oder spaltenweise).

Wenn umfangreiche Simulationen vorgenommen werden müssen, ist eine Handsimulation und eine Entnahme von Zufallszahlen aus Zufallszahlentabellen aufwendig und zeitraubend. In solchen Fällen können Computer-Simulationsprogramme, die ebenfalls die Monte-Carlo-Methode verwenden, eingesetzt werden. Dabei ist es entweder möglich, Programme zu benutzen, die Zufallszahlentabellen wie jene der Tabelle 5.3 beinhalten oder einen Zufallszahlengenerator einsetzen. Allerdings sind die mittels Zufallszahlengenerator errechneten Zahlen eigentlich keine echten Zufallszahlen, da sie nicht zufällig entstehen. Man nennt sie daher auch Pseudo-Zufallszahlen. Wesentlich ist jedoch, daß sie sich wie echte Zufallszahlen verhalten. Das bedeutet, daß sie der entsprechenden statistischen Verteilung unterliegen. Da man gleichverteilte Zufallszahlen benötigt, müssen die Pseudo-Zufallszahlen ebenfalls eine Gleichverteilung aufweisen.

Mit den entweder mittels Zufallszahlentabellen oder Zufallszahlengenerator gewonnenen Zufallszahlen lassen sich die Zufallsereignisse (Vorgangsdauern) auswählen. Dazu müssen die Zufallszahlen aber noch normiert werden, d. h. ihr Stellenwert muß auf Werte zwischen 0,0 und 1,0 verschoben werden. Falls z. B. die häufig gebräuchlichen Wahrscheinlichkeitsverteilungen der Tabelle 5.2 Anwendung finden, müssen die zugehörigen kumulativen Wahrscheinlichkeitsverteilungen durch Integration ermittelt werden[6]. Anschließend kann die Monte-Carlo-Methode zur Ermittlung der zufallsverteilten Vorgangsdauern, wie oben beschrieben, eingesetzt werden.

---

6 Siehe NAYLOR, T. H., et al.: Computer Simulation Techniques. New York: Wiley 1966.

Tabelle 5.3. Zufallszahlentabelle

258164	244733	824904	959712	284925	062825
547250	466759	943814	751744	707634	376550
279794	797398	656465	505360	241001	256756
676883	778968	934335	028735	444391	538814
056700	668517	599657	172246	663342	229231
339846	006566	593875	032328	975552	373848
036783	039384	559225	193777	846672	240567
220480	238066	351556	161368	074279	441791
321406	414815	106967	967134	445197	647755
926274	486088	641104	796227	668169	882135
551342	913235	842276	771953	004479	286810
304312	473198	047928	626475	026876	718933
823825	835986	287273	754598	161107	308715
937351	010233	721707	522461	965570	850209
617730	061361	325338	131225	786849	095472
702187	367781	949838	786484	715749	572211
208356	204205	692568	713559	289632	429389
248744	223866	150708	276511	735843	573432
490798	341698	903251	657207	410058	436704
941463	047882	413364	938779	457579	617269
642372	286994	477391	626291	742379	699424
849870	720032	861112	753498	449229	191795
093443	315302	160820	515872	692334	149489
560052	889689	963853	091735	149304	895946
356317	332082	776563	549817	894838	369583
136699	990251	654104	295173	362940	215001
819290	934772	920183	769050	175190	288566
910170	602271	514838	609073	149977	729456
454833	609543	085541	650304	299551	371782
725920	653122	512693	897409	795288	228180
350587	914302	072686	378353	766325	367552
101159	479593	435653	267561	592743	202833
606294	874310	610972	603571	552441	215643
633650	239915	661686	617332	310901	292418
797598	437881	965626	699801	863313	752542
780166	624326	787185	194055	174009	510141
675692	741722	717763	163035	042897	057390
049565	445296	301705	977129	257123	343977
297081	668767	808201	856124	541013	061544
780488	008061	843715	130923	242413	368876
677624	048345	056556	784673	452850	210769
061141	289772	338980	702709	714037	263205
366460	736682	031592	211482	279375	577461
196284	415086	189369	267476	674370	460850
176396	487709	134951	603059	041642	761984
057200	922951	808817	614263	249601	566725
342842	531427	847407	681412	495933	396506
054743	184960	078683	083843	972241	376355
328117	108529	471591	502517	826831	255591
966490	650465	826352	011698	955365	531832
792363	898373	952494	070140	725692	187387
748793	384127	708486	420392	349224	123071
487669	302166	246104	519512	092989	737614
922713	810962	474975	113551	557332	420673
530000	860263	846638	680563	340216	521195
176412	155727	074070	078756	039000	123638
057296	933327	443946	472031	233763	741017
343418	593614	660673	828993	401014	441071
058191	557661	959553	968321	403375	643445
348781	342185	750789	803337	417523	856303
090331	050801	499633	814559	502313	131999
541400	304492	994413	881820	010477	791123

5.4 Ablauf der Auswahl zufälliger Vorgangsdauern

In der Regel wird die Erzeugung von Zufallszahlen und die anschließende Ermittlung von zufälligen Vorgangsdauern durch den Computer durchgeführt. Da der diesbezügliche Ablauf relativ einfach darzustellen ist und die Ermittlung von zufälligen Vorgangsdauern per Hand notwendig wird, wenn keine der Standard-Wahrscheinlichkeitsverteilungen angewandt werden kann, werden nachfolgend die einzelnen Schritte der Auswahl zufälliger Vorgangsdauern in einem Flußdiagramm zusammengefaßt (Bild 5.11).

Die im Flußdiagramm des Bildes 5.11 dargestellten Schritte der Auswahl zufälliger Vorgangsdauern sind
— Sammlung von Felddaten (empirische Daten);
— Bildung von Klassenintervallen und Zuordnung der Felddaten zu den einzelnen Intervallen;
— tabellarische Darstellung der Häufigkeiten von Dauern der einzelnen Klassenintervalle und Entwicklung kumulativer Häufigkeiten (Tabelle 5.1);
— für jeden gewünschten Simulationslauf
    (a) Auswahl einer Zufallszahl aus einer Zufallszahlentabelle (Tabelle 5.3),
    (b) Stellenwertverschiebung dieser Zufallszahl auf einen Stellenwert von 0,0 bis 1,0, da die kumulativen Wahrscheinlichkeiten zwischen 0,0 und 1,0 liegen,
    (c) Eintragung der Zufallszahl auf die y-Achse der graphischen Darstellung der kumulativen Wahrscheinlichkeitsverteilung und Aufsuchen des entsprechenden Wertes auf der x-Achse, durch zum Schnittbringen mit der kumulativen Verteilungsfunktion (Bild 5.10),
    (d) Festhalten des ermittelten x-Wertes (der zufälligen Vorgangsdauer).

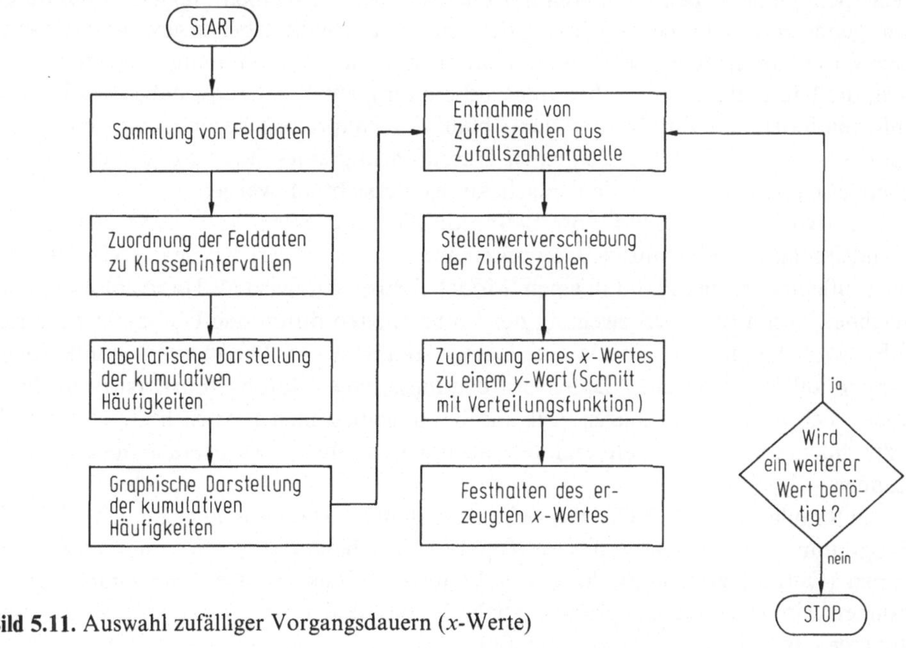

Bild 5.11. Auswahl zufälliger Vorgangsdauern (x-Werte)

6 Simulation der Dynamik von Bauproduktionsprozessen

CYCLONE-Modelle zur Darstellung von Bauproduktionsprozessen sind statische Modelle, die die Struktur von Bauprozessen beschreiben. Um Einblick in den Ablauf dieser Bauprozesse zu gewinnen, ist deren Dynamik durch Simulation am CYCLONE-Modell zu untersuchen. Simulation kann als zielgerichtetes Experimentieren an Modellen verstanden werden. Das Modellieren ist daher als Nachahmung der Struktur der Realität zu verstehen, das Simulieren hingegen ist eine Nachahmung des Verhaltens (Aktionen und Reaktionen) der Realität.

Am CYCLONE-Modell wird der Fluß der Flußeinheiten durch das Flußnetzwerk des Modells simuliert. Erst die Simulation der Dynamik von Bauproduktionsprozessen erlaubt es, die Produktivität eines Produktionssystems zu berechnen und Einsatz- bzw. Wartezeiten der Flußeinheiten zu bestimmen. Die Produktivität eines Produktionssystems und die Einsatz- bzw. Wartezeiten der definierten Flußeinheiten sind Kriterien zur Beurteilung von Bauproduktionsprozessen bzw. Kriterien zur Auswahl eines Bauproduktionsprozesses, wenn mehrere alternative Prozesse zur Auswahl stehen.

Bei einer Simulation von Bauprozessen soll der Fluß der Flußeinheiten durch das Modell dem auf der Baustelle in der Realität entsprechen. Obwohl beim Modellieren sicherlich einige Aspekte der Realität unberücksichtigt bleiben müssen, sollte durch eine genügende Detaillierung des Modells ein hoher Realitätsbezug gewährleistet sein. Der Vorteil des Modellierens und des Simulierens ist die Gewinnung von Informationen, die frühzeitig zur Entscheidungsaufbereitung zur Verfügung stehen. Es können Informationen und Einblicke in den Ablauf des Bauprozesses gewonnen werden, die sonst erst während der tatsächlichen Durchführung eines Bauprozesses und möglicherweise erst nach teuren Fehlentscheidungen ersichtlich werden.

Der dynamische Ablauf von Bauproduktionsprozessen kann entweder mittels Handsimulation oder mittels Computersimulation simuliert werden. Die Methode, die Flußeinheiten per Hand in einem Modell fortbewegt, wird als Handsimulation bezeichnet. Wenn die Fortbewegung der Flußeinheiten durch den Computer durchgeführt wird, handelt es sich um eine Computersimulation. Die meisten Simulationen werden auf elektronischen Datenverarbeitungsanlagen durchgeführt. Nur mit ihnen lassen sich in der verfügbaren Zeit und bei angemessenen Kosten hinreichend viele Experimente vollziehen, um signifikante Eigenschaften eines Modells feststellen zu können.

Zur Simulation von CYCLONE-Modellen steht ein Softwarepaket, das CYCLONE-Programm, zur Verfügung, das im Kapitel 8 kurz beschrieben wird und dessen Ausgaben (Output) zur Beurteilung von Bauproduktionsprozessen verwendet werden können. Um einerseits die grundsätzliche Methodik der Simulation zu erläutern und andererseits aufzuzeigen, daß CYCLONE-Modelle auch relativ einfach per Hand simuliert werden können, wird in diesem Kapitel die Handsimulation von Bauproduktionsprozessen dargestellt.

6.1 Simulationsmethoden

Zur Simulation von Bauprozessen können entweder deterministische oder stochastische Vorgangsdauern verwendet werden[1]. Ein Arbeitsvorgang ist durch seinen Anfang (Anfangsereignis) und sein Ende (Endereignis) definiert. Vom Anfang bis zum Ende eines Arbeitsvorganges sind jene Flußeinheiten, die diesen Arbeitsvorgang durchfließen, an ihn gebunden. Unabhängig davon, ob die Vorgangsdauern deterministisch oder stochastisch sind, findet die Fortbewegung von Flußeinheiten im Modell zu diskreten Zeitpunkten, und zwar nach dem Endereignis eines Vorganges, statt.

Die Tatsache, daß sich Flußeinheiten nur zu diskreten Zeitpunkten fortbewegen, ist nicht nur für Arbeitsvorgänge darstellende NORMAL- und KOMBI-Elemente zutreffend, sondern gilt auch für KREIS-Elemente. Da die Bewegungen im Flußnetzwerk jeweils zu diskreten Zeitpunkten stattfinden, genügt es, das Produktionssystem zu diskreten Zeitpunkten zu beobachten, da sich nur dann Veränderungen im Modell ergeben können. Die Zeitpunkte, wann ein Produktionssystem beobachtet wird, werden durch eine Simulationsuhr (SIM-UHR) festgelegt. Diese bestimmt die Simulationszeiten (SIM-ZEIT), wobei der Zeiger der Simulationsuhr entweder in gleichmäßigen Zeitabständen (Zeittakten) oder jeweils bei Eintritt eines Endereignisses vorgerückt wird. Man unterscheidet dementsprechend zwischen der Zeittakt-Simulationsmethode und der endereignisbedingten Simulationsmethode.

6.1.1 Zeittakt-Simulationsmethode

Die Zeittakt-Simulationsmethode rückt den Zeiger der SIM-UHR in gleichmäßigen Zeitabständen vor (z.B. jede Minute, alle 2 min usw.). Zu jeder SIM-ZEIT wird geprüft, ob während des letzten Zeitintervalls ein Arbeitsvorgang oder ein Wartezustand beendet wurde und dadurch Flußeinheiten freigesetzt wurden. Ist dies der Fall, können Flußeinheiten fortbewegt werden. Durch die Bindung von Flußeinheiten zur Durchführung der einzelnen Arbeitsvorgänge und deren Freisetzung nach Beendigung der Vorgänge wird im Flußnetzwerk der Ablauf des Bauprozesses simuliert.

Es ist offensichtlich, daß sich die Zeittaktmethode für solche Modelle eignet, in denen die Fortbewegung der Flußeinheiten in relativ gleichmäßigen Zeitabständen stattfindet. Wenn sich die Flußeinheiten aufgrund sehr unterschiedlicher Vorgangsdauern jedoch in unregelmäßigen Zeitabständen fortbewegen, ist diese Simulationsmethode nicht vorteilhaft. Wenn sich z.B. Flußeinheiten innerhalb der ersten 5 min der Produktionszeit fortbewegen und dann über einen Zeitraum von 2 h keine weiteren Fortbewegungen stattfinden und als gleichmäßiges Zeitintervall 5 min verwendet werden, findet nur im ersten Zeitintervall eine Bewegung im Modell statt. In den folgenden 24 Inter-

---

1 Wenn die Berücksichtigung stochastischer Vorgangsdauern notwendig ist, kann die in Abschnitt 5.3 erwähnte Monte-Carlo-Methode zur zufälligen Auswahl der Vorgangsdauern eingesetzt werden.

vallen (2 × 60 min dividiert durch 5 min = 24) ereignen sich keine Fortbewegungen im Modell, aber trotzdem wird — unnötigerweise — das Modell am Ende jedes Intervalls bezüglich der Möglichkeit, Flußeinheiten fortzubewegen, untersucht.

6.1.2 Endereignisbedingte Simulationsmethode

Wenn sich die Flußeinheiten im Modell in sehr unregelmäßigen Zeitabständen fortbewegen, eignet sich die Methode, die den Zeiger der SIM-UHR bei Eintritt eines Endereignisses vorrückt, besser als die Zeittaktmethode. Der Zeiger der SIM-UHR wird bei dieser Methode bei Beendigung eines Arbeitsvorganges vorgerückt, das Modell also nur bei Beendigung eines Vorganges oder bei gleichzeitiger Beendigung mehrerer Vorgänge untersucht. Zur Durchführung dieser Methode, die für die Simulation von Bauprozessen besser als die Zeittaktmethode geeignet ist, sind zwei Terminlisten anzulegen, um einerseits die Endtermine der in Durchführung befindlichen Arbeitsvorgänge und andererseits die einzelnen beendeten Arbeitsvorgänge festzuhalten. Diese Terminlisten werden als CHRONOLOGISCHE-Liste und als EREIGNIS-Liste bezeichnet.

Sobald die Endereignisse von Arbeitsvorgängen bestimmt werden können, werden diese Arbeitsvorgänge in die EREIGNIS-Liste aufgenommen. Wenn für einen Vorgang ein solches Endereignis tatsächlich eintritt, wird dieser Vorgang in die CHRONO-LOGISCHE-Liste eingetragen. Die Eintragungen der EREIGNIS-Liste werden also erst dann in die CHRONOLOGISCHE-Liste übernommen, wenn die Endereignisse tatsächlich anfallen, d. h. wenn einzelne Arbeitsvorgänge tatsächlich beendet werden. Das letzte in der CHRONOLOGISCHEN-Liste eingetragene Ereignis zeigt den gerade beendeten Arbeitsvorgang und den jeweiligen Simulationszeitpunkt (die JETZT-Zeit) an. Die Fortbewegung von Flußeinheiten wird zu diesem Zeitpunkt (JETZT) vorgenommen. Der nächste Simulationsschritt wird erst nach Beendigung des nächsten Arbeitsvorganges durchgeführt.

Grundsätzlich können bei der diskreten Handsimulation und Anwendung der endereignisbedingten Methode zwei Phasen unterschieden werden: In der Endereignis-Generationsphase werden jene Arbeitsvorgänge generiert, die in die EREIGNIS-Liste aufgenommen werden können. Zu den einzelnen Simulationszeitpunkten (JETZT-Zeiten) — der erste Simulationszeitpunkt ist die Zeit 0,0 — wird geprüft, welche Arbeitsvorgänge begonnen werden können. Ein Arbeitsvorgang kann begonnen werden, wenn alle zu seiner Durchführung benötigten Flußeinheiten zur Verfügung stehen. Als nächster Schritt der Generationsphase ist die Dauer des zum Simulationszeitpunkt durchführbaren Arbeitsvorganges zu bestimmen, wobei es sich entweder um eine deterministische oder eine stochastische Dauer handeln kann. Das Endereignis eines Arbeitsvorganges wird durch die Addition der Vorgangsdauer zur JETZT-Zeit ermittelt:

$$\text{Endereignis} = \text{JETZT-Zeit} + \text{Vorgangsdauer.}$$

Die zur JETZT-Zeit durchführbaren Arbeitsvorgänge werden mit ihren Endereignissen in die EREIGNIS-Liste eingetragen. Wenn kein neuer Arbeitsvorgang zur Eintragung generiert werden kann, weil keine Flußeinheiten verfügbar sind, ist die Vorrückungsphase zu beginnen. In der Vorrückungsphase wird jener Arbeitsvorgang der

Tabelle 6.1. Simulationsalgorithmus

A. Generations-Phase

    1. Kann ein Arbeitsvorgang beginnen (stehen alle benötigten Flußeinheiten zur Verfügung)?
    2. Wenn JA, gehe zu Punkt 3, wenn NEIN, gehe zu Punkt 8.
    3. Einsatz der Flußeinheiten (in dem den Arbeitsvorgang darstellenden Element).
    4. Bestimmung der Vorgangsdauer (ein deterministischer Wert oder ein Zufallswert der definierten Wahrscheinlichkeitsverteilung).
    5. Berechnung des Endereignisses (Endereignis = JETZT-Zeit + Vorgangsdauer).
    6. Eintragung des Vorganges und seines Endereignisses in der EREIGNIS-Liste.
    7. Zurück zu Punkt 1.

B. Vorrückungs-Phase

    8. Übernahme des Arbeitsvorganges mit dem frühesten Endereignis in die CHRONOLOGISCHE-Liste.
    9. Vorrückung der SIM-UHR auf den Zeitpunkt des Endereignisses des übernommenen Vorganges.
    10. Beendigung des Arbeitsvorganges zum Endtermin.
    11. Freisetzung der gebunden gewesenen Flußeinheiten.
    12. Zurück zu Punkt 1.

EREIGNIS-Liste, der das früheste Endereignis aufweist in die CHRONOLOGISCHE-Liste übernommen. In der EREIGNIS-Liste wird dieser Vorgang durchgestrichen und muß daher zukünftig nicht mehr berücksichtigt werden. Anschließend wird der Zeiger der SIM-UHR auf den Zeitpunkt des Endtermins des in die CHRONOLOGISCHE-Liste übernommenen Vorganges vorgerückt, wodurch eine neue Simulationszeit festgelegt wird. Da danach der Endtermin dieses Vorganges die JETZT-Zeit darstellt, ist dieser Vorgang als abgeschlossen zu betrachten. Die in diesem Vorgang gebunden gewesenen Flußeinheiten werden freigesetzt. Dadurch stehen wieder Flußeinheiten zur Verfügung, und es muß in einer erneuten Generationsphase geprüft werden, ob ein weiterer Arbeitsvorgang begonnen werden kann. Der logische Ablauf der Generations- und der Vorrückungsphase ist aus Tabelle 6.1 und Bild 6.1 zu ersehen.

Der in Tabelle 6.1 beschriebene und in Bild 6.1 dargestellte Simulationsalgorithmus beinhaltet keine Vorkehrungen, Statistiken der Einsatz- bzw. Wartezeiten der Flußeinheiten aufzubereiten. Dieser Algorithmus dient nur zur Simulation der Fortbewegung der Flußeinheiten im Modell, also zur Simulation der Dynamik von Bauprozessen. Zur Aufbereitung von Statistiken ist dieser Algorithmus zu erweitern (siehe Abschnitt 6.3).

Die Abläufe der Generations- und der Vorrückungsphase werden in Bild 6.2 veranschaulicht. Es wird ersichtlich, daß in der EREIGNIS-Liste vier Endereignisse enthalten sind, die sich noch nicht ereignet haben, d.h. die Vorgänge 6, 2, 3 und 5 sind noch nicht abgeschlossen[2]. Endereignisse, die bereits eingetreten sind, wurden in der EREIGNIS-Liste durchgestrichen und in die CHRONOLOGISCHE-Liste übertragen. Die SIM-UHR steht auf 7,2, was bedeutet, daß alle Vorgänge mit Endereignissen, die kleiner oder gleich 7,2 sind, bereits beendet sind. Die Zeitabstände, nach denen der Zeiger der SIM-UHR vorrückte, sind 0,0 … 4,14, 4,14 … 5,8, 5,8 … 6,25

---

2 Es ist zu beachten, daß die Vorgänge 6, 2 und 3 bereits zum zweitenmal durchgeführt werden.

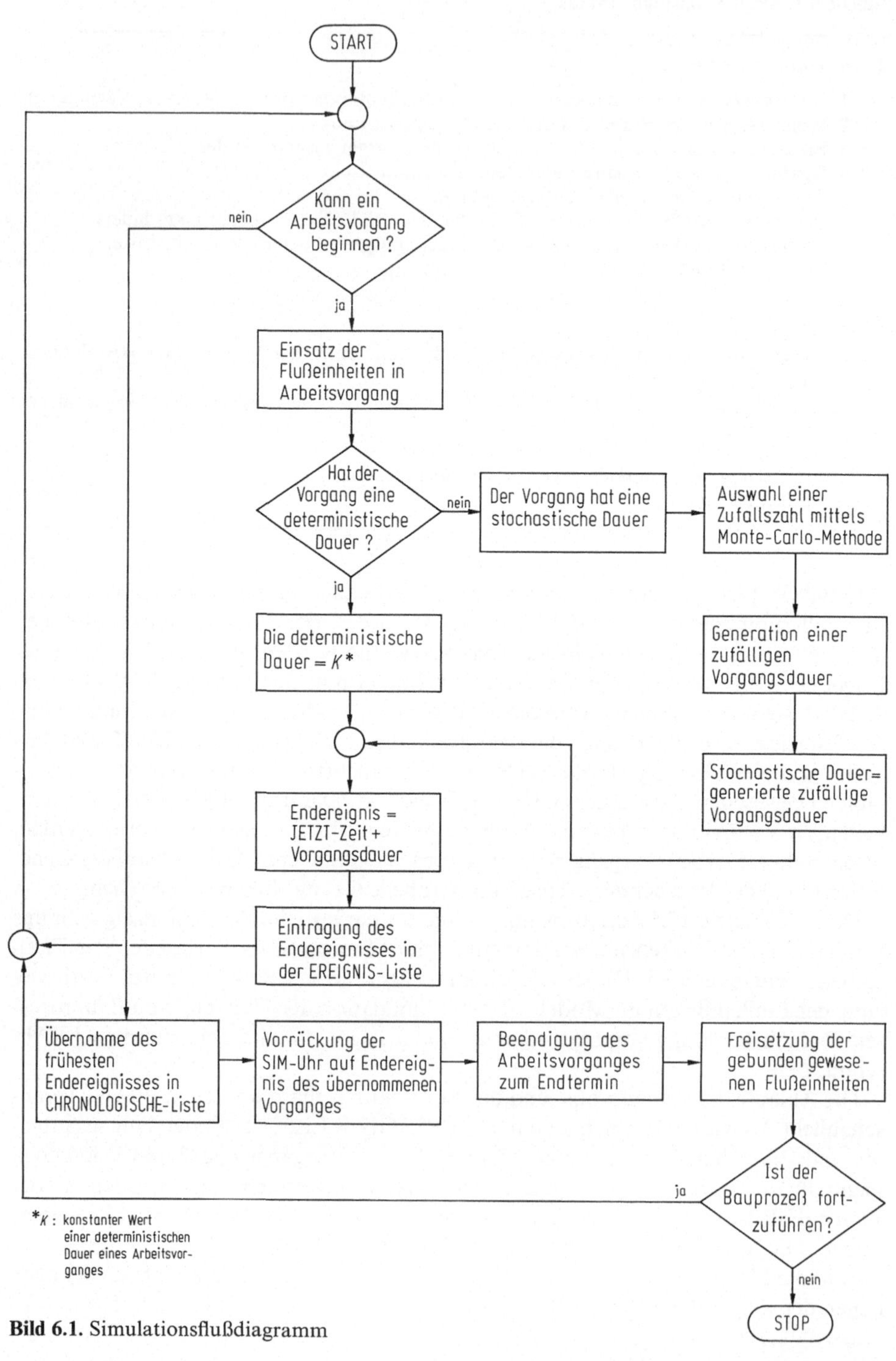

Bild 6.1. Simulationsflußdiagramm

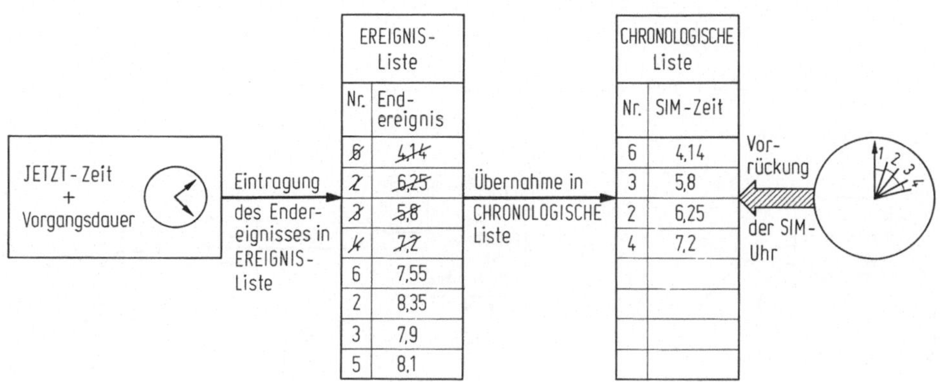

Bild 6.2. Beispiel zur diskreten Simulation

und 6,25 ... 7,2. Aus dem Vergleich der beiden Listen wird ersichtlich, daß sich die Folge der Eintragungen der Vorgänge und deren Endereignisse in den beiden Listen nicht deckt. Einige Endereignisse, die früher generiert wurden, erscheinen in der chronologischen Folge erst später. So wird z.B. der dritte Wert der EREIGNIS-Liste (5,8 des Vorganges 3) früher in die CHRONOLOGISCHE-Liste übernommen, als der zweite Wert der EREIGNIS-Liste (6,25 des Vorganges 2).

Die Übernahme eines Endereignisses von der EREIGNIS-Liste in die CHRONO-LOGISCHE-Liste löst die Vorrückung des Zeigers der SIM-UHR aus. Die letzte Eintragung in die CHRONOLOGISCHE-Liste bestimmt immer die JETZT-Zeit, die die SIM-Zeit darstellt.

Zur Übernahme eines Vorganges aus der EREIGNIS-Liste in die CHRONOLO-GISCHE-Liste wird immer der Vorgang gewählt, der das früheste Endereignis aufweist. Dadurch kann in der CHRONOLOGISCHEN-Liste eine Ordnung der Vorgänge nach ihren Endereignissen erzielt werden. Da die JETZT-Zeit immer gleich dem Endereignis des zuletzt in die CHRONOLOGISCHE-Liste übernommenen Vorganges ist, muß jedes neu generierte Endereignis später anfallen als die JETZT-Zeit (JETZT-Zeit + Vorgangsdauer $\geq$ JETZT-Zeit)[3].

6.2 Handsimulation des CYCLONE-Modells zur Produktivitätsberechnung

Die Durchführung der Handsimulation eines Bauproduktionsprozesses und die Berechnung seiner Produktivität wird nachfolgend am Beispiel des Bauprozesses „Maurerarbeiten", der in Abschnitt 4.1 modelliert wurde, vorgenommen. Sein CYCLONE-Modell wird nochmals in Bild 6.3 gezeigt.

---

3 Das Zeichen $\geq$ wird gesetzt, da für manche Vorgänge auch eine Vorgangsdauer 0 möglich ist.

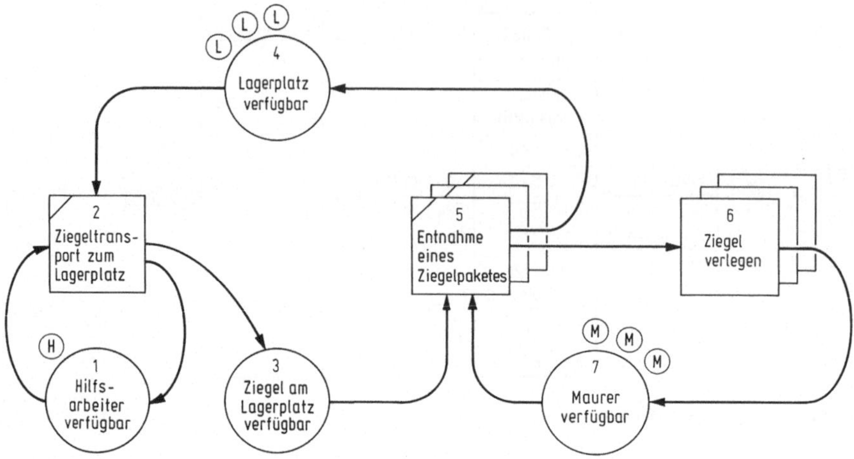

Bild 6.3. Bauprozeß Maurerarbeiten

Die angenommene Startsituation des Bauprozesses wird ebenfalls aus Bild 6.3 ersichtlich. Die drei Maurer und der Hilfsarbeiter befinden sich in Wartezuständen. Da alle drei Positionen am Lagerplatz verfügbar sind, wurden keine Ziegel am Lagerplatz gelagert. Die Simulation wird solange durchgeführt, bis jeder der drei Maurer drei Ziegelpakete verlegt hat. Für die drei Arbeitsvorgänge

— Ziegeltransport zum Lagerplatz,

— Entnahme eines Ziegelpaketes und

— Ziegelverlegen

sind die Vorgangsdauern zu ermitteln. Für den Arbeitsvorgang „Entnahme eines Ziegelpaketes" kann eine deterministische Dauer von 1,0 min angenommen werden. Für die Arbeitsvorgänge „Ziegeltransport zum Lagerplatz" und „Ziegelverlegen" wurden Zeitmessungen auf der Baustelle vorgenommen, deren Ergebnisse in Tabelle 6.2 zusammengefaßt sind.

In Bild 6.4 werden die kumulativen Häufigkeiten der Dauern der Arbeitsvorgänge „Ziegeltransport zum Lagerplatz" und „Ziegelverlegen" graphisch dargestellt.

Nach Generation von vier Vorgängen und Übernahme von drei Vorgängen aus der EREIGNIS-Liste in die CHRONOLOGISCHE-Liste, lassen sich die beiden Listen gemäß Tabelle 6.3 entwickeln.

Um die Vorgangsweise der Simulation des Bauprozesses „Maurerarbeiten" zu veranschaulichen, werden die ersten Generations- und Vorrückungsphasen verbal beschrieben: Bei der Prüfung, welche Arbeitsvorgänge zur SIM-Zeit 0,0 beginnen können, zeigt sich, daß nur der durch das KOMBI-Element 2 dargestellte Arbeitsvorgang „Ziegeltransport zum Lagerplatz" begonnen werden kann. Daher werden eine Lagerposition und der Hilfsarbeiter zum KOMBI-Element 2 fortbewegt. Die daraus resultierende Modellsituation ist in Bild 6.5 dargestellt.

Wie aus Tabelle 6.3 ersichtlich wird, ist die generierte zufällige Dauer des Vorganges 2 3,0 min, wodurch sich ein Endereignis von 3,0 ergibt (JETZT-Zeit + Dauer = End-

Tabelle 6.2. Vorgangsdauern des Bauprozesses „Maurerarbeiten"

Ziegeltransport zum Lagerplatz			Ziegelverlegen		
Intervall	Relative Häufigkeit	Kumulative Häufigkeiten	Intervall	Relative Häufigkeit	Kumulative Häufigkeiten
0,0 ... 0,49	2	2	3,0 ... 3,99	12	12
0,5 ... 0,99	8	10	4,0 ... 4,99	15	27
1,0 ... 1,49	16	26	5,0 ... 5,99	18	45
1,5 ... 1,99	20	46	6,0 ... 6,99	21	66
2,0 ... 2,49	22	68	7,0 ... 7,99	16	82
2,5 ... 2,99	16	84	8,0 ... 8,99	12	94
3,0 ... 3,49	9	93	9,0 ... 9,99	6	100
3,5 ... 3,99	4	97			
4,0 ... 4,99	3	100			

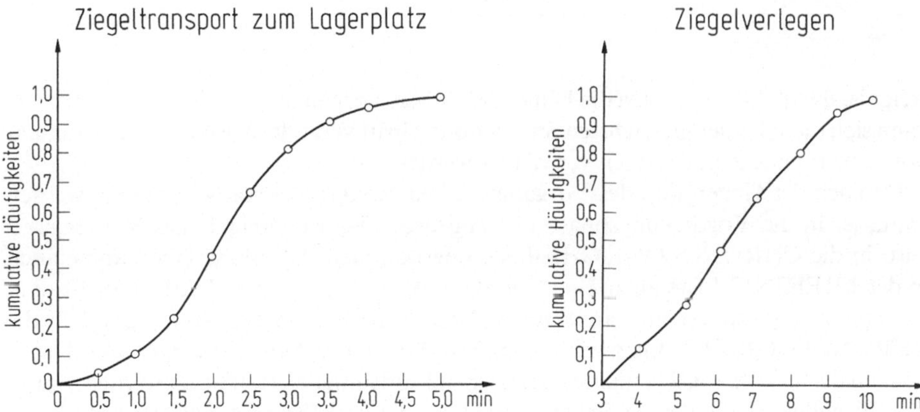

Bild 6.4. Kumulative Häufigkeiten der Vorgangsdauern des Bauprozesses „Maurerarbeiten"

Tabelle 6.3. EREIGNIS-Liste und CHRONOLOGISCHE-Liste für den Bauprozeß „Maurerarbeiten"

EREIGNIS-Liste					CHRONOLOGISCHE-Liste	
Über-nommen	Nr. des Vorganges	JETZT-Zeit	Dauer	End-ereignis	Nr. des Vorganges	SIM-Zeiten
●	2	0,0	3,0	3,0	2	3,0
●	2	3,0	4,9	7,9	5	4,9
●	5	3,0	1,0	4,0	2	7,9
	6	4,0	4,5	8,5		

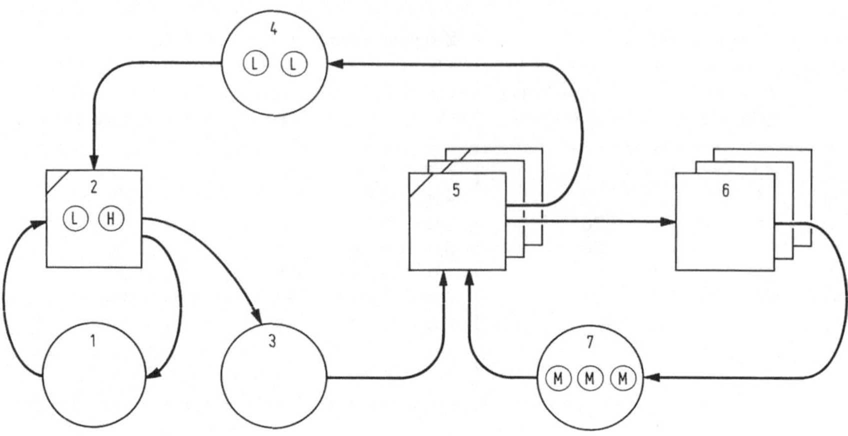

Bild 6.5. Simulation des Bauprozesses „Maurerarbeiten"

ereignis, 0,0 + 3,0 = 3,0). Da die Dauer des Arbeitsvorganges zufällig generiert wurde, kann sich diese Dauer im nächsten Simulationsschritt verändern, weil in jedem Simulationsschritt neue Zufallszahlen verwendet werden.

Da nach der Generation des Vorganges 2 kein weiterer Vorgang begonnen werden kann, ist in die Vorrückungsphase überzugehen. Das Endereignis des Vorganges 2 wird in die CHRONOLOGISCHE-Liste übernommen. Um diese Übernahme auch in der EREIGNIS-Liste anzuzeigen, wird der Vorgang 2 in der EREIGNIS-Liste in der Spalte „Übernommen" angekreuzt. Nach Übernahme des Vorganges 2 in die CHRONOLOGISCHE-Liste wird die SIM-UHR von 0,0 auf 3,0 vorgerückt. Daher können die in Vorgang 2 gebunden gewesenen Flußeinheiten freigesetzt werden, um zu den folgenden Elementen zu fließen. Der Hilfsarbeiter kehrt in den Wartezustand zurück und die Lagerposition begibt sich in das KREIS-Element „Ziegel am Lagerplatz verfügbar". Nach der Freisetzung der Flußeinheiten kann wieder in die Generationsphase zurückgegangen werden.

Es wird erneut überprüft, welcher Arbeitsvorgang begonnen werden kann. Zu diesem Zeitpunkt (SIM-ZEIT = 3,0) können zwei Arbeitsvorgänge beginnen. Die Bedingungen zur Durchführung des Vorganges 2 sind erfüllt, da sowohl eine Lagerposition, als auch der Hilfsarbeiter verfügbar sind. Die Bedingungen zur Durchführung des Vorganges 5 „Entnahme eines Ziegelpaketes" sind ebenfalls erfüllt, da am Lagerplatz nun bereits ein Ziegelpaket verfügbar ist und ein Maurer zur Entnahme dieses Ziegelpaketes bereit steht. Um entsprechend dem Flußdiagramm des Bildes 6.1 vorzugehen, sind der Hilfsarbeiter und die Lagerposition zum Vorgang 2 fortzubewegen, und es ist eine Zufallsdauer für diesen Vorgang zu generieren. Die Zufallsdauer ist in diesem Fall (Tabelle 6.3) 4,9 min. Addiert man diese Dauer zur JETZT-Zeit, ergibt sich ein Endereignis des Vorganges 2 von 7,9 min. Um den zweiten durchführbaren Vorgang zu beginnen, sind das Ziegelpaket, das am Lagerplatz liegt, und ein Maurer zum Arbeitsvorgang 5 fortzubewegen. Es ist wieder eine Dauer zu generieren (in diesem Fall die deterministische Dauer 1,0 min) und das Endereignis des Vorganges 5 (3,0 + 1,0 = 4,0) zu errechnen.

Nachdem alle Vorgänge begonnen wurden, die zur SIM-ZEIT durchführbar sind, kann wieder in die Vorrückungsphase übergegangen werden. Aus der EREIGNIS-Liste ist ersichtlich, daß zwei Vorgänge begonnen wurden, wobei der Vorgang 5 mit 4,0 ein früheres Endereignis als Vorgang 2 hat. Daher ist Vorgang 5 in die CHRONO-LOGISCHE-Liste zu übernehmen. In der EREIGNIS-Liste ist Vorgang 5 anzukreuzen. Die SIM-UHR rückt auf 4,0 min vor, was die neue SIM-ZEIT darstellt. Zum Zeitpunkt 4,0 min ist zu prüfen, welcher Arbeitsvorgang beendet wird und welche Arbeitsvorgänge daher eventuell begonnen werden können. Zum Zeitpunkt 4,0 min wird der Vorgang 5 beendet, wodurch der Maurer und die Lagerposition freigesetzt werden. Die Lagerposition fließt in das Element 4, der Maurer fließt in das Element 6. Zu diesem Zeitpunkt sind daher keine weiteren Ziegelpakete am Lagerplatz gelagert. Die Vorrückungsphase ist damit wieder abgeschlossen und es muß in die Generationsphase übergegangen werden.

Zum Zeitpunkt 4,0 min kann nur ein weiterer Arbeitsvorgang begonnen werden, nämlich der Vorgang 6 „Ziegelverlegen". Der Vorgang 6 ist durch ein NORMAL-Element dargestellt und kann daher sofort begonnen werden, sobald eine Flußeinheit aus dem Vorgang 5 zufließt. Für den Vorgang 6 wird eine Zufallsdauer von 4,5 min generiert, die zur JETZT-Zeit addiert wird, was ein Endereignis von 8,5 ergibt, das in der EREIGNIS-Liste festgehalten wird. Für die Vorrückungsphase ist als nächster zu übernehmender Vorgang der Vorgang 2 zu wählen, da er ein früheres Endereignis (7,9 min) als der ebenfalls noch nicht übernommene Vorgang 6 (8,5 min) hat. Nach der Übernahme des Vorganges 2 in die CHRONOLOGISCHE-Liste und dem Ankreuzen dieses Vorganges in der EREIGNIS-Liste kann die SIM-UHR auf 7,9 min vorgerückt werden. Zur JETZT-Zeit von 7,9 min kann Vorgang 2 beendet und die gebunden gewesene Flußeinheit freigesetzt werden. Die Lagerposition fließt zum KREIS-Element 3 und der Hilfsarbeiter kehrt in den Wartezustand im KREIS-Element 1 zurück.

Wenn ein Schnappschuß des Produktionssystems zu diesem Zeitpunkt (SIM-Zeit = 7,9 min) gemacht wird, ergeben sich die Positionen der Flußeinheiten wie in Bild 6.6 dargestellt.

Zum Zeitpunkt 7,9 min werden also keine Ziegelpakete transportiert oder entnommen. Der Hilfsarbeiter ist im Wartezustand, zwei Lagerpositionen stehen zur Verfügung, und ein Ziegelpaket lagert am Lagerplatz. Ein Maurer verlegt Ziegel, während zwei Maurer sich im Wartezustand befinden. Die Positionen der Flußeinheiten können auch tabellarisch festgehalten werden (Tabelle 6.4).

Die diskreten Zeitsprünge (Vorrückung der SIM-UHR), die vorgenommen wurden, um das Produktionssystem in den in Bild 6.6 gezeigten Zustand zu versetzen, sind auf der Zeitachse ersichtlich. Drei diskrete Zeitsprünge wurden vorgenommen. Im ersten Sprung wurde die SIM-UHR von 0,0 auf 3,0 min vorgerückt. Dann rückte die Uhr auf 4,0 und schließlich auf 7,9 min vor. Diese diskreten Zeitsprünge sind auch aus der Spalte der SIM-Zeiten in der CHRONOLOGISCHEN-Liste ersichtlich. Zum Zeitpunkt 7,9 min ist nur der Vorgang 6 „Ziegelverlegen" in Durchführung, was aus der EREIGNIS-Liste ersichtlich ist. Alle anderen bis dahin generierten Vorgänge sind bereits beendet.

Tabelle 6.4. Postitionen der Flußeinheiten zur SIM-Zeit 7,9 min

Element	Flußeinheit zum Zeitpunkt 7,9 min
KREIS　　1	1 Hilfsarbeiter
KOMBI　　2	—
KREIS　　3	1 Lagerposition
KREIS　　4	2 Lagerpositionen
KOMBI　　5	—
NORMAL 6	1 Maurer
KREIS　　7	2 Maurer

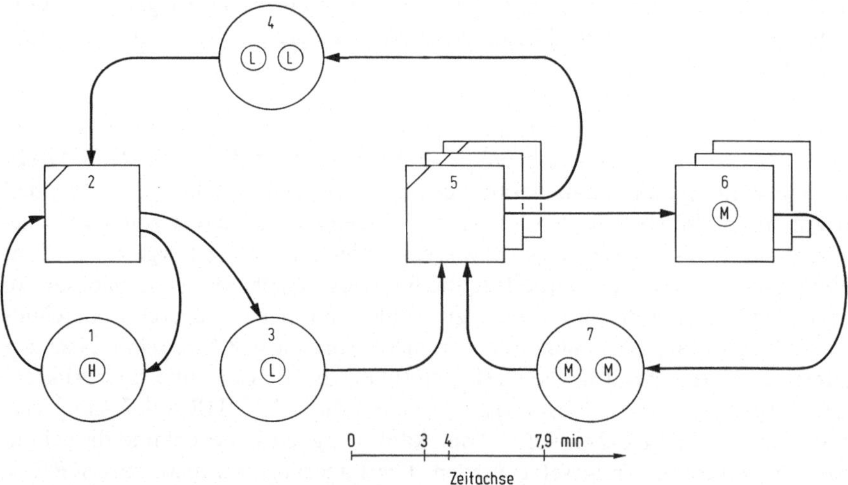

Bild 6.6. Positionen der Flußeinheiten zur SIM-Zeit 7,9 min

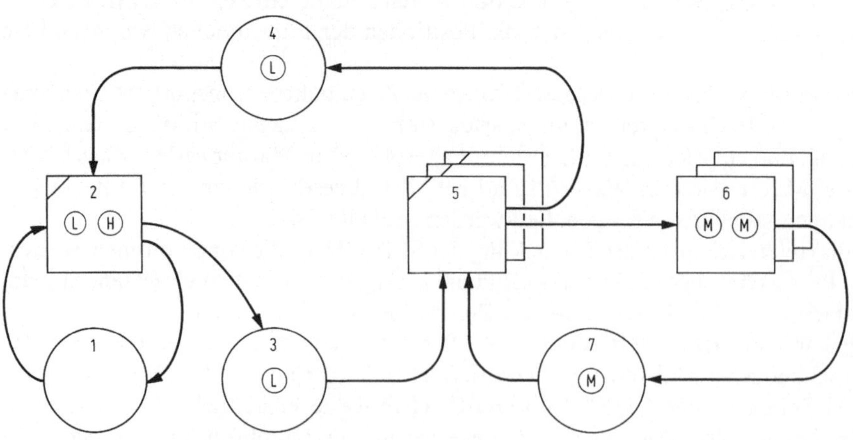

Bild 6.7. Positionen der Flußeinheiten zur SIM-Zeit 29,0 min

Führt man die Simulation des Produktionsprozesses „Maurerarbeiten" bis zum Abschluß von drei Maurerzyklen weiter, also solange, bis jeder der drei Maurer dreimal die Arbeitsvorgänge „Entnahme eines Ziegelpaketes" und „Ziegelverlegen" durchgeführt hat, so erhält man eine EREIGNIS-Liste und eine CHRONOLOGISCH-Liste wie in Tabelle 6.5 dargestellt. Die Situation im Modell nach Abschluß von drei Maurerzyklen zur SIM-Zeit 29,0 min wird in Bild 6.7 gezeigt.

Tabelle 6.5. EREIGNIS-Liste und CHRONOLOGISCHE-Liste zur SIM-Zeit 29,0 min

EREIGNIS-LISTE

Übernommen	Nr.	JETZT	Dauer	Endereignis
•	2	0	3	3
•	2	3,0	4,9	7,9
•	5	3,0	1,0	4,0
•	6	4,0	4,5	8,5
•	2	7,9	1,0	8,9
•	5	7,9	1,0	8,9
•	2	8,9	1,9	10,3
•	5	8,9	1,0	9,9
•	6	8,9	4,1	13
•	6	9,9	7,7	17,6
•	2	10,3	1,0	11,3
•	5	10,3	1,0	11,3
•	2	11,3	0,5	11,8
•	6	11,3	7,0	18,3
•	2	11,8	0,5	12,3
•	5	13,0	1,0	14,0
•	2	14,0	0,4	14,4
•	6	14,0	3,0	22
•	5	17,6	1,0	18,6
•	5	18,3	1,0	19,3
•	2	18,6	2,8	21,4
•	6	18,6	3,5	22,1
•	6	19,3	3,9	23,2
•	2	21,4	2,6	24,0
•	5	22,0	1,0	23,0
•	5	22,1	1,0	23,1
•	6	23,0	6,0	29,0
•	6	23,1	4,7	27,8
•	5	24,0	1,0	25,0
•	2	24,0	1,5	25,5
	6	25,0	7,5	32,5
•	2	25,5	2,0	27,5
	2	27,5	4,5	32,0
•	5	27,8	1,0	28,8
	6	28,8	6,0	34,8

CHRONOLOGISCHE-LISTE

	Nr.	SIM-Zeiten	
1	2	3,0	
2	5	4,0	
3	2	7,9	
4	6	8,5	1
5	5	8,9	
6	2	8,9	
7	5	9,9	
8	2	10,3	
9	2	11,3	
10	5	11,3	
11	2	11,8	
12	2	12,3	
13	6	13,0	2
14	5	14,0	
15	2	14,4	
16	6	17,6	3
17	6	18,3	4
18	5	18,6	
19	5	19,3	
20	2	21,4	
21	6	22,0	5
22	6	22,1	6
23	5	23,0	
24	5	23,1	
25	6	23,2	7
26	2	24,0	
27	5	25,0	
28	2	25,5	
29	2	27,5	
30	6	27,8	8
31	5	28,8	
32	6	29,0	9

Die EREIGNIS-Liste zeigt, daß zwei Arbeitsvorgänge in Durchführung stehen; der Vorgang „Ziegelverlegen"[4] und der Vorgang „Ziegeltransport zum Lagerplatz". Letzterer wird um 32,0 min enden, ein Maurer wird das Ziegelverlegen um 32,5 min beenden, der zweite Maurer wird um 34,8 min fertig sein. Ferner wird aus der Modellsituation ersichtlich, daß ein weiterer Vorgang generiert werden kann, nämlich der Vorgang „Entnahme eines Ziegelpaketes", da eine Lagerposition mit einem Ziegelpaket besetzt ist und sich ein Maurer im Wartezustand befindet. Bevor die SIM-UHR also vorgerückt wird, kann der Vorgang 5 in die EREIGNIS-Liste aufgenommen werden.

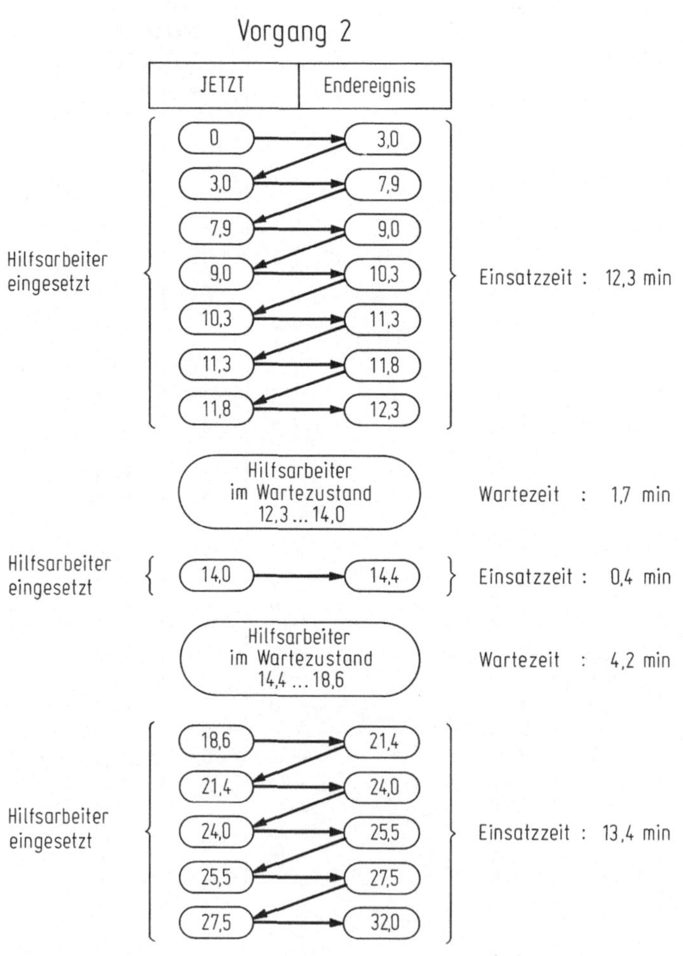

Bild 6.8. Einsatz- bzw. Wartezeitenstatistik des Hilfsarbeiters

---

4 Der Vorgang „Ziegelverlegen" wird parallel von zwei Maurern durchgeführt.

Nach diesen ersten 29 min der Simulation des Bauprozesses „Maurerarbeiten" ist es möglich, die Produktivität der Anlaufphase dieses Bauprozesses zu berechnen. Ohne die Produktion des in Durchführung befindlichen Vorganges „Ziegelverlegen" zu berücksichtigen, wurden bis zur SIM-ZEIT 29,0 min 90 Ziegel verlegt:

$$3 \text{ Maurer} \times 3 \text{ Maurerzyklen} \times 10 \text{ Ziegel je Zyklus} = 90 \text{ Ziegel}.$$

Zur Verlegung dieser 90 Ziegel wurden 29,0 min benötigt. Die Produktion je Stunde des Bauprozesses „Maurerarbeiten" ist daher

$$\frac{60 \text{ min/h}}{29 \text{ min}} \times 90 \text{ Ziegel} = 186,2 \text{ Ziegel/h}.$$

Diese Produktivitätszahl ist ein Wert der Anlaufphase des Produktionsprozesses. Die Produktivität des Systems nach Erreichung eines stetigen Produktionsniveaus[5] liegt sicher über diesem Wert.

Durch den Vergleich der JETZT-Zeit mit den Endereignissen einzelner Vorgänge in der EREIGNIS-Liste läßt sich ermitteln, wie oft und wie lange einzelne Flußeinheiten bis zur SIM-Zeit 29 min in einem Vorgang beschäftigt waren bzw. sich in einem KREIS-Element im Wartezustand befunden haben. Wenn das Endereignis eines Vor-

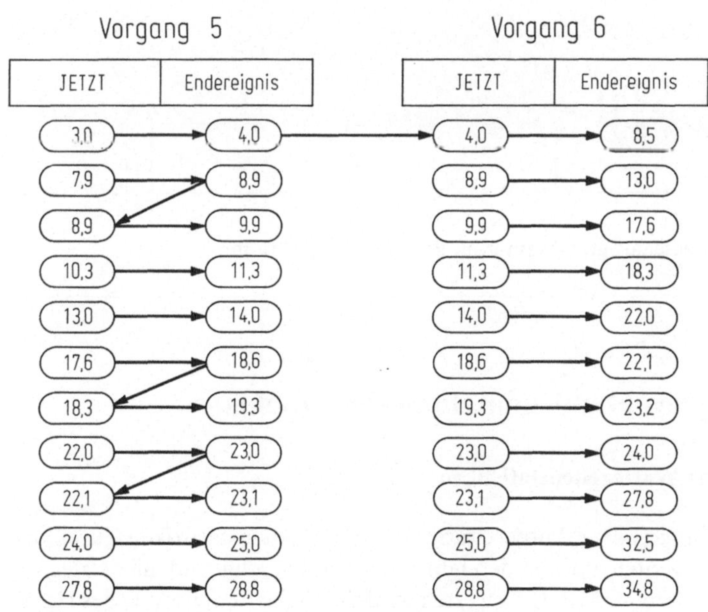

Bild 6.9. Einsatz- bzw. Wartezeitenstatistik der Maurer

---

5 Vergleiche mit Abschnitt 3.7.

ganges gleich der JETZT-Zeit einer nächsten Generationsphase ist, bedeutet das, daß eine Flußeinheit ohne Unterbrechung, also ohne Eintritt in einen Wartezustand, in einem Vorgang beschäftigt ist. Die Bindung des Hilfsarbeiters an den Arbeitsvorgang 2 „Ziegeltransport zum Lagerplatz" bis zur SIM-Zeit 29 min wird in Bild 6.8 dargestellt.

Es wird ersichtlich, daß der Hilfsarbeiter vom Zeitpunkt 0,0 min bis zum Zeitpunkt 12,3 min ständig beschäftigt ist, dann für 1,7 min unbeschäftigt ist und anschließend vom Zeitpunkt 14,0 bis 14,4 min wieder Beschäftigung findet. Nach einem weiteren Eintritt in den Wartezustand für 4,2 min zum Zeitpunkt 14,4 min wird der Hilfsarbeiter bis zum Ende des Beobachtungszeitraumes wieder ständig beschäftigt.

Während der ersten 29,0 min des Produktionsprozesses war der Hilfsarbeiter 5,9 min unbeschäftigt. Das sind 20,34% der Gesamtzeit. In ähnlicher Weise können die Einsatz- bzw. Wartezeiten der Maurer untersucht werden. Da die Maurer in den Vorgängen 5 und 6 beschäftigt sind, müssen beide Vorgänge zum Vergleich der JETZT-Zeiten und der Endereignisse berücksichtigt werden (Bild 6.9).

Die Perioden in denen ein oder mehrere Maurer nicht beschäftigt waren, lassen sich gemäß Bild 6.10 veranschaulichen. Die einzige Periode, in der alle drei Maurer unbeschäftigt sind, sind die ersten drei Minuten des Produktionsprozesses.

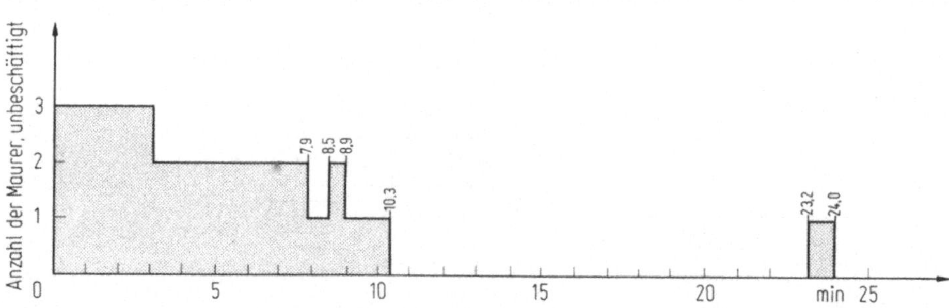

Bild 6.10. Anzahl der unbeschäftigten Maurer im Beobachtungszeitraum

6.3 Erweiterung des Handsimulationsalgorithmus

6.3.1 Aufbereitung von Wartezeitenstatistiken

Die in Abschnitt 6.2 angeführte Aufbereitung von Wartezeitenstatistiken durch den Vergleich von JETZT-Zeiten und Endereignissen ist aufwendig und nicht elegant. Eine einfachere Gewinnung von Statistikwerten wird durch die Erweiterung des Handsimulationsalgorithmus ermöglicht. Dazu sind neben der SIM-Uhr, die zur Festlegung der SIM-Zeiten verwendet wird, weitere Uhren, nämlich Statistikuhren einzusetzen. Eine solche Statistikuhr wird einer einzelnen Flußeinheit zugeordnet, um mit dieser durch das Produktionssystem zu fließen. Während dieses Flusses wird die Statistikuhr, die die Funktion einer Stoppuhr hat, ein- und ausgeschaltet, um die Dauern

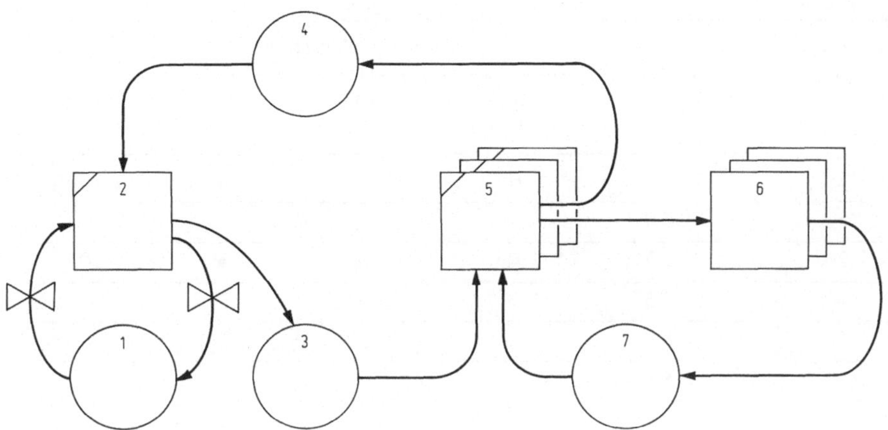

Bild 6.11. Modelle des Bauprozesses „Maurerarbeiten" mit Ein- und Ausschalter

des Flusses zwischen zwei definierten Punkten des Produktionssystems zu messen. Diese Zeiten werden festgehalten und für statistische Zwecke aufbereitet. Nach dieser Festhaltung der gestoppten Zeit wird die Statistikuhr wieder auf Null gestellt.

Das Konzept der Statistikuhr kann demonstriert werden, indem die Zeiten der Nichtbeschäftigung des Hilfsarbeiters des Bauprozesses „Maurerarbeiten" ermittelt werden. Um festzustellen, wie lange sich der Hilfsarbeiter im KREIS-Element 1 befindet und daher nicht im Arbeitsvorgang 2 beschäftigt ist, müssen zwei Schalter, die die Statistikuhr des Hilfsarbeiters ein- und ausschalten, in das Modell eingebaut werden. Die Flußdauer des Hilfsarbeiters zwischen diesen beiden Schaltern wird mittels der Statistikuhr gemessen. Jedesmal wenn der Hilfsarbeiter aus dem Arbeitsvorgang 2 freigesetzt wird und in den Wartezustand des KREIS-Elementes 1 eintritt, schaltet ein Schalter die Statistikuhr ein. Wenn der Hilfsarbeiter das Kreis-Element 1 verläßt und wieder im Arbeitsvorgang 2 eingesetzt wird, schaltet ein Schalter die Statistikuhr aus. Die Zeit zwischen dem Ein- und Ausschalten wird durch die Statistikuhr gemessen und anschließend festgehalten. Der Einbau der Ein- und Ausschalter der Statistikuhr im Modell ist aus Bild 6.11 ersichtlich.

Um die Funktion der Ein- und Ausschalter festzuhalten, ist es notwendig, die CHRONOLOGISCHE-Liste zu erweitern. Ihr neues Format wird in Tabelle 6.6 gezeigt.

Tabelle 6.6. CHRONOLOGISCHE-Liste mit Spalten für die Statistikuhr

CHRONOLOGISCHE-Liste					
Nr. des Vorganges	SIM-Zeiten	Statistikuhr			
		Nr. des Flußeinheit	Ein	Aus	Dauer

Tabelle 6.7. CHRONOLOGISCHE-Liste des Bauprozesses „Maurerarbeiten" (mit Spalten für die Statistikuhr)

Nr. des Vorganges	SIM-Zeiten	Statistikuhr			
		Nr. der Flußeinheit	Ein	Aus	Dauer
2	3,0	H1	●	●	0
5	4,0				
2	7,9	H1	●	●	0
6	8,5				
5	8,9				
5	8,9				
5	9,9				
2	10,3	H1	●	●	0
2	11,3	H1	●	●	0
5	11,3				
2	11,8	H1	●	●	0
2	12,3	H1	●		
6	13,0				
5	14,0	H1		●	1,7
2	14,4	H1	●		
6	17,6				
6	18,3				
5	18,6	H1		●	4,2
5	19,3				
2	21,4	H1	●	●	0
6	22,0				
6	22,1				
5	23,0				
5	23,1				
6	23,2				
2	24,0	H1	●	●	0
5	25,0				
2	25,5	H1	●	●	0
2	27,5	H1	●	●	0
6	27,8				
5	28,8				
6	29,0				

Die vier Spalten zur Festhaltung der Funktion der Statistikuhr sind

— „Nummer der Flußeinheit", um jene Flußeinheit, deren Wartezeiten gemessen werden sollen, zu identifizieren;

— „Ein", wo angekreuzt wird, wenn die Flußeinheit zur SIM-Zeit den Arbeitsvorgang verläßt;

— „Aus", wo angekreuzt wird, wenn die Flußeinheit zur SIM-Zeit im Arbeitsvorgang eingesetzt wird;

— „Dauer", zur Feststellung der Dauer der Nichtbeschäftigung (der Wartezeit) der Flußeinheit.

Wenn die Flußeinheit den Ausschalter passiert, wird die Wartezeit errechnet und festgehalten. Die Wartezeit ist die Differenz zwischen der SIM-Zeit, wenn die Flußeinheit den Ausschalter betätigt, und der SIM-Zeit, wenn der Einschalter betätigt wurde:

$$\text{Wartezeit} = \text{SIM-Zeit der Ausschaltung} - \text{SIM-Zeit der Einschaltung.}$$

Tabelle 6.7 zeigt die um die Statistikuhr-Spalten erweiterte CHRONOLOGISCHE-Liste der ersten 29 min der Simulation des Bauprozesses „Maurerarbeiten".

Es wird ersichtlich, daß nach Beendigung des Vorganges 2 zur SIM-Zeit 3,0 min der Hilfsarbeiter (als H1 bezeichnet) freigesetzt wird, um zum KREIS-Element 1 zu fließen, wodurch der Einschalter betätigt wird. Da alle Bedingungen zur wiederholten Durchführung des Vorganges 2 zur SIM-Zeit 3,0 min erfüllt sind, fließt die Flußeinheit „Hilfsarbeiter" sofort wieder zum Arbeitsvorgang 2, wodurch der Ausschalter betätigt wird. Danach wird die Wartezeit ermittelt, die in diesem Fall null ist, und festgehalten. Dieselbe Folge an Ereignissen geschieht zur SIM-Zeit 7,9 min. Die Statistikuhr-Spalten in der CHRONOLOGISCHEN-Liste zeigen dieselben Ergebnisse, die bei der in Abschnitt 6.2 vorgenommenen Aufbereitung von Wartezeitenstatistiken durch den Vergleich von JETZT-Zeiten und Endereignissen erzielt werden. Die Statistikuhr des Hilfsarbeiters H1 wird mit Ausnahme von zwei SIM-Zeitpunkten immer ein- und sofort wieder ausgeschaltet. Diese SIM-Zeiten sind 12,3 min und 14,4 min, woraus Wartezeiten von 1,7 min und 4,2 min resultieren.

Um die Funktionen der Statistikuhr berücksichtigen zu können, ist der in Tabelle 6.1 und Bild 6.1 dargestellte Handsimulationsalgorithmus zu erweitern. Bei jeder Bewegung einer Flußeinheit im Modell ist zu überprüfen, ob ein Schalter der Statistikuhr betätigt wurde. Es ist daher sowohl in der Generationsphase, als auch in der Vorrückungsphase möglich, daß die Statistikuhr ein- oder ausgeschaltet wird. In der Darstellung der Tabelle 6.1 muß daher einerseits nach Punkt 3 der Generationsphase festgestellt werden, ob die Bewegung einer Flußeinheit eine Ein- oder Ausschaltung bewirkt, und andererseits muß nach Punkt 12 der Vorrückungsphase dieselbe Prüfung vorgenommen werden. Der erweiterte Handsimulationsalgorithmus beinhaltet statt bisher 12 Punkten 14 Punkte, die in Tabelle 6.8 zusammengefaßt sind. Das erweiterte Flußdiagramm ist in Bild 6.12 dargestellt.

Zum Verständnis des erweiterten Algorithmus werden die ersten Simulationsschritte des Bauprozesses „Maurerarbeiten" beschrieben. Wie in Bild 6.11 gezeigt, befinden sich der Ein- und Ausschalter der Statistikuhr zwischen dem KREIS-Element 1 und dem KOMBI-Element 2.

Der erste Vorgang, der durchgeführt werden kann, ist der Vorgang 2, wozu Flußeinheiten aus den KREIS-Elementen 1 und 4 in das KOMBI-Element 2 bewegt wer-

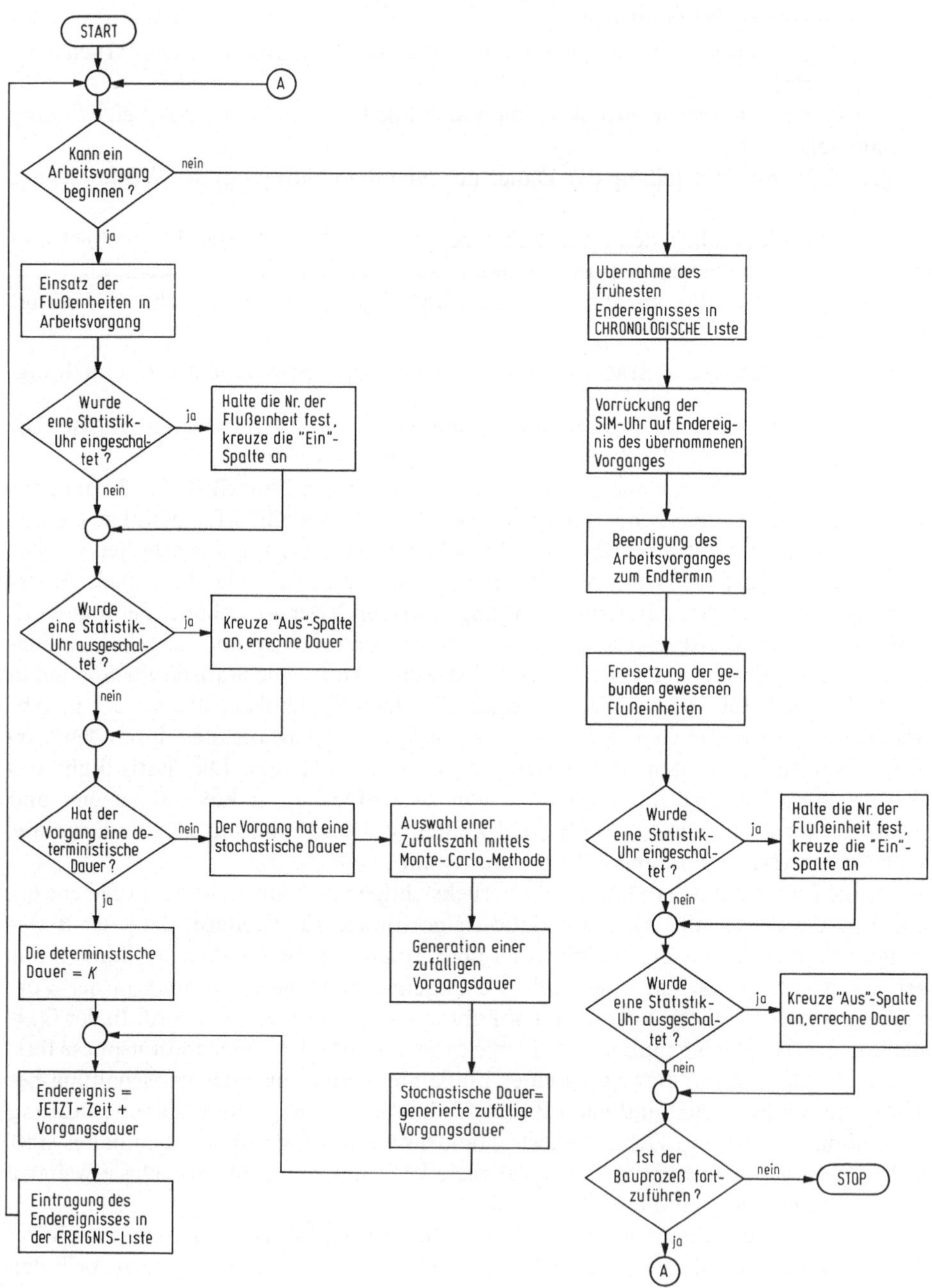

Bild 6.12. Erweitertes Flußdiagramm

Tabelle 6.8. Erweiterung des Handsimulationsalgorithmus

A. Generations-Phase

1. Kann ein Arbeitsvorgang beginnen (stehen alle benötigten Flußeinheiten zur Verfügung)?
2. Wenn JA, gehe zu Punkt 3, wenn NEIN, gehe zu Punkt 9.
3. Einsatz der Flußeinheiten (in dem den Arbeitsvorgang darstellenden Element).
4. Prüfe, ob durch die Bewegung von Flußeinheiten Statistikuhren ein- oder ausgeschaltet wurden. Wenn eine Statistikuhr eingeschaltet wurde, halte die Nummer der Flußeinheit fest und kreuze die „Ein"-Spalte in der CHRONOLOGISCHEN-Liste an. Wenn eine Statistikuhr ausgeschaltet wurde, kreuze die „Aus"-Spalte in der CHRONOLOGI-SCHEN-Liste an und errechne die Dauer.
5. Bestimmung der Vorgangsdauer (ein deterministischer Wert oder ein Zufallswert der definierten Wahrscheinlichkeitsverteilung).
6. Berechnung des Endereignisses (Endergebnis = JETZT-Zeit + Vorgangsdauern).
7. Eintragung des Vorganges und seines Endereignisses in der EREIGNIS-Liste.
8. Zurück zu Punkt 1.

B. Vorrückungs-Phase

9. Übernahme des Arbeitsvorganges mit dem frühesten Endereignis in die CHRONOLO-GISCHE-Liste.
10. Vorrückung der SIM-UHR auf den Zeitpunkt des Endereignisses des übernommenen Vorganges.
11. Beendigung des Arbeitsvorganges zum Endtermin.
12. Freisetzung der gebunden gewesenen Flußeinheiten.
13. Prüfe die Statistikuhren wie in Punkt 4.
14. Zurück zu Punkt 1.

---

den. Das würde die Statistikuhr des Hilfsarbeiters ausschalten, was jedoch uninteressant ist, da die Uhr nie eingeschaltet wurde. Das Endereignis des erzeugten Vorganges 2 ist 3,0 min. Das wird festgehalten, und der Algorithmus wird in der Vorrückungsphase fortgesetzt. Das Endereignis des Vorganges 2 wird in die CHRONOLOGISCHE-Liste übernommen und die SIM-Zeit auf 3,0 vorgerückt. Daraus resultiert die Beendigung des Vorganges 2 und die Freisetzung des Hilfsarbeiters und der Lagerposition. Beim Zurückfließen in den Wartezustand im KREIS-Element 1 passiert der Hilfsarbeiter den Einschalter der Statistikuhr. Dadurch wird zum Zeitpunkt 3,0 min die „Ein"-Spalte angekreuzt.

In der folgenden Generationsphase wird festgestellt, daß der Vorgang 2 wieder begonnen werden kann. Der Hilfsarbeiter wird wieder im Vorgang 2 eingesetzt, wodurch er den Ausschalter der Statistikuhr passiert. Es wird daher ebenfalls zum Zeitpunkt 3,0 min die „Aus"-Spalte angekreuzt. Die Dauer der Nichtbeschäftigung des Hilfsarbeiters als Differenz zwischen Ausschaltung und Einschaltung ist in diesem Fall null, da die SIM-Zeit zwischen Ein- und Ausschaltung der Statistikuhr nicht vorrückte.

6.3.2 Berücksichtigung von GEN-KON-Kombinationen

Die Einführung von GEN- und KON-Funktionen in das Cyclone-Modell veranlaßt eine zweite Erweiterung des Handsimulationsalgorithmus. Bei der Beschreibung von GEN-KON-Kombinationen im Abschnitt 2.3.3 wurde ein typischer Fall einer solchen Kombination am Beispiel des Beladevorganges des Erdtransportprozesses gezeigt.

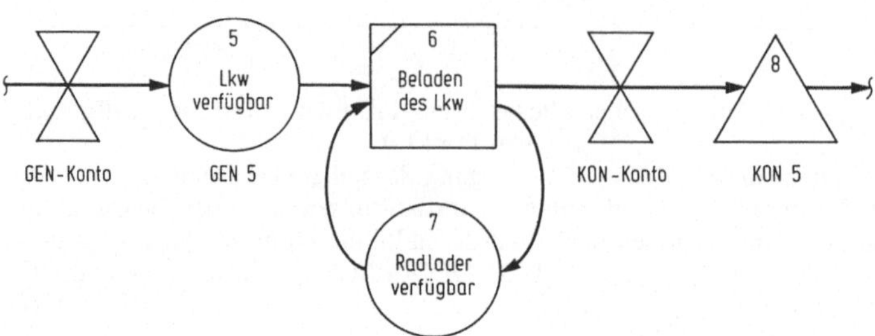

Bild 6.13. GEN-KON-Kombination im Bauprozeß „Erdtransport"

Der diesbezügliche Ausschnitt des CYCLONE-Modells ist in Bild 6.13 nochmals dargestellt. In diesem Beispiel wird ein Lastkraftwagen zuerst in N Ladeeinheiten ($N = 5$) unterteilt und nach Durchführung von fünf Beladevorgängen wieder zu einer Einheit „Lastkraftwagen" konsolidiert.

Das bei der Handsimulation von GEN-KON-Kombinationen angewandte Verfahren ist jenem der Aufbereitung von Wartezeitenstatistiken ähnlich. Anstatt der Ein- und Ausschalter der Statistikuhr werden jedoch GEN- und KON-Kontos ins Modell eingebaut. Auf dem GEN-Konto wird die Anzahl N der durch eine GEN-Funktion erzeugten Anforderungseinheiten festgehalten. Auf dem KON-Konto wird die Bedienung der einzelnen Anforderungseinheiten verbucht. Wenn alle Anforderungseinheiten bedient wurden beträgt der Stand auf dem KON-Konto null, wodurch die Durchführung der KON-Funktion ermöglicht wird.

Das GEN-Konto wird vor dem mit der GEN-Funktion versehenen KREIS-Element eingebaut. Das KON-Konto wird zwischen dem Arbeitsvorgang und der KON-Funktion eingebaut (Bild 6.13).

Zur Handsimulation von GEN-KON-Kombinationen sind in die CHRONOLO-GISCHE-Liste vier Spalten einzuführen:
— eine Spalte für das GEN-Konto,
— eine Spalte für das KON-Konto,
— eine „Erledigt"-Spalte und
— eine „Verbleibend"-Spalte (Tabelle 6.9).

Wie bei der Aufbereitung von Wartezeitenstatistiken müssen auch bei der Handsimulation von GEN-KON-Kombinationen alle Simulationsschritte mit dem Beginn oder dem Ende der Durchführung von Arbeitsvorgängen bzw. der Durchführung von Funktionen der Funktionselemente oder des ZÄHLERS verbunden sein. KREIS-Elemente werden weder in die EREIGNIS-Liste noch in die CHRONOLOGISCHE-Liste aufgenommen.

Die Eintragungen in die GEN-KON-Spalten der CHRONOLOGISCHEN-Liste werden in der Form „Nn" vorgenommen, wobei „N" für die Anzahl der Anforderungseinheiten steht und „n" als Kleinbuchstabe für Kontrollzwecke verwendet wird. Die Eintragung „5a" in der in Bild 6.9 dargestellten CHRONOLOGISCHEN-Liste zur SIM-ZEIT 3,0 min macht ersichtlich, daß 5 Anforderungseinheiten der Art „a" von der GEN-Funktion erzeugt werden.

Tabelle 6.9. Erweiterte CHRONOLOGISCHE-Liste

CHRONOLOGISCHE-Liste								
Nr. des Vorganges	SIM-Zeiten	Statistikuhr				GEN-KON-Kombination		
		Nr. der Flußeinheit	Ein	Aus	Dauer	GEN-Konto	KON-Konto	Erledigt	Verbleibend
4	3,0					5 a			
6							1 a		4 a
6							1 a		3 a
6							1 a		2 a
6							1 a		1 a
6							1 a		0

Wenn die im Arbeitsvorgang 6 bedienten Anforderungseinheiten zum KON-Funktionselement fließen, passieren sie das KON-Konto, wodurch Eintragungen in der KON-Kontospalte vorgenommen werden. Die Form dieser Eintragung ist „1 n", da jeweils nur eine Anforderungseinheit bedient wird. Da die Abbuchungen vom Kontostand „5 a" vorgenommen werden, lautet die Eintragung in die KON-Kontospalte „1 a". In der Verbleibend-Spalte wird die Anzahl der noch vom Kontostand „5 a" abzubuchenden Anforderungseinheiten festgehalten. Wenn der Wert in der Verbleibend-Spalte gleich null ist, wird die Erledigt-Spalte angekreuzt und die KON-Funktion kann durchgeführt werden. Danach wird eine einzelne Flußeinheit für das der KON-Funktion folgende Element freigesetzt.

Die Erweiterung des Handsimulationsalgorithmus zur Berücksichtigung von GEN-KON-Kombinationen geschieht durch eine Umformulierung des Punktes 11 des in der Tabelle 6.8 beschriebenen Handsimulationsalgorithmus wie folgt:

11. Beendigung des Arbeitsvorganges zum Endtermin. Wenn der Vorgang von einem GEN-Konto gefolgt wird, verbuche die Anzahl N der durch die folgende GEN-Funktion erzeugten Anforderungseinheiten. Folgt dem Vorgang ein KON-Konto, mache eine Abbuchung und berechne die Anzahl der verbleibenden Anforderungseinheiten. Wenn die Anzahl der verbleibenden Anforderungseinheiten null ist, führe die KON-Funktion aus.

Die Erweiterung des Handsimulationsalgorithmus wird im Flußdiagramm des Bildes 6.14 dargestellt.

Die Anwendung des erweiterten Simulationsalgorithmus wird am Beispiel des in Bild 6.15 modellierten Bauprozesses „Erdtransport" dargestellt. Aus ihr wird ersichtlich, daß ein Lastkraftwagen an die Beladestelle kommt und fünf Anforderungseinheiten für den Lader erzeugt. Nach der Beladung werden die fünf Ladungen konsolidiert und der Lastkraftwagen wird freigesetzt. Zur Vereinfachung werden die Vorgänge „Transport zur Entladestelle", „Entladung" und „Rückfahrt zur Beladestelle"

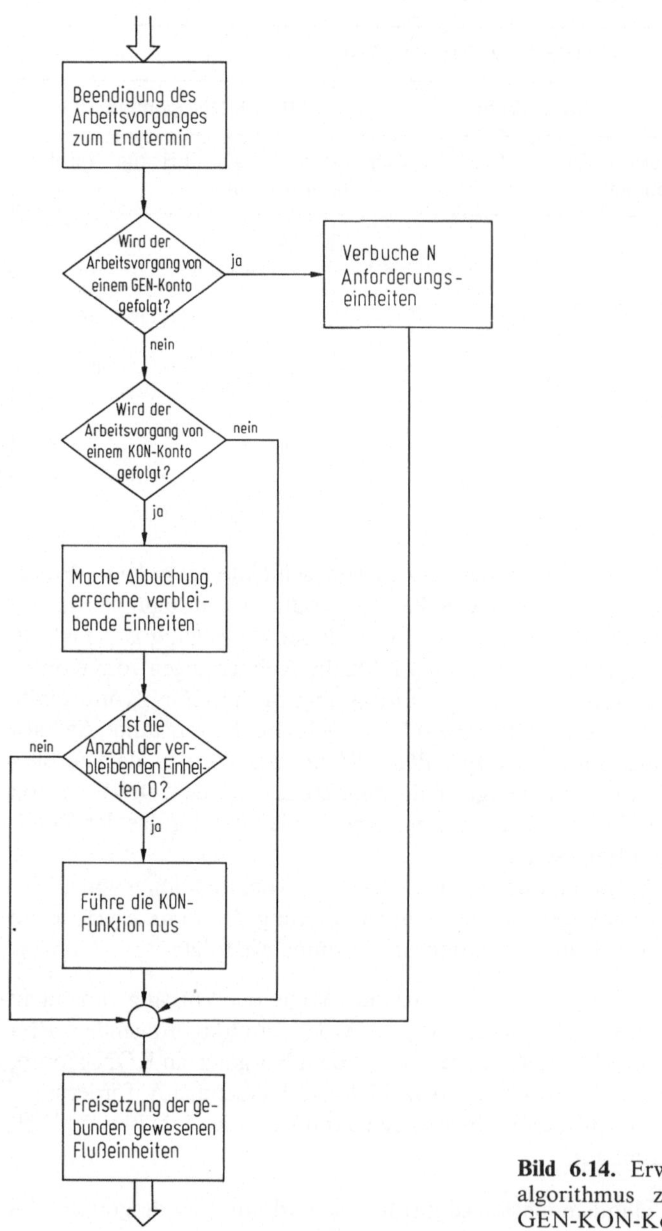

Bild 6.14. Erweiterter Handsimulations-algorithmus zur Berücksichtigung von GEN-KON-Kombinationen

in einen Vorgang „Transportleistung" zusammengefaßt. Als kumulative Wahrschein-lichkeitsverteilung der Dauern des Vorganges „Transportleistung" wird hier ebenfalls zur Vereinfachung die Verteilung des Vorganges „Ziegelverlegen" angenommen, dargestellt in Tabelle 6.2.

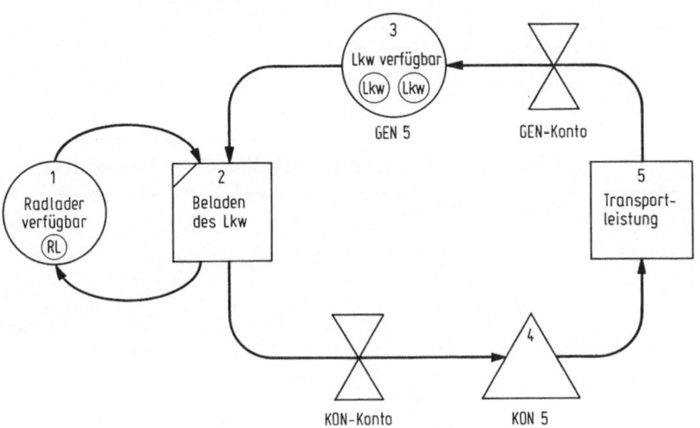

Bild 6.15. Bauprozeß „Erdtransport" (vereinfacht)

Die kumulativen Häufigkeiten des Beladevorganges werden in Bild 6.16 gezeigt.

Die Startsituation des Produktionsprozesses ist durch einen Lader im KREIS-Element 1 und 2 Lastkraftwagen im KREIS-Element 3 bestimmt. Durch Zuordnung der beiden Lastkraftwagen zu Element 3 werden zwei GEN-Konten mit je fünf Anforderungseinheiten (Ladungen) eröffnet. Diese Anforderungseinheiten werden in der CHRONOLOGISCHEN-Liste der Tabelle 6.10 in der GEN-Kontospalte dem Element 5 zugeordnet eingetragen. Durch die wiederholte Durchführung des Vorganges 2 wird die Anzahl der Anforderungseinheiten laufend reduziert. Die Handsimulation zweier GEN-KON-Folgen und der Start einer dritten Folge wird in Tabelle 6.10 durch-

Intervall	Häufigkeit	kumulative Häufigkeit
0 ... 0,1	2	2
0,1 ... 0,2	8	10
0,2 ... 0,3	16	26
0,3 ... 0,4	20	46
0,4 ... 0,5	22	68
0,5 ... 0,6	16	84
0,6 ... 0,7	9	93
0,7 ... 0,8	4	97
0,8 ... 0,9	3	100

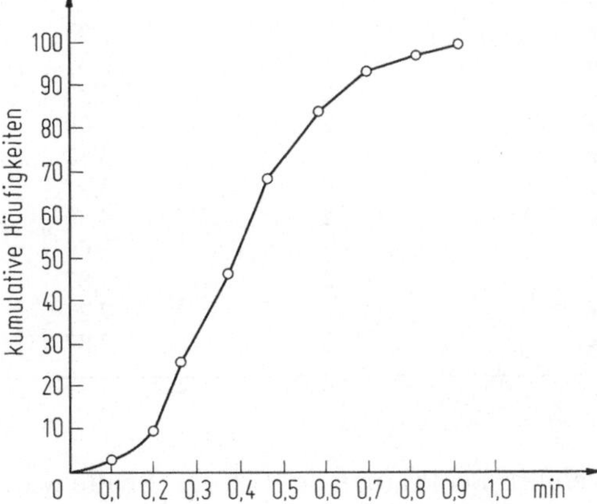

Bild 6.16. Kumulative Häufigkeiten der Dauern des Beladevorganges

Tabelle 6.10. EREIGNIS- und CHRONOLOGISCHE-Liste für GEN-KON-Beispiel

CHRONOLOGISCHE-Liste

Nr. des Vorganges	SIM-ZEITEN	GEN-KON			
		GEN-Konto	KON-Konto	Erledigt	Verbleidend
5	0,0	5a			
5	0,0	5b			
2	0,2		1a		4a
2	0,45		1a		3a
2	1,35		1a		2a
2	1,93		1a		1a
2	2,37		1a	●	o
2	3,00		1b		4b
2	3,38		1b		3b
2	3,91		1b		2b
2	4,39		1b		1b
2	5,00		1b	●	o
5	6,87	5a			
2	7,2		1a		4a
2	7,87		1a		3a
2	8,39		1a		2a

EREIGNIS-Liste

Übernommen	Nr. des Vorganges	JETZT-Zeit	Dauer	Endereignis
●	2	0	0,2	0,2
●	2	0,2	0,25	0,45
●	2	0,45	0,90	1,35
●	2	1,35	0,58	1,93
●	2	1,93	0,44	2,37
●	5	2,37	4,5	6,87
●	2	2,37	0,63	3,00
●	2	3,00	0,38	3,38
●	2	3,38	0,53	3,91
●	2	3,91	0,48	4,39
●	2	4,39	0,61	5,00
	5	5,00	6,12	11,12
●	2	6,87	0,33	7,2
●	2	7,2	0,67	7,87
●	2	7,87	0,52	8,39

geführt. Bei Prüfung der Erledigt-Spalte wird offensichtlich, daß es 2,37 min dauerte, den ersten Lastkraftwagen und $5,00 - 2,37 = 2,63$ min, den zweiten Lastkraftwagen zu beladen. In jedem Fall wurden fünf Laderzyklen benötigt, um einen Lastkraftwagen zu beladen.

7 Instrumente zur Kontrolle von Bauproduktionsprozessen

Ein Ziel bei jeder Planung von Bauproduktionsprozessen ist das Erreichen einer hohen Produktivität des Produktionssystems. Die Produktivität eines Systems ist direkt von den Warte- bzw. Stillstandszeiten der be- oder verarbeiteten Flußeinheit abhängig.[1] Eine zu bearbeitende Flußeinheit wird in einen Wartezustand versetzt, wenn die zu ihrer Bearbeitung notwendigen Flußeinheiten nicht verfügbar sind. In Zwei-Kreis-Systemen wie z. B. im Bauprozeß „Erdtransport" (siehe Bild 6.15) kann das Ziel, eine hohe Produktivität zu erreichen, relativ einfach realisiert werden. Wie in Abschnitt 5.1 beschrieben, können Wartezeiten und Produktivitätsverluste durch ein Ausgleichen des Produktionssystems minimiert werden.

In komplexen Produktionssystemen ist das Ausmaß, in dem die Nichtverfügbarkeit einer Flußeinheit die Wartezeit einer anderen Flußeinheit beeinflußt, nicht direkt ersichtlich. Um solche komplexe Systeme auszugleichen und dadurch Wartezeiten einzelner Flußeinheiten und Produktivitätsverluste zu reduzieren, ist eine Analyse der Wartezeiten der einzelnen Flußeinheiten in den einzelnen KREIS-Elementen notwendig. In einer solchen Analyse sind Statistiken der Wartezeiten je Simulationslauf tabellarisch und graphisch aufzubereiten und deren Werte in Kennzahlen — wie Anteil der Wartezeiten an der Produktionszeit, Anteil der Wartezeiten an der Produktionszeit in Prozent und gewichteter Anteil der Wartezeiten an der Produktionszeit — auszudrücken. Weiter können für die Wartezeiten von Flußeinheiten in einem KREIS-Element noch Minimum- und Maximumwerte angegeben und Mittelwert bzw. Standardabweichung errechnet werden.

Neben den Wartezeitenstatistiken können weitere Statistiken, z. B. Zwischenzeitstatistiken, Flußdauerstatistiken usw., aufbereitet werden. Diese „sonstigen" Statistiken schaffen zusätzliche Kontrollmöglichkeiten für den Planer von Bauprozessen. Die Auswirkungen des Einsatzes unterschiedlicher Mengen von Flußeinheiten auf die Produktivität von Produktionssystemen und die Wartezeiten der Flußeinheiten können durch Sensitivitätsanalysen festgestellt werden.

---

1 Be- oder verarbeitete Flußeinheiten der bisher beispielsweise angeführten Bauproduktionsprozesse sind
— im Bauprozeß „Maurerarbeiten": die Ziegel,
— im Bauprozeß „Stollenvortrieb": die Rohrteile,
— im Bauprozeß „Betonfertigteilerzeugung: die Betonfertigteile,
— im Bauprozeß „Erdtransport": die Erde.

7.1 Aufbereitung von Wartezeitenstatistiken und Errechnung von Kennzahlen

Beobachtungsgegenstand der Wartezeitenstatistik stellt das KREIS-Element dar. Die Wartezeiten einer oder mehrerer Flußeinheiten werden immer auf ein bestimmtes KREIS-Element bezogen. Wenn eine Flußeinheit daher mehrere KREIS-Elemente durchfließt, kann sie in mehreren KREIS-Elementen in Wartezustände versetzt werden. Die Wartezeit einer oder mehrerer Flußeinheiten sind gleich der Dauer, die sich diese Flußeinheit oder diese Flußeinheiten im KREIS-Element befinden.

Die graphische Darstellung einer Wartezeitenstatistik ist aus Bild 7.1 zu ersehen. Auf einer Zeitachse, die vom Beginn der Produktionszeit $t = 0$ bis zum Ende der Produktionszeit $t = n$ verläuft, werden für jeden Wartezustand im betrachteten KREIS-Element die Zeit des Anfanges (t_a) und die Zeit des Endes (t_e) eines Wartezustandes festgehalten. Die einzelnen Wartezustände und deren Dauern sind aus den schraffierten Blöcken ersichtlich. Die Dauern der einzelnen Wartezustände i (t_i) sind durch Subtraktion der Zeit des Endes eines Wartezustandes minus der Zeit des Anfanges eines Wartezustandes zu ermitteln:

$$t_i = t_{ie} - t_{ia},$$

wobei t_i: Dauer des Wartezustandes i,

$\quad\quad t_{ie}$: Zeit des Endes des Wartezustandes i,

$\quad\quad t_{ia}$: Zeit des Anfangs des Wartezustandes i.

Der Anteil der Wartezeiten einer oder mehrerer Flußeinheiten in einem KREIS-Element an der gesamten Produktionszeit T kann mittels (7.1a) und (7.1b) errechnet werden:

$$\text{Anteil Wartezeiten} = \frac{1}{T} \sum_{i=1}^{m} t_i \tag{7.1a}$$

bzw.

$$\text{Anteil Wartezeiten} = \frac{1}{T} \sum_{i=1}^{m} (t_{ie} - t_{ia}), \tag{7.1b}$$

wobei T: Produktionszeit,

$\quad\quad m$: Anzahl der Wartezustände.

Um die Kennzahl „Anteil der Wartezeiten an der Produktionszeit" zu berechnen, ist die Anzahl der Wartezustände zu ermitteln. Die Dauern dieser einzelnen Wartezustände werden summiert und durch die Produktionszeit dividiert.

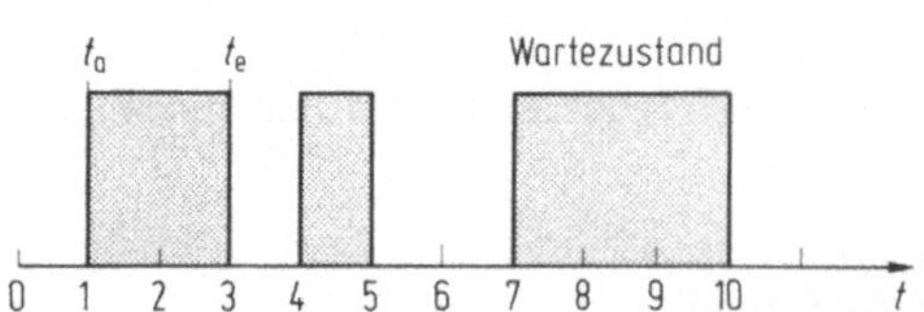

Bild 7.1. Wartezeitenstatistik

Zur Berechnung der Kennzahl „Anteil der Wartezeiten an der Produktionszeit in Prozent" ist (7.1 a) mit 100 zu multiplizieren:

$$\text{Anteil Wartezeit} = \frac{1}{T} \sum_{i=1}^{m} t_i \cdot 100. \tag{7.2}$$

Die Werte der minimalen bzw. maximalen Wartezeit in einem KREIS-Element können direkt aus der Wartezeitstatistik des Bildes 7.1 abgelesen werden. Mittelwert und Standardabweichung der Wartezeiten einer Flußeinheit können mittels (7.3) und (7.4) errechnet werden:

$$\text{Mittelwert:} \quad \bar{t} = \frac{1}{m} \sum_{i=1}^{m} t_i, \tag{7.3}$$

$$\text{Standardabweichung:} \quad \sigma_{\bar{t}} = \left\{ \frac{\sum_{i=1}^{m} (t_i - \bar{t})}{m} \right\}^{\frac{1}{2}}. \tag{7.4}$$

Wenn eine Flußeinheit in einem Wartezustand ist, befindet sie sich im CYCLONE-Modell definitionsgemäß in einem KREIS-Element. Im Fall, daß die Menge einer eingesetzten Flußeinheit größer als eins ist, d.h. daß z.B. vier Lkw oder drei Maurer eingesetzt werden, können sich gleichzeitig mehr als eine Flußeinheit in einem KREIS-Element befinden. Aus diesem Grunde ist es aussagekräftig, die Kennzahl „Gewichteter Anteil der Wartezeiten an der Produktionszeit" zu errechnen:

$$\text{Gewichteter Anteil Wartezeiten} = \frac{1}{T} \sum_{i=1}^{m} F_i t_i, \tag{7.5}$$

wobei T: Produktionszeit,

m: Anzahl der Wartezustände,

F_i: Anzahl der Flußeinheiten im KREIS-Element während des Wartezustandes i,

t_i: Dauer des Wartezustandes i während dessen sich die Anzahl der Flußeinheiten im KREIS-Element nicht ändert.

Die Errechnung des gewichteten Anteils der Wartezeiten an der Produktionszeit wird beispielsweise auf der Grundlage der tabellarischen und graphischen Statistiken der Bilder 7.2 und 7.3 vorgenommen.

Die Wartezustände in einem bestimmten KREIS-Element wurden in den beiden Statistiken über 8 Zeiteinheiten beobachtet (Zeitachse des Bildes 7.2 verläuft von 0 bis 8, die Summe der t_i-Werte in Bild 7.3 ist 8). Die y-Achse des Bildes 7.2 gibt die Anzahl der Flußeinheiten an, die sich während des Wartezustandes i im KREIS-Element befinden. Die in den Statistiken aufbereiteten Werte können in (7.5) eingesetzt werden.

$$\text{Gewichteter Anteil Wartezeiten} = \frac{1(1) + 2(1{,}5) + 3(1{,}5) + 0 + 2(1) + 1(1)}{8} =$$

$$= \frac{1 + 3 + 4{,}5 + 2 + 1}{8} = 1{,}44.$$

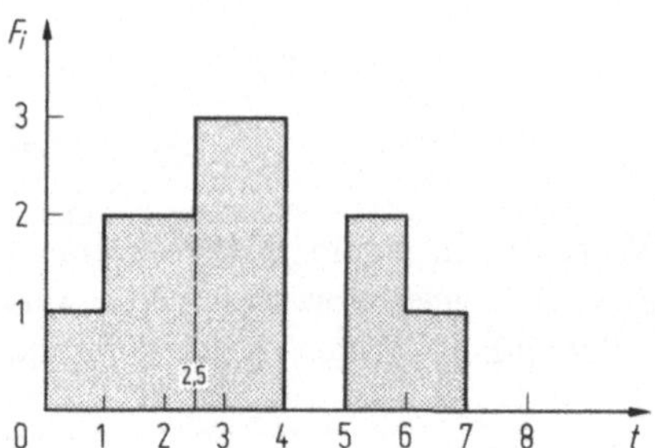

Bild 7.2. Wartezeitenstatistik (graphisch)

m	t_i	F_i	$F_i t_i$
1	1,0	1	1,0
2	1,5	2	3,0
3	1,5	3	4,5
4	1,0	0	0
5	1,0	2	2,0
6	1,0	1	1,0
7	1,0	0	0

Bild 7.3. Wartezeitenstatistik (tabellarisch)

Dieser Wert sagt aus, daß sich während der Produktionszeit (Beobachtungszeitraum: 8 Zeiteinheiten) durchschnittlich 1,44 Flußeinheiten im beobachteten KREIS-Element befunden haben.

Verwendet man die Werte der Statistiken zur Errechnung des Anteils der Wartezeiten in Prozent, ergibt sich:

$$\text{Anteil Wartezeit} = \frac{6}{8} \cdot 100 = 75\%.$$

Diese ungewichtete Kennzahl drückt aus, daß sich während 75% der Produktionszeit Flußeinheiten im beobachteten KREIS-Element befunden haben. Hier wird keine Aussage über die Anzahl der Flußeinheiten, die sich im KREIS-Element befunden haben, gemacht. Die beiden Kennzahlen verhelfen also, Informationen unterschiedlichen Inhalts über das Produktionssystem aufzubereiten.

Zusätzliche Informationen können noch durch die Aufbereitung von Häufigkeitsverteilungen der Wartezeiten in den KREIS-Elementen gewonnen werden. Diese geschieht ähnlich der Aufbereitung der Histogramme zur Darstellung der Häufigkeitsverteilungen von Vorgangsdauern (siehe Abschnitt 5.2). Es sind also wieder Intervalle festzulegen, denen die Anzahl der Beobachtungen, die in die einzelnen Intervalle fallen, zuzuordnen sind. Die Bandbreite der beobachteten Wartezeiten wird durch zwei Grenzintervalle – eines zur Aufnahme der Beobachtungen unter einem festgelegten Mindestwert und eines zur Aufnahme der Beobachtungen über einem festgelegten Höchstwert – bestimmt. Mindest- und Höchstwert sowie die Intervallsgröße müssen vom Planer definiert werden (Bild 7.4).

Wie ebenfalls bereits in Abschnitt 5.2 erwähnt, kann eine Häufigkeitsverteilung sowohl graphisch als auch tabellarisch dargestellt werden. Die tabellarische Darstellung der absoluten Häufigkeiten des Bildes 7.5 wird als Computer-Output bei Einsatz des CYCLONE-Programms geliefert.

Dieser Computer-Output bezeichnet in der ersten Spalte das beobachtete KREIS-Element, in der zweiten Spalte ist der Mindestwert festgelegt. Alle Beobachtungen, die unter dem Mindestwert von 5,0 min liegen, werden im unteren Grenzintervall zusammengefaßt. Wie aus der Spalte „Absolute Häufigkeiten" ersichtlich ist, gab es 2 Beobachtungen mit Wartezeiten unter 5 min. Als Intervallgröße wurden 2,0 Min festgelegt.

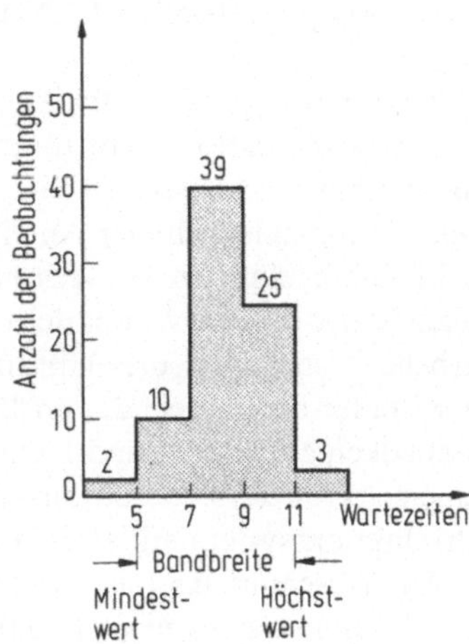

Bild 7.4. Häufigkeitsverteilung der Wartezeiten in einem
KREIS-Element (graphisch)

Nummer KREIS-Element	Mindest-wert	Intervalls-größe	absolute Häufigkeiten				
26	5,0	2,0	2	10	39	25	3

Bild 7.5. Häufigkeitsverteilung der Wartezeiten in einem KREIS-Element (tabellarisch)

Das erste Intervall erstreckt sich daher von 5,0 bis 6,99 min, das zweite Intervall von
7,0 bis 8,99 min usw. Der festgelegte Höchstwert ist aus der Anzahl der Intervalle er-
rechenbar (unteres Grenzintervall + 3 Zweiminutenintervalle = Höchstwert,
5,00 + 6,00 = 11,00). Über diesem Höchstwert von 11,00 min gab es 3 Beobachtungen.

Die bisher beschriebene Aufbereitung von Wartezeitenstatistiken an KREIS-Ele-
menten und die Errechnung von Kennzahlen können mit Hilfe von Statistikuhren im
Zuge der Handsimulation von CYCLONE-Modellen per Hand durchgeführt werden.
Beim Einsatz des CYCLONE-Computerprogramms werden diese Statistiken und diese
Kennzahlen automatisch für jedes definierte KREIS-Element aufbereitet bzw. er-
rechnet. Es handelt sich hier also um eine automatische Informationsaufbereitung.

Neben dem KREIS-Element bereitet auch der ZÄHLER automatisch Statistikwerte auf. Die Durchführung der Funktion des ZÄHLERS, Produktionswerte zu
messen, wird durch dessen Einführung in das Modell erreicht. Bei Verwendung des
CYCLONE-Computerprogramms werden die durch den ZÄHLER gemessenen
Produktionswerte ebenso wie die Statistikwerte der KREIS-Elemente automatisch
ausgedruckt. Eine Einführung zusätzlicher Funktionselemente in das CYCLONE-
Modell ist zur Gewinnung der bisher beschriebenen Informationen daher nicht notwendig.

7.1.1 Aufbereitung durch Handsimulation
(Beispiel: Bauprozeß „Maurerarbeiten")

Die Einführung von Statistikuhren in das CYCLONE-Modell und die Erweiterung
des Handsimulationsalgorithmus zur Aufbereitung von Wartezeitenstatistiken wurde
in Abschnitt 6.3.1 beschrieben. Für die Berechnung der Kennzahlen „Anteil Wartezeiten" und „Gewichteter Anteil Wartezeiten" usw. können die bei der im Abschnitt
6.3.1 durchgeführten Handsimulation des Bauprozesses „Maurerarbeiten" aufbereiteten Statistikwerte verwendet werden. Anschließend werden im Bauprozeß „Maurerarbeiten" an Stelle eines Hilfsarbeiters zwei Hilfsarbeiter eingesetzt. Der Bauprozeß
wird unter diesen geänderten Bedingungen erneut simuliert, es werden Wartezeitenstatistiken aufbereitet und Kennzahlen errechnet. Weiter werden Produktionskurven
einerseits für das Produktionssystem mit einem Hilfsarbeiter und andererseits für das
Produktionssystem mit zwei Hilfsarbeitern entwickelt.

Aus Abschnitt 6.3.1 ist ersichtlich, daß bei Einsatz eines Hilfsarbeiters dieser im
Produktionssystem in den 29,0 min Produktionszeit 5,9 min unbeschäftigt ist. Der
Anteil der Wartezeiten des Hilfsarbeiter im KREIS-Element 1 an der Produktionszeit
ist daher

$$\frac{5,9}{29,0} \cdot 100 = 20,34\,\%.$$

Ist eine Flußeinheit durch einen Sklavenzyklus an ein KOMBI-Element gebunden,
sind die Wartezeiten im beobachteten KREIS-Element gleich der gesamten Wartezeiten der Flußeinheit. Daher kann für den Hilfsarbeiter ausgesagt werden, daß er
20,34 % der Produktionszeit unbeschäftigt ist.

Bei Einsatz von zwei Hilfsarbeitern im Produktionssystem und Beibehaltung der
übrigen Bedingungen (drei Maurer, drei Lagerpositionen) ist anzunehmen, daß der
Anteil der Wartezeiten im KREIS-Element 1 ansteigen wird. In Tabelle 7.1 wird die
CHRONOLOGISCHE-Liste des Bauprozesses „Maurerarbeiten", in dem zwei
Hilfsarbeiter eingesetzt sind, dargestellt.

Aus dem CYCLONE-Modell des Bildes 7.6 ist ersichtlich, daß das KOMBI-Element 2 zu einer Parallel-Bedienungsstation wird, in der gleichzeitig zwei Vorgänge
durchgeführt werden können.

Die Zuordnung der Flußeinheiten zu den einzelnen Modellelementen in Bild 7.6
entspricht der Modellsituation zur SIM-Zeit 29,0 min. Statistikuhren „H1" und „H2"
wurden eingeführt, um die Perioden zu messen, in denen sich zumindest eine Flußeinheit
(ein Hilfsarbeiter) im KREIS-Element 1 befindet. Betrachtungsgegenstand der Aufbereitung von Wartezeitenstatistiken können also sowohl die einzelnen Flußeinheiten
(z. B. der Hilfsarbeiter H1) als auch einzelne KREIS-Elemente sein. Bei Betrachtung
der KREIS-Elemente kann festgestellt werden, wie lange ein KREIS-Element von
einer oder mehreren Flußeinheiten besetzt wird.

In der F-Spalte der CHRONOLOGISCHEN-Liste wird festgehalten, wieviele
Flußeinheiten (Hilfsarbeiter) sich gleichzeitig im KREIS-Element 1 im Wartezustand
befinden. Auch hier ist wieder das KREIS-Element Betrachtungsgegenstand. Diese
Werte der F-Spalte bzw. die Treppenkurve neben dieser Spalte dienen zur Berechnung
des gewichteten Anteils der Wartezeiten im KREIS-Element 1. Die x-Achse dieser

Tabelle 7.1. CHRONOLOGISCHE-Liste des Bauprozesses „Maurerarbeiten" bei Einsatz von zwei Hilfsarbeitern

Produktion	Nr.	SIM-Zeiten	Statistikuhr H1				Statistikuhr H2				Statistikuhr K				F	t_i
			Nr.	Ein	Aus	Dauer	Nr.	Ein	Aus	Dauer		Ein	Aus	Dauer		
		0	H1	•	•	0	H2	•	•	0	t_i	•	•	0	0	
	2	3,0	H1	•	•	0									0	4,1
	5	4,0													0	
	2	4,1	H1	•							t_i	•			1	
	2	4,9					H2	•							2	0,8
	5	5,1			•	1,0									1	0,2
	5	5,9							•	1,0	t_i		•	1,8	0	0,8
	2	6,4	H1	•	•	0,0					t_i	•	•	0,0	0	1,0
	2	6,9					H2	•			t_i	•			1	0,0
	2	6,9	H1	•											2	—
1	6	8,5													2	2,7
2	6	9,1													2	
	5	9,6					H2		•	2,7					1	0,5
	2	10,1					H2	•							2	0,0
	5	10,1			•	3,2									1	0,4
	2	10,5	H1	•											2	—
3	6	13,6													2	4,1
	5	14,6					H2		•	4,5					1	—
4	6	15,6													1	2,0
	5	16,6			•	5,1					t_i		•	9,7	0	0,8
	2	17,4					H2	•			t_i	•			1	—
5	6	18,1													1	1,7
6	6	18,1													1	
	5	19,1					H2		•	1,7	t_i		•	1,7	0	—
	5	19,1													0	
	2	19,2	H1	•	•	0,0					t_i	•	•	0	0	1,5
7	6	20,5													0	
	2	20,6					H2	•			t_i	•			1	0,6
	2	21,2	H1	•											2	0,3
	5	21,5							•	0,9					1	3,3
8	6	23,8													1	
	5	24,8			•	2,6					t_i		•	4,2	0	—
9	6	25,1													0	1,2
	2	26,0					H2	•			t_i	•			1	0,1
	5	26,1							•	0,1	t_i		•	0,1	0	1,7
	2	27,8	H1	•							t_i	•			1	—
10	6	29,0													1	1,2
Wartezeit						11,9				10,9				17,5		

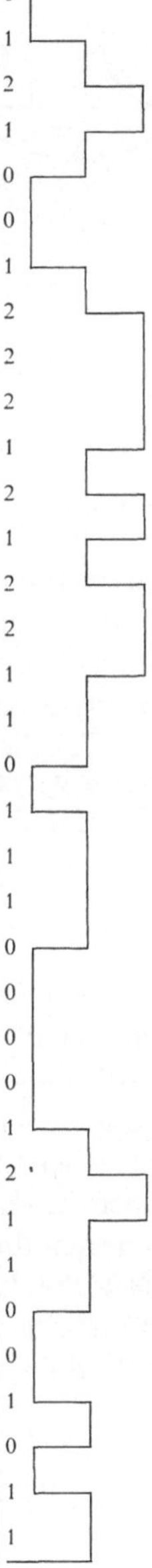

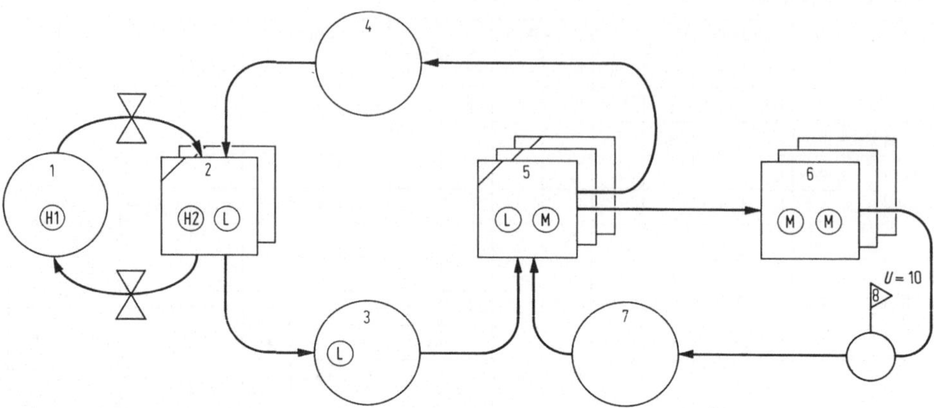

Bild 7.6.
Bauprozeß „Maurerarbeiten" bei Einsatz von zwei Hilfsarbeitern zur SIM-Zeit $= 29{,}0\,\mathrm{min}$

Treppenkurve ist keine maßstabsgetreue Zeitachse, wie jene in der Histogrammdarstellung des Bildes 7.4, da hier keine gleichgroßen Zeitintervalle definiert werden, denen die Anzahl der Beobachtungen zugewiesen werden, sondern sich die Zeitintervalle als die Differenz zweier folgender SIM-Zeiten ergeben.

Bei Anwendung von (7.1a) und Verwendung der in der CHRONOLOGISCHEN-Liste der Tabelle 7.1 aufbereiteten Statistikwerte errechnet sich der Anteil der Wartezeiten im KREIS-Element 1 zu

$$\frac{1}{T}\sum_{i=1}^{m} t_i \cdot 100 = \frac{17{,}5}{29{,}0} \cdot 100 = 60{,}34\,\%.$$

60,34% der Produktionszeit ist das KREIS-Element 1 besetzt, d.h., daß sich in diesem Teil der Produktionszeit ein oder zwei Hilfsarbeiter im Wartezustand befinden. Die Statistikuhr „K" kann daher als Element-Statistikuhr angesehen werden, da sie die gesamten Wartezeiten im KREIS-Element stoppt und sich nicht auf die Betrachtung einzelner Flußeinheiten beschränkt.

Die den einzelnen Flußeinheiten zugeordneten Statistikuhren „H1" und „H2" hingegen messen die Wartezeiten der Flußeinheiten, denen sie zugewiesen wurden. Aus der CHRONOLOGISCHEN-Liste ist ersichtlich, daß der Hilfsarbeiter 1 11,9 min der Hilfsarbeiter 2 10,9 min gewartet hat. Der Anteil der Wartezeiten des Hilfsarbeiters 1 an der Produktionszeit ist also z. B.

$$\frac{11{,}9}{29{,}0} \cdot 100 = 41{,}03\,\%.$$

Zur Errechnung des gewichteten Anteils der Wartezeiten im KREIS-Element 1 müssen die Perioden „m" während dessen sich F-Werte (Anzahl Hilfsarbeiter) nicht ändern, festgehalten werden. In Tabelle 7.1 gibt es 22 solcher Perioden. In der ersten

Periode, z. B. von der SIM-Zeit 0,0 min bis zur SIM-Zeit 4,1 min, ist das KREIS-Element 1 leer. Erst zum Zeitpunkt 4,1 min wird ein Hilfsarbeiter in einen Wartezustand versetzt. Die Berechnung des Produktes $F\,t_i$ ergibt für diese erste Periode $0 \cdot 4{,}1 = 0$. Die nächste Änderung in der F-Spalte wird zum Zeitpunkt 4,9 min vorgenommen, da auch der zweite Hilfsarbeiter in einen Wartezustand versetzt wird. Daher ist das Produkt $F\,t_i$ erneut zu berechnen und zur gespeicherten Summe (0) dazuzuzählen. Die neue Summe ist

$$\sum_{t=1}^{2} F\,t_i = 0 + (1) \cdot (4{,}9 - 4{,}1) = 0{,}8.$$

Die kumulative Summe aller $F\,t_i$ Produkte für $m = 22$ wird entsprechend der Tabelle 7.2 errechnet.

Unter Anwendung von (7.5) kann der gewichtete Anteil der Wartezeiten im KREIS-Element 1 errechnet werden.

$$\frac{\displaystyle\sum_{i=1}^{22} F\,t_i}{T} = \frac{2{,}60}{29{,}0} = 0{,}896.$$

Während des Beobachtungszeitraumes von 29 min befinden sich daher durchschnittlich 0,896 Hilfsarbeiter im Wartezustand im KREIS-Element 1.

Wie bereits erwähnt, kann es interessant sein, die Häufigkeitsverteilung der Wartezeiten in einem KREIS-Element darzustellen. Diese Häufigkeitsverteilung, die in Histogrammform dargestellt wird, kann durch die Angabe von Minimum- bzw. Maximumwerten sowie durch die Berechnung von Mittelwert und Standardabweichung der Wartezeiten ergänzt werden. Während der 29 min Simulationszeit begaben sich die beiden Hilfsarbeiter zehnmal in Wartezustände mit einer Wartezeit $t_i > 0$, was aus den Dauern-Spalten der CHRONOLOGISCHEN-Liste ablesbar ist. Die minimale

Tabelle 7.2. Summe aller Ft_i-Werte

m	$F \quad t_i \quad Ft_i$	m	$F \quad t_i \quad Ft_i$
1	$0 \cdot 4{,}1 = 0$	12	$1 \cdot 2{,}0 = 2{,}0$
2	$1 \cdot 0{,}8 = 0{,}8$	13	$0 \cdot 0{,}8 = 0{,}0$
3	$2 \cdot 0{,}2 = 0{,}4$	14	$1 \cdot 1{,}7 = 1{,}7$
4	$1 \cdot 0{,}8 = 0{,}8$	15	$0 \cdot 1{,}5 = 0{,}0$
5	$0 \cdot 1{,}0 = 0{,}0$	16	$1 \cdot 0{,}6 = 0{,}6$
6	$1 \cdot 0 \ = 0$	17	$2 \cdot 0{,}3 = 0{,}6$
7	$2 \cdot 2{,}7 = 5{,}4$	18	$1 \cdot 3{,}3 = 3{,}3$
8	$1 \cdot 0{,}5 = 0{,}5$	19	$0 \cdot 1{,}2 = 0{,}0$
9	$2 \cdot 0{,}0 = 0{,}0$	20	$1 \cdot 0{,}1 = 0{,}1$
10	$1 \cdot 0{,}4 = 0{,}4$	21	$0 \cdot 1{,}7 = 0$
11	$2 \cdot 4{,}1 = 8{,}2$	22	$1 \cdot 1{,}2 = 1{,}2$
		$\sum$	$= 26{,}0$

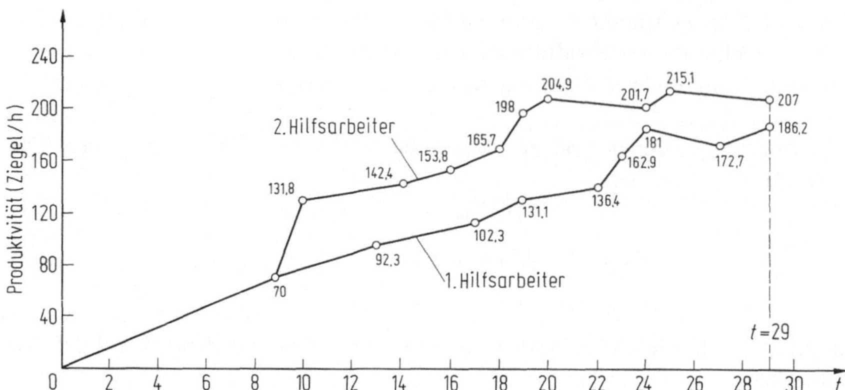

Bild 7.7. Produktionswerte der Bauprozesse „Maurerarbeiten" bei Einsatz von einem oder von zwei Hilfsarbeitern

Wartezeit eines Hilfsarbeiters betrug 0,1 min, die maximale Wartezeit 5,1 min. Der Mittelwert der einzelnen Wartezeiten der beiden Hilfsarbeiter errechnet sich aus

$$\bar{t} = \frac{1}{m} \sum_{i=1}^{m} t_i, \quad i = 1 \dots 10,$$

$$\bar{t} = \frac{1}{10} \cdot 22,8 = 2,28 \text{ min}.$$

Die Standardabweichung ist bei Anwendung von (7.4) 1,558 min. Die durchschnittliche Wartezeit der beiden Hilfsarbeiter beträgt also 2,28 min bei einer Standardabweichung von 1,558 min.

Zur Messung der Produktion des Bauprozesses „Maurerarbeiten" wurde ein ZÄHLER in das Modell des Bildes 7.6 eingeführt. Jede Flußeinheit (in diesem Fall jeder Maurer), die den ZÄHLER passiert, repräsentiert eine Produktion von 10 verlegten Ziegeln. Daher wurde das ZÄHLER-Element mit einem Umrechnungsfaktor von 10 versehen.

In der CHRONOLOGISCHEN-Liste wurde zur Festhaltung der Anzahl der den ZÄHLER passierenden Flußeinheiten eine weitere Spalte „Produktion" vorgesehen. Bei Betrachtung dieser Spalte zeigt sich, daß während der 29,0 min Simulationsdauer 10 Flußeinheiten den ZÄHLER passierten. Die Produktion des Systems in den ersten 29,0 min beträgt daher 100 Ziegel. Durch eine lineare Projektion dieses Wertes läßt sich annäherungsweise die Produktion je Stunde des Systems berechnen:[2]

$$\text{Produktivität} = \frac{60 \text{ min/h}}{29 \text{ min}} \cdot 100 \text{ Ziegel} = 207 \text{ Ziegel/h}.$$

---

2 Es sei wie in Abschnitt 3.7 darauf hingewiesen, daß es sich dabei um eine Produktivität der Anlaufphase handelt.

Dieser Produktivitätswert liegt um etwa 20 Ziegel höher als der Wert, der für das Produktionssystem mit einem Hilfsarbeiter berechnet wurde. Die Produktionswerte der beiden Systeme (mit einem oder mit zwei Hilfsarbeitern) während der 29,0 min Simulationsdauer können an Hand der in Bild 7.7 entwickelten Kurven verglichen werden. Der Vorteil der höheren Produktionswerte des Systems mit zwei Hilfsarbeitern ist bei einem Vergleich der Alternativen gegenüber den höheren Kosten des Einsatzes des zweiten Hilfsarbeiters abzuwägen.

7.1.2 Aufbereitung durch Computersimulation (Beispiel: Bauprozeß „Erdtransport")

Die Aufbereitung von Wartezeitenstatistiken, die Errechnung diesbezüglicher Kennzahlen und die Angabe der Produktionsstatistik des ZÄHLERS wird bei Einsatz des CYCLONE-Computerprogramms automatisch durch das Programm vorgenommen. Die Aufbereitung dieser Informationen durch eine Computersimulation wird am Beispiel des in Abschnitt 4.4.2 modellierten Bauprozesses „Erdtransport" (Einsatz von 15- und 20-t-Lastkraftwagen und 3- und 5-t-Lader) dargestellt. Das Gesamtmodell dieses Bauprozesses ist dem Bild 4.19 zu entnehmen, die Bestimmung der Mengen der Flußeinheiten und die Festlegung der Startsituation ist aus Tabelle 4.6 ersichtlich. Die im Modell entwickelte Logik, die Mengen der Flußeinheiten, die Startsituation des Bauprozesses sowie die in Tabelle 7.3 festgehaltenen Parameter der Wahrscheinlichkeits-

Tabelle 7.3. Parameter der Wahrscheinlichkeitsverteilungen der Arbeitsvorgangsdauern

Nr. des Arbeitsvorganges	Wahrscheinlichkeitsverteilung	Nr. der Parametermenge	Mittelwert	Untergrenze	Obergrenze	Standardabweichung
3	Constant	2	0,200	0	0	0
5	Lognormal[a]	3	0,835	0,40	1,9	0,25
8	Lognormal	5	4,00	2,00	10,0	1,00
10	Constant	2	0,200	0	0	0
12	Lognormal	4	0,500	0,25	1,2	0,15
16	Constant	6	0,15	0	0	0
18	Lognormal	4	0,500	0,25	1,2	0,15
20	Lognormal	7	3,600	2,00	10,0	0,15
21	Constant	6	0,150	0	0	0
23	Lognormal	3	0,835	0,40	1,9	0

[a] Lognormal: Logarithmische Normalverteilung

verteilungen der Arbeitsvorgangsdauern stellen den Input für jede Computersimulation mittels des CYCLONE-Computerprogramms dar.[3]

Die Parameter in Tabelle 7.3 sind in Minuten angegeben. Es wird ersichtlich, daß für die Arbeitsvorgänge 12 und 18 die Mittelwerte der Vorgangsdauern 0,5 min betragen,

---

3 Die Beschreibung der formalen Eingabe zur Durchführung der Simulation mittels des CYCLONE-Programms erfolgt in Abschnitt 8.

hingegen für die Vorgänge 5 und 23 0,835 min. Das zeigt, daß der kleine 3-t-Lader etwas schneller arbeitet als der 5-t-Lader. Die Dauer der Vorgänge 8 und 20 „Transportieren, Entleeren, Zurückfahren" weisen auf unterschiedliche Geschwindigkeiten der beiden Lkw-Typen hin.[4] Der Mittelwert der Dauern des Vorganges 8 ist 4,0 min, hingegen ist der Mittelwert der Dauern des Vorganges 20 nur 3,6 min. Die Dauern der Vorgänge 3, 10, 16 und 21 „Fahrt zur Beladestelle" repräsentieren die Manövrierzeiten, die benötigt werden, um die Lkw in die Beladepositionen zu bringen. Für beide Lkw-Typen wird angenommen, daß diese Manövrierzeiten konstant sind. Die 20-t-Lkw benötigen 0,2 min und die 15-t-Lkw 0,15 min für den Vorgang „Fahrt zur Beladestelle".

Unter der Annahme, daß die Anzahl der Lader mit 1 (für 5-t-Lader) und 2 (für 3-t-Lader) festgelegt ist, die Anzahl der einzusetzenden Lkw aber nach Bedarf und optimalem Ausnutzungsgrad variiert werden kann, bestimmen die Laderkapazitäten die Produktivität des Produktionssystems. Eine deterministische Analyse des Systems ergibt eine maximale, durch die Lader bestimmte Produktivität des Produktionssystems von 1080 t/h[5]:

Maximale Produktivität = (ein 5-t-Lader × 72 Zyklen/h × 5 t/Zyklus) +
                          + (zwei 3-t-Lader × 120 Zyklen/h × 3 t/Zyklus) =
                          = 360 + 720 = 1080 t/h.

Bei Anwendung stochastischer Dauern reduziert sich die Produktivität eines Produktionssystems gegenüber der maximalen Produktivität auf der Grundlage deterministischer Vorgangsdauern. Unter der Annahme des Einsatzes von drei 20-t-Lkw und von fünf 15-t-Lkw und Verwendung der Wahrscheinlichkeitsverteilungen der Tabelle 7.3 beträgt die Produktivität des Bauprozesses 941,63 t/h (1. Lauf)[6] bzw. 955,27 t/h (2. Lauf). Diese Werte, die durch den ZÄHLER automatisch aufbereitet werden, sind aus Tabelle 7.6 für die Lkw-Kombination aus drei 20-t-Lkw und fünf 15-t-Lkw abzulesen.

Die in den Tabellen 7.4 und 7.5 zusammengefaßten Kennzahlen der Wartezeitenstatistiken resultieren ebenfalls aus der Computersimulation mit den stochastischen Vorgangsdauern. Auch diese Werte werden automatisch — also ohne Definition zusätzlicher Funktionselemente im Modell — durch das CYCLONE-Programm aufbereitet und ausgegeben. Aus Tabelle 7.4 werden die Anteile der Wartezeiten an der Produktionszeit in den KREIS-Elementen 2, 14, 15 und 30 ersichtlich.

Für das KREIS-Element 30 muß der Anteil der Wartezeiten an der Produktionszeit gleich dem gewichteten Anteil der Wartezeiten an der Produktionszeit sein, da nur eine Flußeinheit „5-t-Lader" eingesetzt wird. Für die KREIS-Elemente 2, 14 und 15 kann der gewichtete Anteil der Wartezeiten an der Produktionszeit entweder gleich oder größer als der Anteil der Wartezeiten an der Produktionszeit sein, da sich mehrere Flußeinheiten gleichzeitig in diesen KREIS-Elementen befinden können.

---

4 Annahme: Höchstgeschwindigkeit der 20-t-Lkw: 32 km/h, der 15-t-Lkw: 48 km/h.

5 Als deterministische Vorgangsdauern werden die Mittelwerte der Wahrscheinlichkeitsverteilungen angenommen.

6 Es wurden zwei Simulationsläufe durchgeführt, die aufgrund der zufälligen Auswahl von Vorgangsdauern unterschiedliche Werte ergeben.

Tabelle 7.4. Kennzahlen der Wartezeitenstatistik für Lastkraftwagen und Lader

Nr. des KREIS-Elementes	Bezeichnung	Anteil Wartezeiten an Produktionszeit in %	Gewichteter Anteil Wartezeiten an Produktionszeit
2	20-t-Lkw verfügbar	12	0,12
14	3-t-Lader verfügbar	25	0,30
15	15-t-Lkw verfügbar	72	1,22
30	5-t-Lader verfügbar	1	0,01

Tabelle 7.5. Kennzahlen der Wartezeitenstatistik für die Beladestellen 1 bis 4

Nr. des KREIS-Elementes	Bezeichnung	Anteil Wartezeiten an Produktionszeit in %
7	Beladestelle 1 verfügbar	82
9	Beladestelle 2 verfügbar	54
25	Beladestelle 4 verfügbar	98
26	Beladestelle 3 verfügbar	99

Aus Tabelle 7.5 werden die Anteile der Wartezeiten der Flußeinheiten „Beladestellen 1 bis 4" in den KREIS-Elementen 7, 9, 25 und 26 ersichtlich.

Die Tatsache, daß die Beladestellen 1 und 2, die von den 20-t-Lkw benützt werden, öfter verfügbar sind als die Beladestellen 3 und 4, ist darauf zurückzuführen, daß nur drei 20-t-Lkw, aber fünf 15-t-Lkw im System eingesetzt sind. Da nur je eine Flußeinheit für jede Beladestelle definiert wurde, erübrigt sich die Errechnung eines gewichteten Anteils der Wartezeiten an der Produktionszeit.

Die Informationen über ein bestimmtes Produktionssystem (hier: zwei 3-t-Lader, ein 5-t-Lader, drei 20-t-Lkw und fünf 15-t-Lkw) können durch die Durchführung einer Sensitivitätsanalyse erweitert werden. In ihr kann gezeigt werden, wie sich die Produktivität des Systems und die Wartezeiten in den KREIS-Elementen durch Variation der Anzahl der eingesetzten Flußeinheiten verändern. In der Annahme, daß die Anzahl der eingesetzten Lader konstant gehalten wird, kann z. B. geprüft werden, ob durch eine Erhöhung der Anzahl der Lkw die Produktivität des Systems gesteigert werden kann.

Der Einsatz zusätzlicher Geräte verursacht natürlich auch zusätzliche Kosten. Daher ist die eventuell erzielbare Produktivitätssteigerung gegenüber den zusätzlich entstehenden Kosten abzuwägen. Letztlich liegt es an der Bauleitung, das kosten- und produktivitätsoptimale System auszuwählen. Die Errechnung der unterschiedlichen Produktivitäten und der unterschiedlichen Wartezeiten wird nach jeweiliger Festlegung der Mengen der einzusetzenden Flußeinheiten vom CYCLONE-Computerprogramm kurzfristig durchgeführt. Die Ergebnisse der Computerausgabe für den Bauprozeß „Erdtransport" wurden in den Tabellen 7.6 bis 7.9 auszugsweise

Tabelle 7.6. Produktivitäten des Produktionssystems (9 Lkw-Kombinationen)

Anzahl der 15-t-Lkw		Anzahl der 20-t-Lkw		
		2	3	4
4	1. Lauf	811,49	914,70	979,67
	2. Lauf	829,91	920,07	984,37
5	1. Lauf	884,49	941,63	986,88
	2. Lauf	897,06	955,27	990,62
6	1. Lauf	909,40	951,65	1003,88
	2. Lauf	910,94	954,43	999,80

Tabelle 7.7. Anteil Wartezeiten an Produktionszeit (Lkw warten auf 3-t-Lader)

Anzahl der 15-t-Lkw	Anzahl der 20-t-Lkw		
	2	3	4
4	30 / 32 — 81 / 80	52 / 54 — 88 / 86	74 / 75 — 94 / 96
5	34 / 33 — 93 / 95	52 / 53 — 98 / 96	74 / 73 — 100 / 100
6	29 / 32 — 99 / 99	53 / 54 — 100 / 99	74 / 74 — 100 / 100

Legende:

Anteil Wartezeiten (20-t-Lkw ▶ wartet auf 3-t-Lader im KREIS-Element 11)

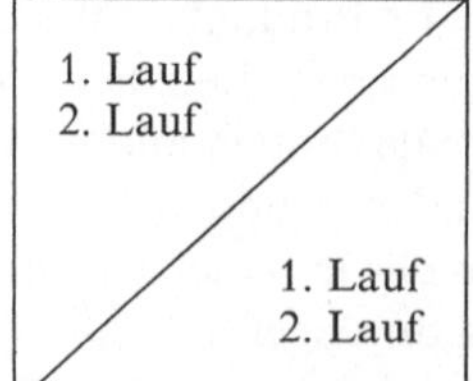

◀ Anteil Wartezeiten (15-t-Lkw wartet auf 3-t-Lader im KREIS-Element 17)

zusammengefaßt. Alle Tabellen beinhalten je zwei Werte (1. und 2. Simulationslauf) für neun Lkw-Kombinationen (z. B.

> zwei 20-t-Lkw und vier 15-t-Lkw,
> zwei 20-t-Lkw und fünf 15-t-Lkw,
> zwei 20-t-Lkw und sechs 15-t-Lkw,
> drei 20-t-Lkw und vier 15-t-Lkw usw.).

In Tabelle 7.6 werden die jeweiligen Produktivitäten bei Einsatz der neun Lkw-Kombinationen im Produktionssystem aufgezeigt.

Das Produktionssystem, das vier 20-t-Lkw und sechs 15-t-Lkw einsetzt, erreicht eine Produktion von etwa 1000 t/h. Durch den vermehrten Einsatz von Lkw läßt sich die Produktivität des Systems also nur relativ geringfügig steigern. Aus den Tabellen

Tabelle 7.8. Anteil Wartezeiten an Produktionszeit (Lkw warten auf 5-t-Lader)

Anzahl der 15-t-Lkw	Anzahl der 20-t-Lkw		
	2	3	4
4	55 / 56 89 / 87	74 / 73 93 / 93	93 / 90 97 / 98
5	57 / 57 96 / 96	78 / 74 99 / 100	92 / 92 100 / 100
6	58 / 56 100 / 100	76 / 75 100 / 100	91 / 89 100 / 100

Legende

Anteil Wartezeiten (20-t-Lkw wartet auf 5-t-Lader im KREIS-Element 4) ▶

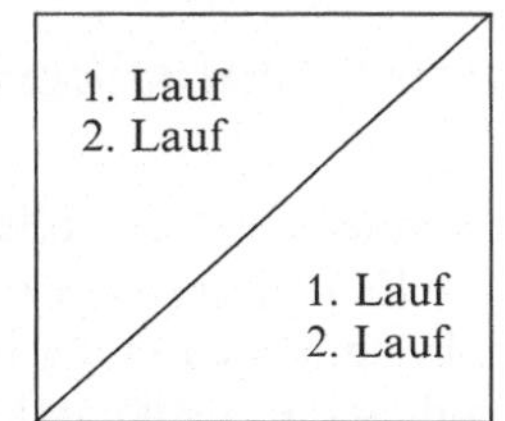

◀ Anteil Wartezeiten (15-t-Lkw wartet auf 5-t-Lader im KREIS-Element 22)

Tabelle 7.9. Anteil Wartezeiten der Lader an Produktionszeit

Anzahl der 15-t-Lkw	Anzahl der 20-t-Lkw		
	2	3	4
4	7 / 5 44 / 43	3 / 2 29 / 29	1 / 0 16 / 15
5	3 / 3 36 / 36	1 / 1 25 / 25	0 / 0 15 / 15
6	2 / 3 36 / 36	1 / 1 24 / 24	0 / 1 14 / 15

Legende:

Anteil Wartezeiten des 5-t-Laders ▶
(im KREIS-Element 30)

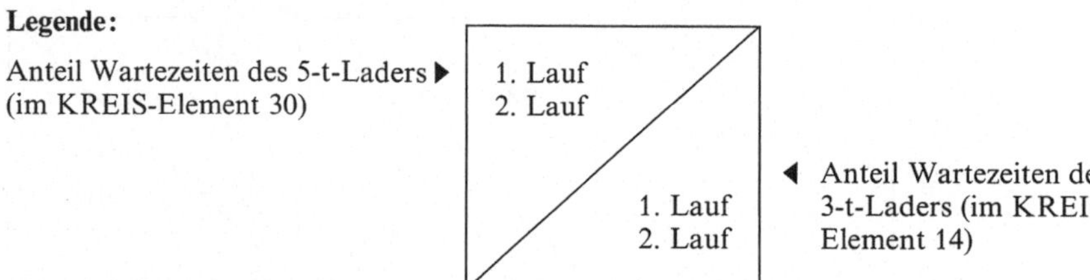

◀ Anteil Wartezeiten des
3-t-Laders (im KREIS-
Element 14)

7.7 und 7.8 wird andererseits ersichtlich, daß der Einsatz dieser Lkw-Kombination im Produktionssystem in hohen Anteilen der Wartezeiten an der Produktionszeit für die Lkw resultiert. Bei zunehmender Anzahl der eingesetzten Lkw reduziert sich automatisch der Anteil der Wartezeiten der Lader, was aus Tabelle 7.9 ersichtlich wird.

7.2 Aufbereitung „sonstiger" Statistiken

Neben den Wartezeitstatistiken können zur Kontrolle von Bauproduktionsprozessen noch weitere Statistiken, nämlich Erstankunftstatistiken, Zwischenzeitenstatistiken, Flußdauernstatistiken, Aufenthaltestatistiken und Allestatistiken aufbereitet werden (Tabelle 7.10). Die Aufbereitung dieser Statistiken kann im Modell an Funktionsele-

Tabelle 7.10. Statistiken des CYCLONE-Modells

Name der Statistik	Beschreibung
Erstankunft	Diese Statistik hält fest, zu welchem Zeitpunkt die erste Flußeinheit an einem Funktionselement oder KREIS-Element ankommt.
Zwischenzeit	Diese Statistik hält die Zeiten zwischen den Ankünften einzelner Flußeinheiten an einem Funktionselement oder KREIS-Element fest.
Flußdauer	Diese Statistik hält die Flußdauer einer Flußeinheit von einem Funktionselement oder KREIS-Element, an dem die Flußeinheit markiert wird, zu einem anderen Funktionselement oder KREIS-Element fest.
Aufenthalt	Diese Statistik wird gemeinsam mit der KON-Funktion verwendet und hält die Zeit zwischen der Ankunft der ersten und der letzten zu konsolidierenden Anforderungseinheit fest.
Alle	Diese Statistik hält die Ankunftszeiten aller Flußeinheiten an einem Funktionselement oder KREIS-Element fest.

menten und/oder an KREIS-Elementen erfolgen[7]. Der Planer kann Funktionselemente in das Modell eines Bauprozesses einführen und ihnen die Funktion der Aufbereitung von Statistiken zuweisen. Durch das CYCLONE-Programm werden sowohl die Parameter der aufbereiteten Statistiken (Mittelwert, Standardabweichung usw.) als auch eine tabellarische Darstellung der absoluten Häufigkeiten dieser Statistikwerte (wie in Bild 7.5) ausgegeben. Nachfolgend werden kurz die Mechanismen der Aufbereitung der einzelnen Statistiken beschrieben, da nur das Verständnis dieser Mechanismen die Interpretation der gewonnenen Informationen ermöglicht.[8]

7.2.1 Erstankunftstatistik

Die Erstankunftstatistik hält den Zeitpunkt zu dem eine Flußeinheit zum ersten Mal das Funktionselement durchfließt fest. Da die Erstankunftstatistik je Simulationslauf einmal geführt wird, ist die Anzahl der Beobachtungen einer Erstankunftstatistik gleich der Anzahl der Simulationsläufe.[9] Zur beispielsweisen Darstellung der Erstankunftstatistik wird wieder das Modell des Bauprozesses „Maurerarbeiten (mit zwei Hilfsarbeitern)" gewählt (Bild 7.8).

Ein Funktionselement kann, dem ZÄHLER-Element folgend, in das Modell eingebaut und zur Aufbereitung der Erstankunftstatistik (oder auch der Zwischenzeitenstatistik) verwendet werden. Es sei angenommen, daß der Planer für das Funktionselement die Erstankunftstatistik festlegt. Für die Simulationszeit von 29,0 min des

---

7 Auch dem ZÄHLER-Element kann die Funktion, Statistiken aufzubereiten, zugewiesen werden.

8 Aus dieser Beschreibung wird ersichtlich, daß die Aufbereitung der Statistiken auch per Hand durchführbar ist.

9 Vergleiche z. B. mit der Zwischenzeitenstatistik oder der Flußdauernstatistik, für welche mehrere Beobachtungen während eines Simulationslaufes gemacht werden können.

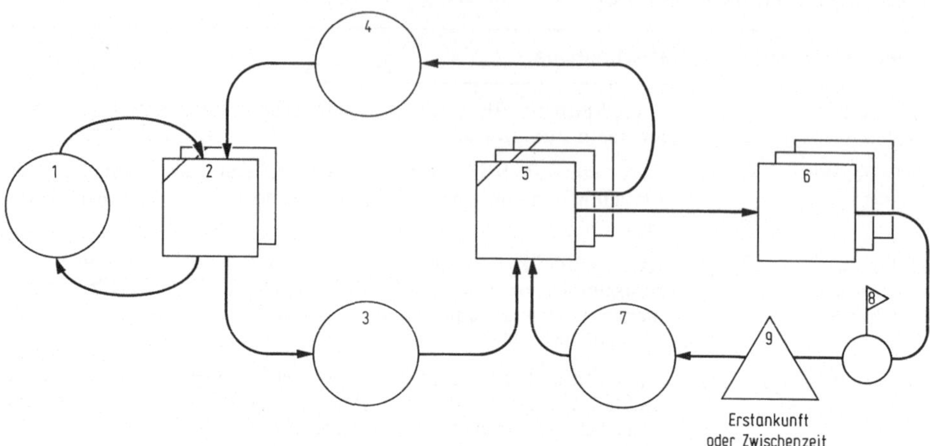

Bild 7.8. Bauprozeß „Maurerarbeiten" (Modell mit Funktionselement zur Aufbereitung von Statistiken)

Simulationslaufes der Tabelle 7.1 wird nur eine Beobachtung festgehalten. Es ist dabei gleichgültig, ob die Simulationszeit eines Simulationslaufes 29,0 min oder etwa 3000,0 min ist, die Erstankunftstatistik wird in jedem Fall nur die Erstankunft der Flußeinheit am Funktionselement zum Zeitpunkt 8,5 min festhalten. Würden hingegen 100 30-min-Simulationen vorgenommen werden, gäbe es 100 Beobachtungen der Erstankunftstatistik.

7.2.2 Zwischenzeitenstatistik

Die Zwischenzeitenstatistik hält die Zeiten zwischen den Ankünften einzelner Flußeinheiten an einem Funktionselement fest. Wird dem Funktionselement des Bildes 7.8 eine Zwischenzeitenstatistik zugewiesen, werden während der ersten 29,0 min 10 Beobachtungen gesammelt. Wenn die Dauer dieses einen Simulationslaufes länger wäre, ergäbe sich auch eine höhere Anzahl von Beobachtungen. Zusätzliche Simulationsläufe ergäben zusätzliche Mengen von Zwischenzeitenstatistiken. Die Häufigkeitsverteilung der Beobachtungen der ersten 29,0 min der Zwischenzeitenstatistik ist in Bild 7.9 festgehalten.

Die Häufigkeitsverteilung des Bildes 7.9 kann direkt aus den Daten der Tabelle 7.1 entwickelt werden. Die Ankunftszeit einer Flußeinheit am Funktionselement 9 ist gleich dem jeweiligen Endergebnis des Arbeitsvorganges 6 bzw. gleich der SIM-Zeit, zu der der ZÄHLER seine Funktion durchführt.[10] Die Zwischenzeitenstatistik wird, wie in Tabelle 7.11 dargestellt, durch Subtraktion der $(i-1)$ten Ankunftszeit von der (i)-ten Ankunftszeit errechnet.

Da während der ersten 29,0 min nur 10 Beobachtungen gemacht wurden, ist das Histogramm des Bildes 7.9 ziemlich amorph. Bei zunehmender Anzahl von Beobachtungen wird die Form der Häufigkeitsverteilung ausgeprägter.

---

10 Die ZÄHLER-Funktion hat immer eine Dauer null.

Tabelle 7.11. Ermittlung der Zwischenzeiten

i	t_i	Zwischenzeit
—	0	—
1	8,5	8,5
2	9,1	0,6
3	13,6	4,5
4	15,6	2,0
5	18,1	2,5
6	18,1	0
7	20,5	2,4
8	23,8	3,3
9	25,1	1,3
10	29,0	3,9

i : Nummer der Ankunft
t_i: Ankunftszeit

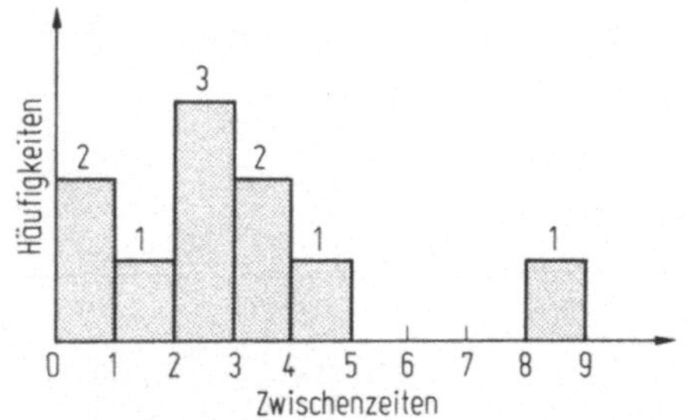

Bild 7.9. Häufigkeitsverteilung der Zwischenzeitenstatistik

7.2.3 Flußdauernstatistik

Die Flußdauernstatistik hält die Flußdauer einer Flußeinheit von einem Funktionselement, an dem die Flußeinheit markiert wird, zu einem anderen Funktionselement fest. Um den Mechanismus der Flußdauernstatistik kennenzulernen, sind zwei Funktions-

elemente in das Modell des Bauprozesses „Maurerarbeiten (mit zwei Hilfsarbeitern)"
einzuführen. Ein Element wird, dem Arbeitsvorgang 5 folgend, und dem KREIS-
Element 4 vorliegend, eingebaut. Dieses Funktionselement 9 hat die Aufgabe, Fluß-
einheiten zu markieren. Es stellt den Beginn des Flußpfades dar, der beobachtet wird.
Das Funktionselement 10 wird, dem Arbeitsvorgang 2 folgend und dem KREIS-
Element 3 vorliegend, placiert. Dieses Funktionselement beendet den beobachteten
Flußpfad (Bild 7.10).

Am Funktionselement 10 werden die Flußdauern einer markierten Flußeinheit
vom Funktionselement 9 bis zum Funktionselement 10 gemessen und festgehalten. Im
Modell des Bauprozesses „Maurerarbeiten" wird mittels der Funktionselemente 9
und 10 gemessen, wie lange es dauert, bis ein verfügbarer Lagerplatz wieder durch ein
Ziegelpaket belegt ist. Die Flußdauer eines Lagerplatzes vom Funktionselement 9
zum Funktionselement 10 ist tatsächlich die Summe aus der Wartezeit einer Flußeinheit im KREIS-Element 4 und der Dauer des Arbeitsvorganges 2.

Bei Verwendung der Daten der Tabelle 7.12 kann die Häufigkeitsverteilung der
Flußdauern wieder in einem Histogramm dargestellt werden (Bild 7.11).

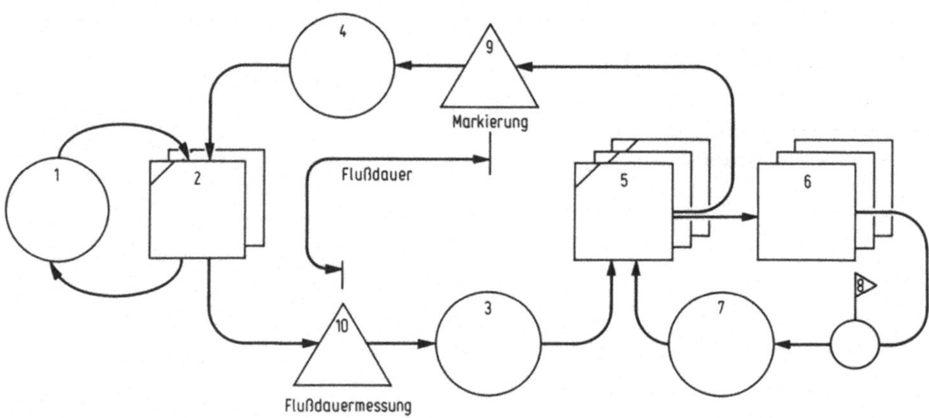

Bild 7.10. Modell mit Flußdauernstatistik

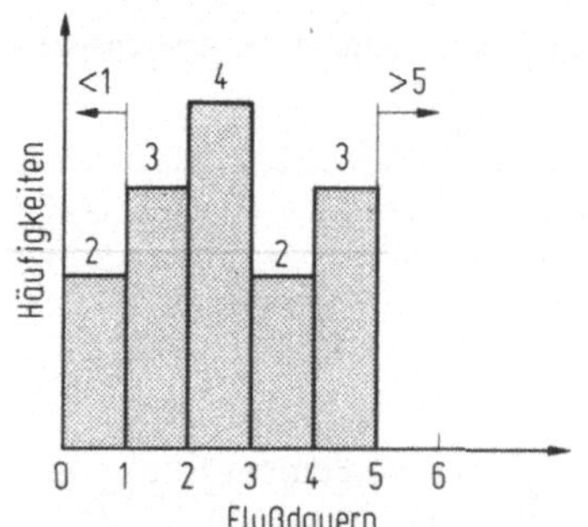

Bild 7.11. Histogramm der Flußdauernstatistik

Tabelle 7.12. Flußdauernstatistik

Pro-duk-tion	Nr.	SIM-Zeiten	Statistikuhr L1				Statistikuhr L2				Statistikuhr L3			
			Nr.	Ein	Aus	Dauer	Nr.	Ein	Aus	Dauer	Nr.	Ein	Aus	Dauer
0		0,	L1	•			L2	•			L3	•		
	2	3,0			•	3,0								
	5	4,0	L1	•										
	2	4,1											•	4,1
	2	4,9							•	4,9				
	5	5,1									L3	•		
	5	5,9					L2	•						
	2	6,4	L1		•	2,4								
	2	6,9					L2		•	1,0				
	2	6,9									L3		•	1,8
1	6	8,5												
2	6	9,1												
	5	9,6	L1	•										
	2	10,1	L1		•	0,5	L2	•						
	5	10,1												
	2	10,5					L2		•	0,4				
3	6	13,6												
	5	14,6									L3	•		
4	6	15,6												
	5	16,6	L1	•										
	2	17,4									L3		•	2,8
5	6	18,1												
6	6	18,1												
	5	19,1					L2	•						
	5	19,1									L3	•		
	2	19,2	L1		•	2,6								
7	6	20,5												
	2	20,6					L2		•	1,5				
	2	21,2									L3		•	2,1
	5	21,5	L1	•										
8	6	23,8												
	5	24,8					L2	•						
9	6	25,1												
	2	26,0			•	4,5								
	5	26,1									L3	•		
	2	27,8							•	3,0				
10	6	29,0												

Die Flußdauern werden von der Markierung der einzelnen Flußeinheiten (Lager-plätze L1, L2 und L3), die bei Eintritt des Endereignisses des Vorganges 5 vorgenom-men wird, bis zum Erreichen des Funktionselementes 10 gemessen. Das Funktions-element 10 wird bei Eintritt des Endereignisses des Vorganges 2 erreicht. Die Flußdauern ergeben sich daher als Differenz des Endereignisses des Vorganges 2 und des Endereig-nisses des Vorganges 5. Aus Tabelle 7.12 und Bild 7.11 ist ersichtlich, daß insgesamt 14 Beobachtungen gemacht wurden.

Folgende Parameter der Häufigkeitsverteilung der Flußdauern lassen sich be-stimmen:

— Höchstwert: 4,9 min,
— niedrigster Wert: 0,4 min,
— Mittelwert: 2,47 min,
— Standardabweichung: 1,344 min.

7.2.4 Aufenthaltestatistik

Die Kontrollfunktion, die die Aufenthaltestatistik ausübt, liegt im Messen der Dauer jedes Aufenthaltes zwischen der Ankunft der ersten und der letzten Anforderungs-einheit an einer KON-Funktion. Diese Aufenthaltsdauer ist insofern interessant, als erst bei Ankunft der letzten Anforderungseinheit die Konsolidierung durchgeführt werden kann. Der Mechanismus der Aufenthaltestatistik kann am Modell des Bau-prozesses „Erdtransport" erläutert werden (Bild 7.12).

Das Funktionselement 6 hat die Aufgabe, Flußeinheiten (Lkw), die durch die GEN-Funktion im KREIS-Element 7 zu Anforderungseinheiten vervielfacht werden, zu markieren. Dem Funktionselement 4 wird neben der KON-Funktion noch die Aus-übung der Aufbereitung der Aufenthaltestatistik zugewiesen. Der Aufenthalt zwi-schen der Ankunft der ersten markierten Anforderungseinheit im Funktionselement 4

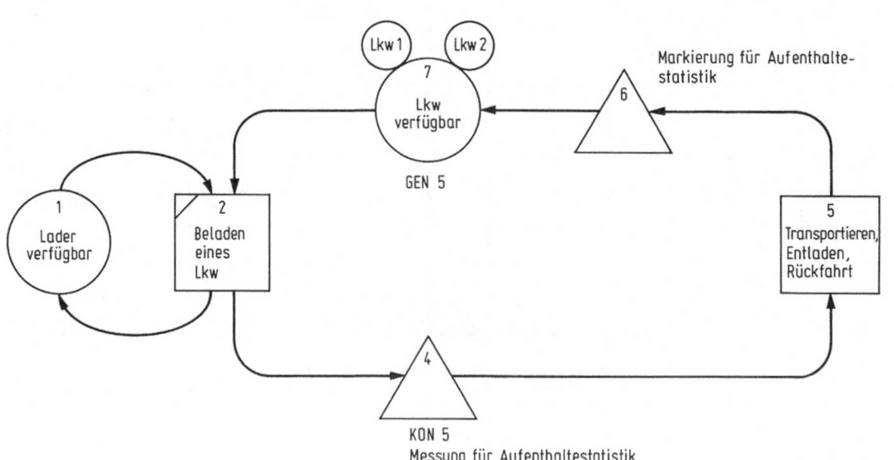

Bild 7.12. Bauprozeß „Erdtransport" mit Aufenthaltestatistik

Tabelle 7.13. CHRONOLOGISCHE-Liste mit Aufenthaltestatistik

Nr.	SIM-Zeit	GEN-Konto	KON-Konto	Er-ledigt	Ver-blei-bend	Statistikuhr Lkw 1				Statistikuhr Lkw 2			
						Nr.	Ein	Aus	Dauer	Nr.	Ein	Aus	Dauer
5	0,0	5a											
5	0,0	5b											
2	0,2		1a		4a	Lkw1	•						
2	0,45		1a		3a								
2	1,35		1a		2a								
2	1,93		1a		1a								
2	2,37		1a	•	0			•	2,17				
2	3,00		1b		4b					Lkw2	•		
2	3,38		1b		3b								
2	3,91		1b		2b								
2	4,39		1b		1b								
2	5,00		1b		0							•	2,00
5	6,87	5a											
2	7,2		1a		4a								
2	7,87		1a		3a								
2	8,39		1a		2a								

(erstes Endereignis des Vorganges 2) bis zur Ankunft der letzten markierten Anforderungseinheit im Flußelement 4 (letztes Endereignis des Vorganges 2) wird jeweils gemessen und in der Aufenthaltestatistik festgehalten (Tabelle 7.13).

Der in Abschnitt 6.3.2 beschriebene Mechanismus des Führens von GEN- und KON-Konten wird bei der Aufbereitung von Aufenthaltestatistiken noch durch die Messung der Dauern (der Aufenthalte) zwischen der Generation von Anforderungseinheiten bis zu deren Konsolidierung ergänzt. In der CHRONOLOGISCHEN-Liste wurde eine Aufenthaltestatistik für zwei Lkw (Lkw1 und Lkw2) aufbereitet.

7.2.5 Allestatistik

Die Allestatistik hält die Anzahl der Flußeinheiten, die innerhalb eines bestimmten Zeitintervalls an einem Funktionselement oder an einem KREIS-Element ankommen, fest. Das Element, dem die Allestatistik zugewiesen wird, hat die Aufgabe, die Ankunftszeiten der einzelnen Flußeinheiten zu registrieren. Zur Beschreibung des Mechanismus der Allestatistik wird wieder das in Bild 7.8 dargestellte Modell verwendet, wobei im Funktionselement 9 die Statistik aufbereitet wird. Die Werte, die für die Allestatistik festzuhalten sind, können aus der Tabelle 7.1 einfach abgelesen werden, da es sich dabei um die Endereignisse des Vorganges 6 handelt.

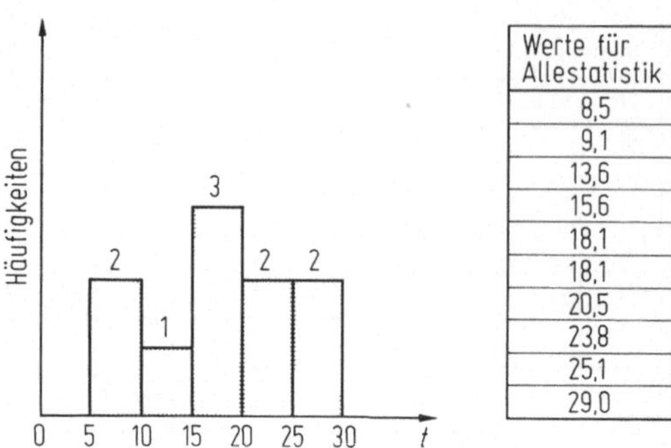

Bild 7.13.
Häufigkeitsverteilung der Allestatistik

Eine Tabelle dieser Werte und deren Häufigkeitsverteilung in einem Histogramm mit 5-min-Intervallen sind in Bild 7.13 dargestellt.

Nach der Anlaufphase des Produktionsprozesses bei Erreichung eines konstanten Produktionsniveaus gleicht sich die Anzahl der Beobachtungen je Intervall in der Regel aus. Der Effekt der Erzielung einer konstanten Anzahl an Beobachtungen je Intervall wird aus Bild 7.14 sichtbar.

Dieses kumulative Histogramm zeigt das Resultat nach der Verlegung von 100 Ziegelpaketen. Die Untergrenze des Histogramms ist mit 10,0 min festgelegt. Dann gibt es 30 Intervalle (Intervallgröße: 10 min) von 10,0 min bis 310,0 min. Die Treppenkurve des kumulativen Histogramms ist gleichmäßig, was darauf hinweist, daß in jedem Intervall eine gleiche Anzahl von Beobachtungen gemacht wurde.

Die hier beschriebenen Statistiken geben dem Planer Möglichkeiten, Bauprozesse zu kontrollieren. Diese an Funktionselementen und/oder an KREIS-Elementen auf-

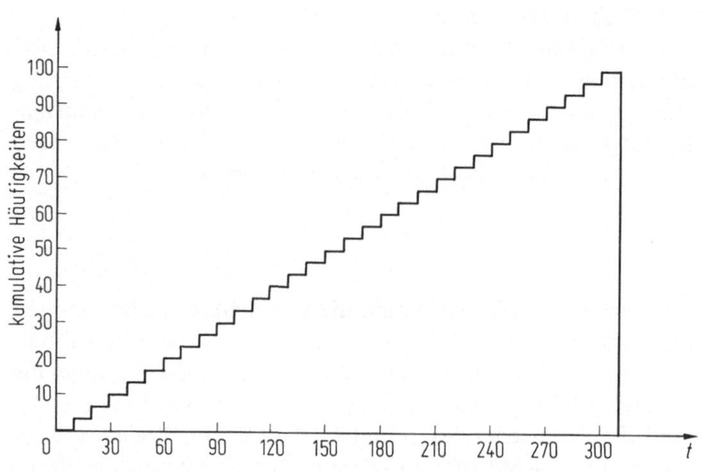

Bild 7.14. Kumulative Häufigkeiten der Allestatistik

bereiteten „sonstigen" Statistiken und die automatisch an den KREIS-Elementen aufbereiteten Wartezeitenstatistiken gewähren einen Einblick in die Dynamik des Ablaufes von Bauprozessen. Es ist Ziel des Planers, zur Erreichung einer bestimmten Produktivität, die durch den Ablauf entstehenden Warte- und Stillstandszeiten von Flußeinheiten zu minimieren. Unter Berücksichtigung der gegebenen Struktur des Flußnetzwerkes kann dieses Ziel durch eine optimale Kombination der eingesetzten Flußeinheiten erreicht werden. Die Auswirkungen der Variation der Mengen der einzusetzenden Flußeinheiten werden mittels Durchführung von Sensitivitätsanalysen ersichtlich. Für jede mögliche Kombination der Mengen von Flußeinheiten können die Produktivität des Produktionssystems und die Wartezeiten der eingesetzten Flußeinheiten errechnet werden. Die Ziele des Planers, die Produktivität des Bauprozesses zu maximieren und gleichzeitig die Wartezeiten der eingesetzten Flußeinheiten gering zu halten, können mit Hilfe der in Sensitivitätsanalysen aufbereiteten Informationen realisiert werden. Die Durchführung einer umfassenden Sensitivitätsanalyse zur Entscheidungsaufbereitung und zur laufenden Kontrolle von Bauprozessen wird im folgenden Abschnitt beschrieben.

7.3 Sensitivitätsanalyse als Kontrollinstrument

Sensitivitätsanalysen können sowohl für die Planung als auch für die Kontrolle von Bauproduktionsprozessen eingesetzt werden. Im Planungsstadium kann mit ihrer Hilfe die optimale Ausstattung eines Bauprozesses mit Flußeinheiten festgelegt werden. Während der Durchführung von Bauprozessen können Sensitivitätsanalysen als Kontrollinstrumente verwendet werden. Die Bauleitung sieht sich oft vor das Problem gestellt, den Ablauf eines Bauprozesses beschleunigen oder bremsen zu müssen. Mittels Sensitivitätsanalysen kann festgestellt werden, wie sich der Einsatz zusätzlicher Flußeinheiten bzw. der Abzug eingesetzter Flußeinheiten hinsichtlich der Beschleunigung oder der Bremsung eines Bauprozesses auswirken. Der Umfang und der Zeitpunkt der zu treffenden Maßnahmen — zusätzlicher Einsatz bzw. Abzug — können bestimmt werden. Die nach Beschleunigungs- bzw. Bremsmaßnahmen resultierenden Produktivitäten zeigen den Erfolg der getroffenen Entscheidungen an. Die Aufbereitung von Wartezeiten- und sonstigen Statistiken gewähren darüber hinaus Einblick, wodurch eine Beschleunigung oder Bremsung eingetreten ist.

Um die Möglichkeiten der Entscheidungsaufbereitung mittels Sensitivitätsanalysen zu beschreiben, wird das Beispiel des Bauprozesses „Betonfertigteilerzeugung" gemäß Abschnitt 4.3 gewählt.

7.3.1 Beispiel: Bauprozeß „Betonfertigteilerzeugung"

Zur Beschreibung des Bauprozesses „Betonfertigteilerzeugung" wird das Modell des Bildes 4.15 herangezogen. Zur Simulation des Bauprozesses werden die in Tabelle 7.14 festgehaltenen Parameter der Wahrscheinlichkeitsverteilungen der Arbeitsvorgangsdauer verwendet.

Aus Tabelle 7.14 wird ersichtlich, daß für alle Vorgänge mit Ausnahme jener, die konstante Dauern haben, Normalverteilungen angenommen wurden. Diese Annah-

Tabelle 7.14. Parameter der Wahrscheinlichkeitsverteilungen der Arbeitsvorgangsdauern

Nr. des Arbeitsganges	Wahrscheinlichkeitsverteilung	Nr. der Parametermenge	Mittelwert	Untergrenze	Obergrenze	Standardabweichung
2	normal	2	30,0	20,0	40,0	5,0
4	konstant	3	50,0	0	0	0
6	konstant	4	20,0	0	0	0
8	normal	5	15,0	8,0	22,0	5,0
10	konstant	6	120,0	0	0	0
12	normal	5	15,0	8,0	22,0	5,0
14	normal	7	25,0	10,0	40,0	7,5
19	normal	8	45,0	17,0	83,0	20,0
21	normal	9	18,0	9,0	27,0	6,0

men basierten auf den Verteilungen von Feldstudiendaten. Zur Durchführung der Sensitivitätsanalyse wurde angenommen, daß die Anzahl der einzusetzenden Arbeitskolonnen sowie die Anzahl der einzusetzenden Schalungen variiert werden können. Die Mengen aller anderen definierten Flußeinheiten wurden, so wie in Tabelle 4.4 angeführt, beibehalten.

Die Anzahl der Arbeitskolonnen konnte von zwei bis fünf, die Anzahl der Schalungen von zwei bis acht variieren. Die in den Tabellen 7.15 bis 7.19 dargestellten Daten basieren auf einer Simulation von 100 Zyklen der Flußeinheit „Mischgüter". Die tabellarischen Darstellungen stellen nur eine Teilmenge der Daten dar, die durch das CYCLONE-Programm aufbereitet wurden. Diese tabellarische Zusammenfassung erscheint jedoch ausreichend, um die Auswirkungen unterschiedlicher kapazitiver Ausstattungen des Bauprozesses „Betonfertigteilerzeugung" quantitativ zu beschreiben. Auf Grund der in der Sensitivitätsanalyse aufbereiteten Informationen kann die Bauleitung unter Berücksichtigung individueller Zielsetzungen die optimalen Mengen von Arbeitskolonnen bzw. Schalungen bestimmen.

Folgende Daten wurden durch die Sensitivitätsanalyse aufbereitet:
— Produktivität des Produktionssystems (Tabelle 7.15);
— Wartezeitenstatistik der Arbeitskolonnen im Element 15 (Tabelle 7.16);
— Wartezeitenstatistik der Schalungen (Tabelle 7.17)
   (a) Wartezeiten im Element 5 (Schalungen zum Entfernen verfügbar),

Tabelle 7.15. Produktivitäten der Systeme (in Fertigteilen je Stunde)

Anzahl Arbeitskolonnen	Anzahl Schalungen			
	2	4	6	8
2	7,98	12,01	12,16	12,15
3	7,98	15,07	17,02	17,06
4	7,98	15,50	18,02	18,56
5	7,98	15,50	17,88	18,01

Tabelle 7.16. Wartezeiten der Arbeitskolonnen

Anzahl Arbeitskolonnen	Anzahl Schalungen			
	2	4	6	8
2	0,685 / 54%	0,032 / 3%	0,020 / 2%	0,020 / 2%
3	1,680 / 100%	0,549 / 14%	0,118 / 9%	0,077 / 5%
4	2,680 / 100%	1,460 / 100%	0,723 / 51%	0,682 / 48%
5	3,678 / 100%	2,450 / 100%	1,552 / 78%	1,592 / 80%

Legende:

Gewichteter Anteil 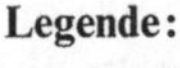 Wartezeiten an Produktionszeit ▶

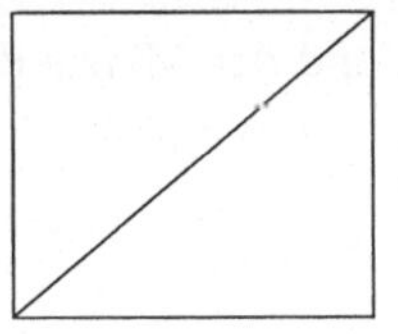

◀ Anteil Wartezeiten an Produktionszeit in %

(b) Wartezeiten im Element 16 (Schalungen zum Reinigen verfügbar),

(c) Wartezeiten im Element 24 (Schalungen zum Schütten des Betons verfügbar);

— Wartezeiten vor dem Trockentunnel (Tabelle 7.18)

(a) Wartezeiten im Element 7 (Fertigteile zum Befördern zum Trockentunnel verfügbar),

(b) Wartezeiten im Element 18 (Plätze zum Dampftrocknen verfügbar);

— Wartezeiten des Krans im Element 25 (Tabelle 7.19).

Aussagen über die Produktivitäten der Produktionssysteme bzw. über die Wartezeiten der Flußeinheiten des Bauprozesses „Betonfertigteilerzeugung" können durch eine Interpretation der Daten in den Tabellen 7.15 bis 7.19 gemacht werden.

Aus Tabelle 7.15 ist ersichtlich, daß die niedrigste Produktivität bei Einsatz von 2 Schalungen erzielt wird. Diese Produktivität von 7,98 Fertigteilen pro Stunde kann mit 2 Arbeitskolonnen erzielt werden. Auch bei Einsatz von 3, 4 oder 5 Arbeitskolonnen kann die Produktivität bei Einsatz von nur 2 Schalungen nicht gesteigert werden.

Tabelle 7.17. Wartezeiten der Schalungen in % in den Elementen 5,16 und 24

Anzahl Arbeitskolonnen	Element nummer	Anzahl Schalungen			
		2	3	6	8
2	5	0	36	52	69
	16	0	34	97	97
	24	0	24	36	39
3	5	0	5	40	62
	16	0	4	43	45
	24	0	11	50	86
4	5	0	0	2	10
	16	0	0	4	13
	24	0	9	72	100
5	5	0	0	0	1
	16	0	0	0	2
	24	0	0	75	100

Die Produktivität ist in diesem Fall durch die Menge der Schalungen beschränkt. Systeme, die 2 Schalungen einsetzen, zeigen sich als nicht-sensitiv gegenüber der Variation der Menge der Arbeitskolonnen. Werden nur 2 Schalungen eingesetzt, bleiben auch bei Variation der Anzahl der Arbeitskolonnen die Wartezeiten der einzelnen Flußeinheiten konstant (siehe die ersten Spalten der Tabellen 7.17 bis 7.19).

Die Produktivitäten der Produktionssysteme steigen als eine nichtlineare Funktion der Menge der Arbeitskolonnen und der Menge der Schalungen. Bild 7.15 stellt die Informationen der Tabelle 7.15 graphisch dar.

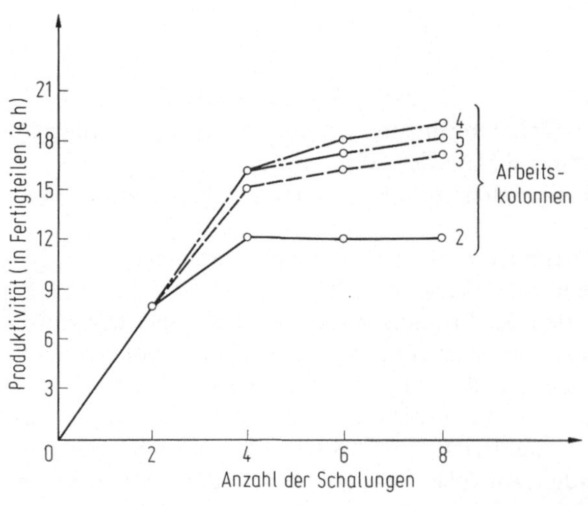

Bild 7.15. Produktivitäten des Systems (graphische Darstellung)

Die maximale Produktivität der Systeme, die 2 Arbeitskolonnen einsetzen, liegt bei Einsatz von mindestens 4 Schalungen bei etwa 12 Fertigteilen je Stunde. Beim Einsatz von 4, 6 oder 8 Schalungen sind die beiden Arbeitskolonnen fast ständig eingesetzt, was aus der Wartezeitstatistik der Tabelle 7.16 ersichtlich ist (3% Wartezeiten bei Einsatz von 4 Schalungen, 2% Wartezeiten bei Einsatz von 6 Schalungen, usw.). Bei Einsatz von 3 Arbeitskolonnen wird eine maximale Produktivität von etwa 17 Fertigteilen je Stunde erzielt. Der Einsatz von mehr als 6 Schalungen führt bei Einsatz von 3 Arbeitskolonnen zu keiner weiteren Produktivitätssteigerung. Die 3 Arbeitskolonnen beschränken daher die Produktivitäten der Systeme.

Eine absolut maximale Produktivität wird bei Einsatz von 4 Arbeitskolonnen und 8 Schalungen mit 18,56 Fertigteilen je Stunde erreicht. Bei Erreichung dieses Wertes wird die Produktivität bereits durch die Verfügbarkeit des Kranes und der Plätze im Trockentunnel beschränkt. Der hohe Ausstoß an Fertigteilen lastet in diesem Fall die Kapazität des Kranes aus. Die Wartezeiten des Kranes im System mit 4 Arbeitskolonnen und 8 Schalungen betragen nur 6% der Produktionszeit. Die Beschränkung der Produktivität durch den Kran bzw. die Plätze im Trockentunnel, wird auch aus den Wartezeiten in den Elementen 7 und 18 in Tabelle 7.18 ersichtlich. Die Verfügbarkeit

Tabelle 7.18.
Wartezeiten im Element 7 und Wartezeiten der Plätze zum Dampftrocknen im Element 18

Anzahl Arbeits-kolonnen	Anzahl Schalungen							
	2		4		6		8	
2	6%	0,063	5%	0,051	8%	0,08	9%	0,09
	100%	5,92	100%	4,85	100%	4,79	99%	4,73
3	6%	0,063	16%	0,162	22%	0,234	26%	0,30
	100%	5,92	100%	3,79	100%	2,96	94%	2,86
4	6%	0,063	19%	0,214	75%	3,14	65%	2,73
	100%	5,92	100%	3,65	21%	0,71	32%	0,87
5	6%	0,063	19%	0,214	83%	4,89	87%	4,67
	100%	5,92	100%	3,65	16%	0,59	11%	0,53

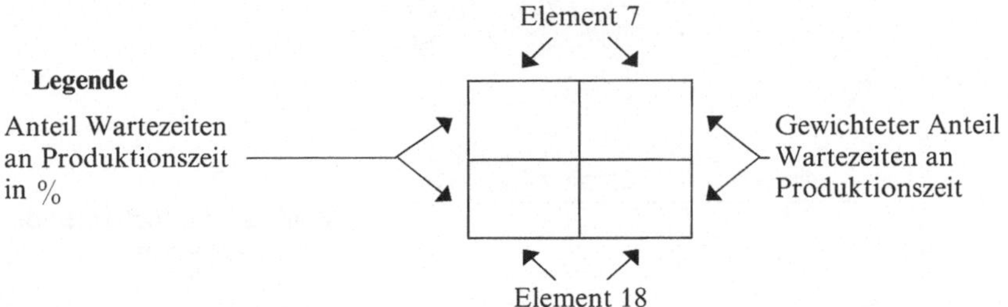

eines Trockenplatzes reduziert sich z. B. vom System mit 4 Arbeitskolonnen und 4 Schalungen zum System mit 4 Arbeitskolonnen und 6 Schalungen von 100% auf 21% bzw. auf die gewichteten Werte von 3,65 auf 0,71 (Tabelle 7.18).

Die Wartezeitenstatistik der Arbeitskolonnen der Tabelle 7.16 zeigt, daß die Arbeitskolonnen in Systemen mit 2 und 3 Arbeitskolonnen ausgelastet sind, wenn 6 oder 8 Schalungen eingesetzt werden. Bei Einsatz von nur 2 Schalungen sind die Arbeitskolonnen im 2-Kolonnen-System nur 46% der Produktionszeit beschäftigt (Anteil Wartezeiten an Produktionszeit: 54%). Der gewichtete Anteil der Wartezeiten gibt an, daß sich im 2-Arbeitskolonnen-System dauernd durchschnittlich 0,685 Arbeitskolonnen im Wartezustand befinden. Im 3-Arbeitskolonnen-System und ebenfalls bei Einsatz von nur 2 Schalungen beträgt dieser Wert 1,680 Arbeitskolonnen. In Bild 7.16 werden die Anteile der Wartezeiten an der Produktionszeit für alle möglichen Kombinationen aus Arbeitskolonnen und Schalungen dargestellt.

Die Werte der Tabelle 7.17 geben die Wartezeiten der Schalungen in den KREIS-Elementen des Flußzyklus der Schalungen an. Die Wartezeiten im Element 5 „Schalungen zum Entfernen verfügbar" nehmen für eine konstante Menge an Arbeitskolonnen mit ansteigender Menge an Schalungen zu. Eine inverse Abhängigkeit ergibt sich hingegen für die Wartezeiten im Element 16 „Schalungen zum Reinigen verfügbar", wo die Wartezeiten für eine konstante Menge an Schalungen mit ansteigender Menge an Arbeitskolonnen abnehmen. Diese Abhängigkeiten werden aus Bild 7.17 ersichtlich. Bild 7.17a zeigt das Ansteigen der Wartezeiten vor dem Entfernen der Schalungen für das 3-Arbeitskolonnen-System. In ähnlicher Weise zeigt Bild 7.17b, wie z. B. für eine konstante Anzahl von 8 Schalungen die Wartezeiten vor dem Reinigen der Schalungen mit zunehmender Anzahl an Arbeitskolonnen abnehmen.

Die Wartezeiten der Schalungen im KREIS-Element 24 „Schalungen zum Schütten des Betons verfügbar" steigen mit zunehmender Anzahl an Schalungen an, da nur eine fixierte Anzahl an Plätzen zum Vortrocknen zur Verfügung steht. Die steigenden Wartezeiten der Schalungen vor dem Schütten des Betons bei zunehmender Menge an Schalungen und an Arbeitskolonnen sind in Bild 7.18 dargestellt.

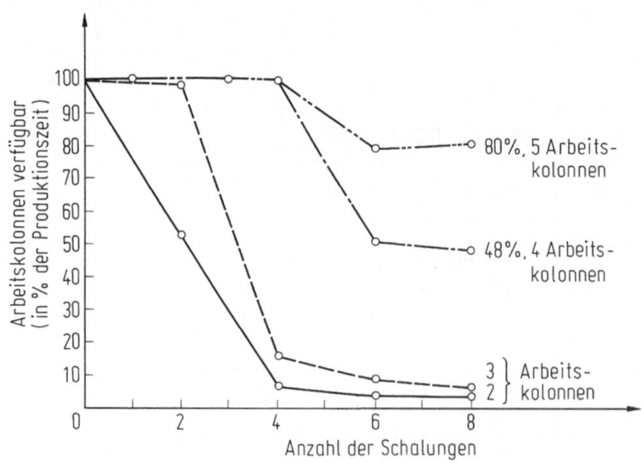

Bild 7.16. Verfügbarkeit der Arbeitskolonnen

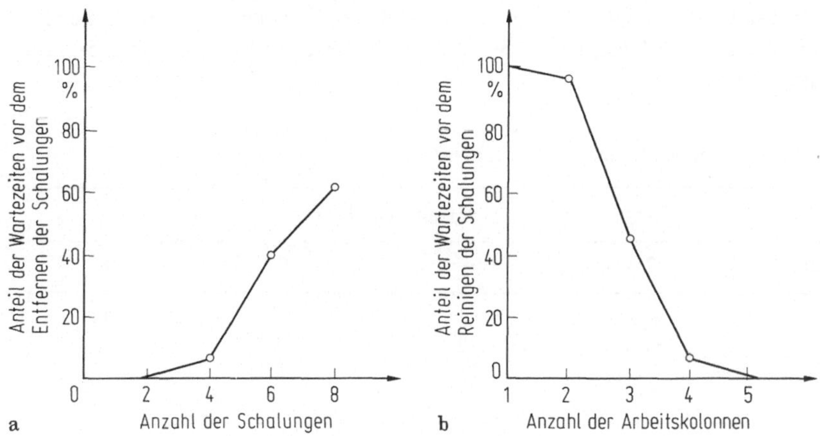

Bild 7.17. Abhängigkeiten der Wartezeiten im Flußzyklus der Schalungen
   (a) Konstante Anzahl der Arbeitskolonnen (3),
   (b) konstante Anzahl an Schalungen (8)

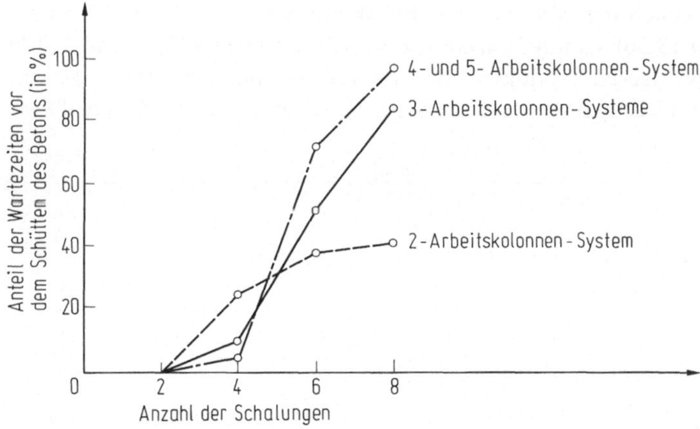

Bild 7.18.
Anteil Wartezeiten im KREIS-Element 24 „Schalungen zum Schütten des Betons verfügbar"

Die Wartezeiten in den Elementen 7 und 18 vor dem Vorgang 8 „Befördern der Fertig-teile zum Trockentunnel" beeinflussen die Produktivitäten der 2- und 3-Arbeitskolon-nen-Systeme nicht. In den größeren Systemen mit z. B. 5 Arbeitskolonnen und 8 Scha-lungen beschränken diese Wartezeiten die Systemproduktivitäten. Die Wartezeiten vor dem Vorgang 8 sind einerseits von der Verfügbarkeit des Kranes und andererseits von der Verfügbarkeit der Plätze im Trockentunnel abhängig. Für das 5-Arbeitskolon-nen-8-Schalungen-System zeigt Tabelle 7.18, daß nur in 11% aller Fälle (der Produk-tionszeit) Plätze zum Dampftrocknen im Trockentunnel verfügbar sind, d. h. daß in

89% aller Fälle beim Eintreffen von Fertigteilen zum Dampftrocknen keine Plätze verfügbar sind und sich die Fertigteile in einen Wartezustand begeben müssen. Außerdem ist der Kran in diesem 5-8-System[11] in 95% aller Fälle beschäftigt, also nur in 5% verfügbar (Tabelle 7.19).

Tabelle 7.19. Wartezeiten des Kranes in % im Element 25

Anzahl Arbeitskolonnen	Anzahl Schalungen			
	2	4	6	8
2	62	38	37	37
3	62	22	11	15
4	62	21	5	6
5	62	21	5	5

Die stärkste Abnahme der Verfügbarkeit von Plätzen zum Dampftrocknen und damit der höchste Anstieg des Anteiles der Wartezeiten vor dem Vorgang 8 ist in den 4-6-, 4-8-, 5-6- und 5-8-Systemen zu beobachten. In denselben Systemen ist auch die Verfügbarkeit des Kranes am niedrigsten, was aus Bild 7.19 ersichtlich ist.

Aus Tabelle 7.15 ist ersichtlich, daß mit 4 Arbeitskolonnen-Systemen höhere Produktivitäten (18,02 und 18,56) als mit 5-Arbeitskolonnen-Systemen (17,88 und 18,01) erzielt werden. Diese geringeren Produktivitäten bei Einsatz mehrerer Arbeitskolonnen ist auf Ballungen und Engpässe vor dem Trockentunnel zurückzuführen. Diese

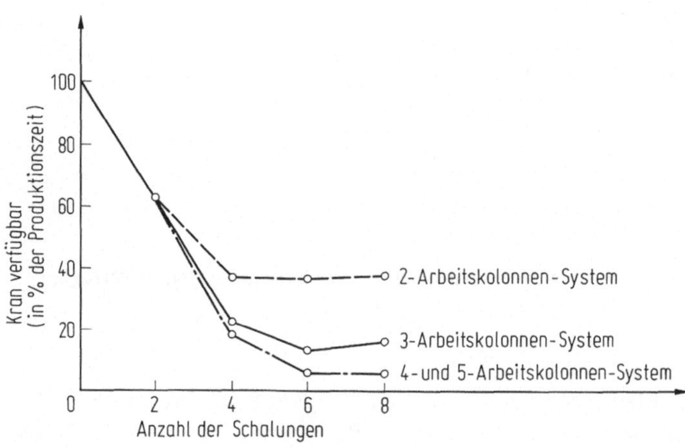

Bild 7.19. Verfügbarkeit des Kranes

---

11 Die erste Ziffer steht für die Anzahl Arbeitskolonnen, die zweite Ziffer für die Anzahl Schalungen.

Tabelle 7.20. Zwischenzeitenstatistik (Ankünfte in den Elementen 7 und 13)

Anzahl Arbeitskolonnen	Elementnummer	Anzahl Schalungen		
		4	6	8
3	7	38,11	33,11	33,36
	13			
4	7	37,15	28,90	28,50
	13		(32,95)	(32,13)
5	7	37,15	27,90	27,60
	13		(33,26)	(33,12)

Ballungen werden durch einen vermehrten Ausstoß an Fertigteilen, der durch rasches Entfernen der Schalungen entsteht, verursacht. Der vermehrte Ausstoß an Fertigteilen nach dem Entfernen der Schalungen kann mit Hilfe einer Zwischenzeitenstatistik, die die Ankunftszeiten der Fertigteile beim Trockentunnel (also im KREIS-Element 7) mißt, festgestellt werden (Tabelle 7.20).

Aus Tabelle 7.20 wird ersichtlich, daß die Zeiten zwischen den Ankünften von Flußeinheiten (der Fertigteile) im KREIS-Element 7 mit zunehmender Anzahl an Schalungen abnimmt. Der Ausstoß des Produktionssystems nimmt also bis zum KREIS-Element 7 sowohl bei Erhöhung der Anzahl an Arbeitskolonnen als auch bei Erhöhung der Anzahl an Schalungen zu. Die Werte in Klammern der Tabelle 7.20 für die 4-6-, 4-8-, 5-6- und 5-8-Systeme sind die Zeiten zwischen den Ankünften von Flußeinheiten im KREIS-Element 13. Es wird offensichtlich, daß z.B. höhere Ankunftszwischenzeiten für das 5-8-System (33,12) auftreten als für das 4-8-System (32,13). Die zusätzlichen Aufenthalte im größeren System mußten daher zwischen Element 7 und 13, also zwischen dem Befördern der Fertigteile zum Trockentunnel und dem Beladen der Lastkraftwagen mit Fertigteilen, stattgefunden haben. In diesem Abschnitt des Bauprozesses kommt es bei größeren Systemen offensichtlich zu Ballungen und Engpässen, die sich in Produktivitätsverlusten ausdrücken. Die Aufbereitung dieser Information wurde durch die Zuweisung von „Zwischenzeitenstatistiken" zu den KREIS-Elementen 7 und 13 möglich.

Eine weitere Information über das Produktionssystem, die in den Tabellen 7.15 bis 7.19 nicht enthalten ist, aber ebenfalls durch das CYCLONE-Computerprogramm aufbereitet werden kann, ist die Angabe der Dauer der Produktionsprozesse vom Start bis zum Passieren des ZÄHLERS durch die erste Flußeinheit. Diese Information kann durch Zuweisung einer Erstankunftstatistik zum ZÄHLER aufbereitet werden. Die Erstankunft von Fertigteilen aller untersuchten Systeme — also 2-2- bis 5-8-Systeme — lag zwischen 270 und 290 min. Es dauert daher über 4 h, bis die ersten 10 Fertigteile auf dem Lagerplatz gelagert werden.

Die durchgeführte Sensitivitätsanalyse für den Bauprozeß „Betonfertigteilerzeugung" konzentrierte sich vor allem auf die Feststellung der erzielbaren Produktivitäten der Bauprozesse. Diese Analyse kann durch eine Berechnung der Kosten je Fertigteil für die einzelnen Systeme (2-2-System bis 5-8-System) erweitert werden. Um z.B. die

Kosten je Fertigteil des 2-2-Systems zu ermitteln, sind je Stunde die Kosten der 2 Arbeitskolonnen und der 2 Schalungen durch die Anzahl der produzierten Fertigteile zu dividieren. Bei dieser Ermittlung der Fertigteilkosten wird angenommen, daß außer bei den Arbeitskolonnen und den Schalungen alle anderen Kosten konstant sind.

Die Durchführung der hier beschriebenen Sensitivitätsanalyse setzt es sich nicht zum Ziel, den Bauprozeß bis ins kleinste Detail zu untersuchen. Vielmehr war die Gewährung eines Einblickes in den dynamischen Ablauf des Bauprozesses Zielsetzung. Das Zusammenspiel der einzelnen Flußeinheiten sollte offensichtlich gemacht werden. Die Sensitivität des Bauprozesses, insbesondere hinsichtlich der Produktivitäten der Systeme, bei Variation der Mengen der eingesetzten Flußeinheiten wurde festgestellt.

8 CYCLONE-Computerprogramm

Bei Beschreibung des Handsimulationsalgorithmus in Kapitel 6 wurde offensichtlich, daß die Handsimulation von Bauproduktionsprozessen mühevoll und zeitaufwendig ist. Um aussagekräftige Simulationsergebnisse zu erzielen, ist ein Bauproduktionsprozeß jedoch solange zu simulieren, bis die Anlaufphase der Produktion überwunden ist und die Phase der stetigen Produktion erreicht wird. Diese tritt in der Regel erst nach Simulation mehrerer Zyklen ein. Der Einsatz des Computers zur Simulation von Bauprozessen stellt daher eine Notwendigkeit dar. Die Relevanz der Anwendung von CYCLONE-Modellen in der Baupraxis ist vor allem bei Anwendung der Computersimulation gegeben.

Die Simulationstechnik wurde bisher zur Lösung baubetrieblicher Probleme kaum herangezogen, da im Bauwesen weder die notwendige Software noch die notwendige Hardware zur Verfügung standen, um die direkte Kommunikation des Planers mit dem Computer zu ermöglichen. Das Softwareproblem kann durch die einfachen Eingabeformulierungen der problemorientierten Sprache zur Durchführung des Programms gelöst werden. Die Verfügbarkeit der notwendigen Hardware wird in den letzten Jahren in zunehmendem Ausmaß gesichert. Großbaufirmen besitzen entweder eigene Datenverarbeitungsanlagen, oder sie haben Zugang zu Rechnern (z.B. Time-Sharing). Die günstigsten Bedingungen zur Erzielung einer direkten Kommunikation zwischen Planer und Computer werden durch die Installation von Datenstationen (Card-Reader, Printer usw.) auf den Baustellen geschaffen. So werden z.B. bei Großprojekten des Kraftwerkbaues oder des Industrieanlagebaues bereits Datenstationen auf den Baustellen für administrative Zwecke oder zur Lösung von konstruktiven Problemen eingesetzt. Zur Aufbereitung von Datenträgern (Lochkarten, Bändern, Floppydiscs usw.) steht auf Datenstationen eigenes Personal zur Verfügung.

Als Alternative zur Datenstation auf der Baustelle werden in naher Zukunft Terminals an Bedeutung gewinnen. Der Zugang zu einem Rechner mittels Terminal erweist sich vor allem für kleinere Baustellen als vorteilhaft. Der Planer von CYCLONE-Modellen kann bei Verfügbarkeit eines Teleschreibers die Eingabeformulierung selbst eintippen, wobei die Verarbeitung im Time-Sharing abgewickelt werden kann. Bei Verwendung solcher Terminals steht kein Personal zur Aufbereitung von Datenträgern zur Verfügung.

Mit der weiteren Entwicklung von graphischen Computertechniken und der Verwendung von Bildschirmen wird die direkte Darstellung von CYCLONE-Modellen in graphischer Form für den Computer möglich.[1] Die Modellelemente können bei

---

1 NEWMAN, W. M.; SPROULL, R. F.: Principles of Interactive Computer Graphics. Tokyo: Mc Graw Hill 1973.
ENCARNACAO, J. L.: Computer Graphics, Programmierung und Anwendung von graphischen Systemen. München-Wien: Oldenberg 1975.

Anwendung dieser Technik durch Knopfdruck graphisch sichtbar gemacht und auf dem Bildschirm angeordnet werden. Die PFEIL-Elemente zeichnet der Planer mittels eines Lichtgriffels und verbindet dadurch die einzelnen Modellelemente zu einem logischen Flußnetzwerk.

Die laufenden Weiterentwicklungen auf dem Hardwaresektor werden in Zukunft den Einsatz von CYCLONE-Modellen als Entscheidungshilfe der Bauleitung in einfacher Weise ermöglichen.

Zur Simulation der Dynamik von durch CYCLONE-Modellen dargestellten Bauproduktionsprozessen kann das CYCLONE-Computerprogramm eingesetzt werden.[2] Dieses Programm erfüllt folgende Hauptfunktionen:
— Definition des Flußnetzwerkes,
— Durchführung der Generationsphase,
— Durchführung der Vorrückungsphase und
— Aufbereitung von Statistiken.

Weiter führt das Programm die Funktionen des Dateneinlesens, der Auswahl zufälliger Vorgangsdauern, des Ausdruckes von Ausgabedaten usw. durch. Eine detaillierte Beschreibung des CYCLONE-Computerprogramms geht über den Rahmen dieses Buches hinaus. Nachfolgend werden daher nur die Eingabe zur Durchführung von Computersimulationen und die Ausgabe des CYCLONE-Programms beispielsweise beschrieben. Bereits die Kenntnis der Eingabeformulierung und das Verständnis der Ausgabeausdrucke ermöglichen die Benutzung des CYCLONE-Programms.

Die zur Eingabe verwendete problemorientierte Sprache, das CYCLONE-Programm selbst sowie die Ausdrucke des CYCLONE-Programms sind in englischer Sprache abgefaßt. Wie aus den folgenden Abschnitten jedoch ersichtlich wird, erwachsen aus den englischen Formulierungen keine Verständnisprobleme für den Benutzer.

8.1 Eingabe zur Computersimulation

Um die Vorteile der Computersimulation zur Analyse von Bauproduktionsprozessen nützen zu können, muß die Anwendung des Computerprogramms einfach sein. Zielvorstellung bei Entwicklung des CYCLONE-Programms war es, die direkte Kommunikation des Planers (z. B. des Bauleiters) mit dem Computer zu ermöglichen. Dieses Ziel konnte durch die Entwicklung einer problemorientierten Sprache, mit der das geplante CYCLONE-Flußnetzwerk für den Computer definiert wird, realisiert werden. Diese problemorientierte Sprache verwendet Begriffe, die jedes der CYCLONE-Elemente in verständlicher Weise beschreiben. Weiters wurden Eingabebeschreibungen gewählt, die dem Baufachmann aus der Anwendung von Netzplantechnik-Computerprogrammen geläufig sind.

Bei vielen existierenden Simulationsprogrammpaketen erweist sich die Definition von zu simulierenden Modellen für den Computer als kompliziert. GPSS und ähnliche Simulationssprachen machen eine Übersetzung des ursprünglichen Modells in ein

---

2 Das CYCLONE-Programm, das in FORTRAN IV geschrieben ist, liegt am Institut für Baubetrieb und Bauwirtschaft der Technischen Universität in Wien und an der School for Civil Engineering des Georgia Institute of Technology in Atlanta auf.

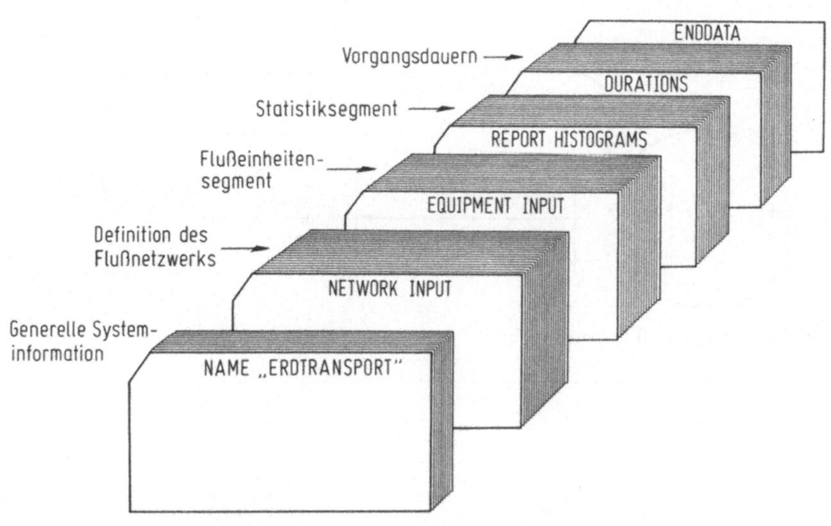

Bild 8.1. Eingabe durch Kartenblöcke

funktionales Programmodell notwendig. Die Programmierung eines solchen setzt jedoch den Einsatz eines Programmierers voraus, da sie vom Planer in der Regel nicht mehr durchgeführt werden kann. Die direkte Kommunikation des Planers mit dem Modell, die vor allem bei der Vornahme von Änderungen und Korrekturen sehr vorteilhaft ist, geht dabei verloren.

Bei Einsatz des CYCLONE-Computerprogramms erfolgt die Eingabe zur Definition eines CYCLONE-Modells und zur Durchführung von Simulationen in fünf Eingabesegmenten. Die Eingabedaten werden formatfrei eingegeben. Wenn Lochkarten für die Eingabe verwendet werden, können die fünf Eingabesegmente
— generelle Systeminformation (General System Information),
— Definition des Flußnetzwerkes (Network Input),
— Flußeinheitensegment (Equipment Input),
— Statistiksegment (Report Histograms),
— Vorgangsdauern (Durations)
zu Kartenblöcken zusammengefaßt werden (Bild 8.1). Jedes der Segmente wird mit einer Bezeichnungskarte begonnen. Diese Bezeichnungskarten lauten: NAME (für das Segment der generellen Systeminformation), NETWORK INPUT, EQUIPMENT INPUT, REPORT HISTOGRAMS und DURATIONS. Die Karte ENDDATA wird verwendet, um das Ende der Eingabe zu kennzeichnen.

8.1.1 Eingabe: Bauprozeß „Erdtransport"

Beispielsweise wird die Eingabe des Bauprozesses „Erdtransport", der in Bild 8.2 modelliert ist, in Bild 8.3 dargestellt.[3]

---

3 Das Modell des Bildes 8.2 wurde für dieses Beispiel gegenüber dem Modell des Bildes 3.29 etwas vereinfacht.

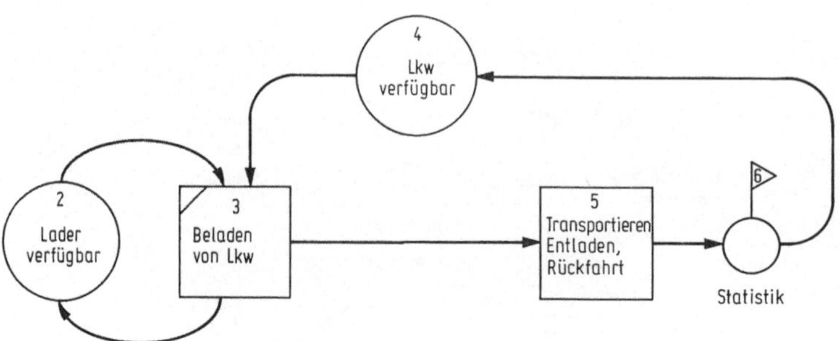

Bild 8.2. Bauprozeß „Erdtransport"

```
NAME "ERDTRANSPORT"
RUNS 2
NETWORK INPUT
ACT 2 Q "LADER VERFUEGBAR" FOLLOW OPS 3.
ACT 3 COMBI LOGNORMAL PARAMETER SET 2. "BELADEN VON LKW"
FOLLOW OPS 2. 5.   PRECEDING QNODES 2. 4.
ACT 4 Q "LKW VERFUEGBAR" FOLLOW OPS 3.
ACT 5 LOGNORMAL PARAMETER SET 3. "ENTLADEN UND RUECKFAHRT"
FOLLOW OPS 6.
ACT 6 COUNTER CYCLES 1000. QUANTITY 16. FOLLOW OPS 4.
EQUIPMENT INPUT
9 "LKW" AT NODE 4.
3 "LADER" AT NODE 2.
REPORT HISTOGRAMS
ACT 6 LOWER LIMIT 0.5 CELL WIDTH 0.5 STATISTICS CODE 3.
DURATIONS
SET 2 2. 0. 6. .75
SET 3 10. 0. 22. 3.75
ENDDATA
```

Bild 8.3. Eingabe: Bauprozeß „Erdtransport"

Im Segment der generellen Systeminformation werden nur der Name des Bauprozesses, die Anzahl der Simulationsläufe und eventuell das Datum der Durchführung der Simulation festgelegt. Im Segment „Network Input" werden die einzelnen Modellelemente in ihrer Abhängigkeit zu anderen Elementen beschrieben. Die Beschreibung eines neuen Modellelementes beginnt mit der Silbe „ACT" (Activity). Element 2 des Bauprozesses „Erdtransport" ist ein KREIS-Element, das vor dem KOMBI-Element 3 liegt. Für KREIS-Elemente wird im Englischen der Begriff „Queue-node" (= Warteknoten) oder abgekürzt „Q" verwendet. Das Element 2 kann durch

ACT 2 Q „LADER VERFUEGBAR" FOLLOW OPS 3.

definiert werden.

Diese Eingabebeschreibung sagt aus, daß Element 2 (ACT 2) ein KREIS-Element („Q") ist, das als „Lader verfügbar" bezeichnet wird und vom Vorgang 3 („OPERATIONS", abgekürzt OPS 3.) gefolgt (FOLLOW) wird.

Ein KREIS-Element wird allgemein definiert durch[4]
— die Elementnummer (2),
— die Art des Elementes (Q),
— die Elementbezeichnung („Lader verfügbar") und
— die folgenden Elemente (3.).

Die logische Stellung eines KREIS-Elementes im Flußnetzwerk wird also nur durch Angabe der folgenden Arbeitsvorgänge angegeben.

Ein KOMBI-Element wird allgemein definiert durch
— die Elementnummer (3),
— die Art des Elementes (COMBI[5]),
— die Art der Wahrscheinlichkeitsverteilung der Dauer des Arbeitsvorganges (LOGNORMAL),
— die Nummer der Parametermenge dieser Wahrscheinlichkeitsverteilung (PARAMETER SET 2.),
— die Elementbezeichnung („Beladen von Lkw"),
— die folgenden Elemente (2.5.) und
— die vorliegenden KREIS-Elemente (2.4.).

Wie aus Bild 8.3 ersichtlich ist, lautet die Definition des KOMBI-Elementes 3:

ACT 3 COMBI LOGNORMAL PARAMETER SET 2.
„BELADEN VON LKW" FOLLOW OPS 2.5. PRECEDING
Q NODES 2.4.

Die Struktur des Flußnetzwerkes wird durch die Aussagen, daß das KOMBI-Element 3 von den Elementen 2 und 5 gefolgt wird (FOLLOW OPS 2.5.) und daß die KREIS-Elemente 2 und 4 (PRECEDING Q NODES 2.4.) vor dem KOMBI-Element 3 liegen, festgelegt. Die dem Element 3 zugeordnete Wahrscheinlichkeitsverteilung ist eine logarithmische Normalverteilung (LOGNORMAL), die dazugehörige Parametermenge (PARAMETERSET) hat die Nummer 2.

Entsprechend dem derzeitigen Stand des CYCLONE-Programms kann aus fünf verschiedenen Wahrscheinlichkeitsverteilungen zur Beschreibung der Wahrscheinlichkeitsverteilungen der Dauern der Vorgänge von CYCLONE-Modellen gewählt werden. Diese fünf Wahrscheinlichkeitsverteilungen sind
— die Normalverteilung,
— die Gleichverteilung,
— die Erlangverteilung,
— die logarithmische Normalverteilung und
— die PERT-Verteilung[6].

Weiter kann einem Arbeitsvorgang auch ein konstanter Wert — bei Annahme einer deterministischen Vorgangsdauer — zugewiesen werden. Wenn keine Angabe einer

---

4 Die Bezeichnungen in den Klammern beziehen sich auf das Modell des Bildes 8.2.

5 Im Englischen wird das Wort „KOMBI" mit „C" („COMBI") geschrieben.

6 PERT: Program Evaluation and Review Technique.

Wahrscheinlichkeitsverteilung in der Definition eines KOMBI-Elementes enthalten ist, wird automatisch eine konstante Vorgangsdauer angenommen. Wenn keine Parametermenge angegeben ist, wird eine Vorgangsdauer von 0,0 min angenommen.

Wenn einem KREIS-Element, das vor einem KOMBI-Element liegt, eine GEN-Funktion zugewiesen wurde, wird die Anzahl N der zu generierenden Anforderungseinheiten in die Definition des KOMBI-Elementes einbezogen. Wenn z. B. die KREIS-Elemente 4, 6 und 7 dem KOMBI-Element 9 vorliegen (Bild 8.4) und dem KREIS-Element 4 eine GEN-Funktion zur Generation von 10 Anforderungseinheiten zugewiesen wurde, lautet der entsprechende Ausschnitt der Definition des KOMBI-Elementes 9

PRECEDING Q NODES 4. GENERATE 10. 6. 7.

Die Beschreibung eines NORMAL-Elementes erfolgt in der selben Weise wie die Beschreibung eines KOMBI-Elementes, nur müssen bei NORMAL-Elementen keine vorliegenden KREIS-Elemente berücksichtigt werden. Außerdem wird bei der Beschreibung von NORMAL-Elementen die Art des Elementes nicht bezeichnet. Das NORMAL-Element 5 des Erdtransportprozesses, dem eine logarithmische Normalverteilung mit der Parametermenge 3 zugewiesen wurde und das vom Element 6 (dem ZÄHLER) gefolgt wird, ist definiert durch

ACT 5 LOGNORMAL PARAMETER SET 3.
FOLLOW OPS 6.

Die Definition des ZÄHLER-Elementes erfolgt durch
— die Elementnummer (6),
— die Art des Elementes (ZÄHLER: COUNTER),
— die folgenden Elemente (4.),
— die maximale Produktion (CYCLES = 1000),
— den Umrechnungsfaktor (QUANTITY = 16).

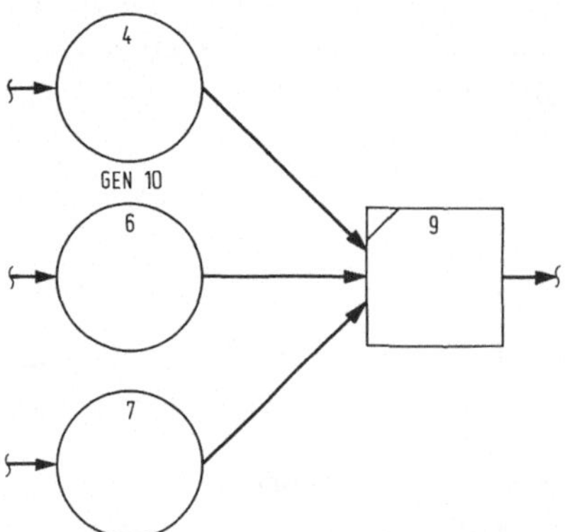

Bild 8.4. Beispiel GEN-Funktion

Das ZÄHLER-Element des Erdtransportprozesses ist definiert durch

ACT 6   COUNTER   CYCLES 1000. QUANTITY 16.
FOLLOW   OPS 4.

Die Angabe der maximalen Produktion in Zyklen (CYCLES) sowie die Angabe
eines Umrechnungsfaktors (QUANTITY) können wahlweise erfolgen. Die Angabe
der maximalen Anzahl der Simulationszyklen kann auch im Segment der allgemeinen
Systeminformation vorgenommen werden. Falls kein Umrechnungsfaktor angegeben wird, nimmt das CYCLONE-Programm automatisch einen Umrechnungsfaktor
von 1,0 an.

Im Flußeinheitensegment (Bezeichnungskarte: EQUIPMENT INPUT) wird die
Anzahl der eingesetzten Flußeinheiten festgelegt. Wie aus Bild 8.3 ersichtlich ist, wird
das Produktionssystem des Erdtransportprozesses aus 9 Lastkraftwagen und 3 Ladern
gebildet. Die 9 Lastkraftwagen werden in der Startsituation dem KREIS-Element 4
zugeordnet, die 3 Lader befinden sich beim Start im KREIS-Element 2. Die Eingabe
für die Lastkraftwagen erfolgt durch

9 LKW   AT NODE 4.

Im Statistiksegment (Bezeichnungskarte: REPORT HISTOGRAMS) wird angegeben, welche Statistiken — zusätzlich zu den in KREIS-Elementen automatisch
aufbereiteten Wartezeitenstatistiken — aufbereitet werden und in Histogrammform
ausgedruckt werden sollen. Im Modell des Bauprozesses „Erdtransport" wurde dem
Element 6 die Aufbereitung einer Zwischenzeitenstatistik mit dem Statistikcode 3 zugewiesen. Für Eingabezwecke wurden die im Abschnitt 7.2 beschriebenen Statistiken
mit einem Statistikcode versehen. Der Statistikcode des CYCLONE-Programms ist
in Tabelle 8.1 ersichtlich.

Zur Aufbereitung der Statistiken in Histogrammform ist vom Planer der Mindestwert sowie die Intervallgröße des Histogramms einzugeben (s. Abschn. 7.1). Alle Beobachtungen unter dem Mindestwert werden im unteren Grenzintervall festgehalten.
Da es auch ein oberes Grenzintervall gibt und durch das CYCLONE-Programm insgesamt 36 Intervalle beobachtet werden, stehen 34 Intervalle zur jeweils definierten
Intervallgröße zur Verfügung. Für das Element 6 des Erdtransportprozesses wurde zur
Aufbereitung der Zwischenzeitenstatistik in Histogrammform ein Mindestwert von
0,5 (LOWER LIMIT 0.5) und eine Intervallgröße von ebenfalls 0,5 (CELL WIDTH 0.5)
festgelegt. Daraus ergibt sich eine Bandbreite von 0,5 bis 17,5 für die die Beobachtungen

Tabelle 8.1. Statistikcode des CYCLONE-Programms

Art der Statistik	Statistikcode
Erstankunftstatistik	1
Allestatistik	2
Zwischenzeitstatistik	3
Flußdauernstatistik	4
Aufenthaltestatistik	5

Tabelle 8.2. Felderinhalte für Wahrscheinlichkeitsverteilungen

Wahrscheinlichkeits-verteilung	Parameter definiert in			
	Feld 1	Feld 2	Feld 3	Feld 4
Normalverteilung	Mittelwert	Minimum	Maximum	Standard-abweichung
logarithmische Normalverteilung	Mittelwert	Minimum	Maximum	Standard-abweichung
Gleichverteilung	nicht verwendet	Minimum	Maximum	nicht verwendet
Erlangverteilung	Mittelwert dividiert durch Wert in Feld 4	Minimum	Maximum	k-Wert
PERT-Verteilung	wahrscheinlich-ster Wert	optimistischer Wert	pessimistischer Wert	nicht verwendet

detailliert erfaßt werden. Beobachtungen unter 0,5 bzw. über 17,5 werden im unteren bzw. oberen Grenzintervall zusammengefaßt.

Die Eingabe für die Aufbereitung der Zwischenzeitenstatistik am ZÄHLER-Element 6 lautet

```
ACT 6   LOWER LIMIT 0.5   CELL WIDTH 0.5
STATISTICS CODE 3.
```

Im Segment der Vorgangsdauern (Kartenbezeichnung: DURATIONS) werden die Parametermengen, auf die bei der Definition des KOMBI-Elementes 3 und des NORMAL-Elementes 5 des Erdtransportprozesses verwiesen wurde, angeführt. Die Beschreibung der Wahrscheinlichkeitsverteilungen erfolgt in vier Feldern. Die Inhalte dieser vier Felder für die im CYCLONE-Programm verwendbaren Wahrscheinlichkeitsverteilungen sind in Tabelle 8.2 wiedergegeben.

Bei Verwendung eines konstanten Wertes (deterministische Vorgangsdauer) wird dieser in das Feld 1 eingetragen. Die Felder 2 bis 4 werden nicht verwendet und bleiben leer.

Die Werte der Parametermengen 2 (des KOMBI-Elementes 3) und 3 (des NORMAL-Elementes 5) bestimmen logarithmische Normalverteilungen. So ist z. B. die logarithmische Normalverteilung des KOMBI-Elementes 3 durch den Mittelwert 2,0, das Minimum 0, das Maximum 6,0 und die Standardabweichung 0,75 bestimmt.

Die Eingabe des Bauprozesses „Erdtransport" ist durch die Karte „ENDDATA" abgeschlossen.

8.1.2 Eingabe von GEN-KON-Kombinationen

Mittels der für die Eingabe von CYCLONE-Modellen entwickelten problemorientierten Sprache können auch GEN-KON-Kombinationen einfach definiert werden.

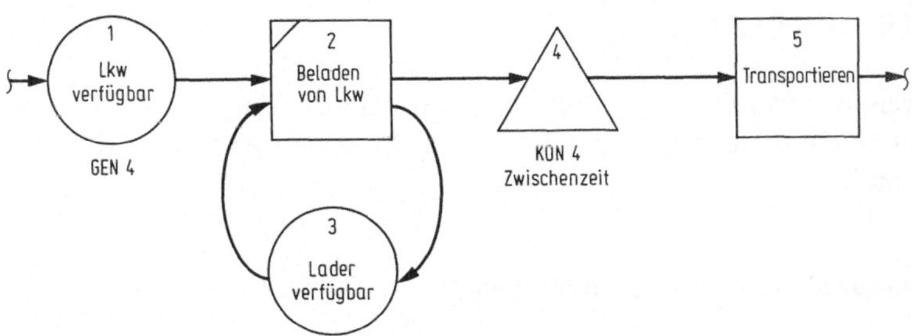

Bild 8.5. Beispiel GEN-KON-Kombination (Beladevorgang)

Zur Erläuterung dieser Eingabeformulierung wird ein Ausschnitt eines Gesamt-modells, der einen Beladevorgang darstellt, gewählt (Bild 8.5).

Da der Lader vier Zyklen benötigt, um einen Lastkraftwagen zu beladen, werden durch die dem KREIS-Element 2 „Lastkraftwagen verfügbar" zugewiesene GEN-Funktion 4 Anforderungseinheiten erzeugt. Nach der Durchführung von je vier Lade-vorgängen werden die vier Anforderungseinheiten durch die KON-Funktion in Ele-ment 5 wieder zu einer Flußeinheit konsolidiert.

Die GEN-KON-Kombination wird für die Eingabe bei der Beschreibung der Ele-mente 3 und 5 definiert. Die Definition des KOMBI-Elementes 3 lautet[7]

ACT 3   COMBI   LOG NORMAL   PARAMETER SET 2.
„BELADEN VON LKW"   FOLLOW OPS 4.5.
PRECEDING   Q NODES   2. GENERATE 4.4.

Das Funktionselement 5 wird definiert durch

ACT 5   CONSOLIDATE 4.   FOLLOWING   OPS 6.

Zur Bestimmung der Stellung des Funktionselementes im Flußnetzwerk sind nur die Nachlieger (FOLLOWING OPS) anzuführen.

Falls am Funktionselement 5 zusätzlich zur Durchführung der KON-Funktion eine Statistik aufbereitet werden soll, muß die Definition des Funktionselementes 5 um das Wort „STATISTICS" erweitert werden.

ACT 5 STATISTICS   CONSOLIDATE 4.
FOLLOWING   OPS 6.

Die Art der Statistik die aufbereitet werden soll, ist im Statistiksegment (Report Histograms) festzulegen. Im Fall einer Zwischenzeitenstatistik ist der Statistikcode 3 zu verwenden. Weiter sind wieder der Mindestwert (0,2) und die Intervallgröße (0,2) anzugeben. Die entsprechende Formulierung im Statistiksegment lautet

---

7 Es wurde eine logarithmische Normalverteilung mit der Parametermenge 2 angenommen.

ACT 5 LOWER LIMIT 0.2   CELL WIDTH 0.2
STATISTICS CODE 3.

Diese beispielsweisen Formulierungen sollten zeigen, daß die Eingabe zur Durchführung von Computersimulationen von CYCLONE-Modellen einfach und allgemein verständlich sind.

8.1.3 Eingabe: Bauprozeß „Betonfertigteilerzeugung"

Zur Illustration der Eingabeformulierung wird als Beispiel die Eingabe zur Simulation
des CYCLONE-Modells „Betonfertigteilerzeugung" angeführt. Die in Bild 8.7 dargestellte Eingabeformulierung bezieht sich auf das Modell des Bildes 8.6.

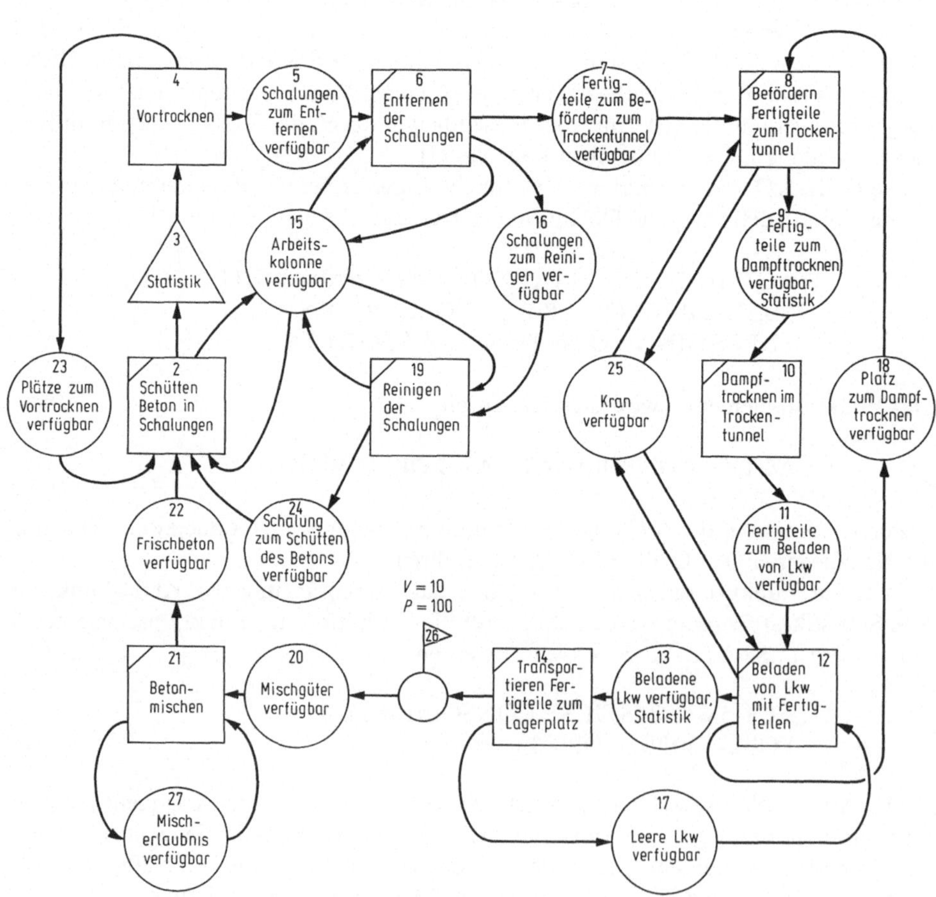

Bild 8.6. Bauprozeß „Betonfertigteilerzeugung"

```
NAME "BETONFERTIGTEILERZEUGUNG"

RUNS 1

PROJECT NUMBER 1

NETWORK INPUT

ACT 2 COMBI NORMAL PARAMETER SET 2. "SCHUETTEN DES BETONS IN
SCHALUNGEN"  FOLLOW OPS 3.15. PRECEDING QNODES 15. 22. 23. 24.

ACT 3 STATISTICS "STATISTIK" FOLLOW OPS 4.

ACT 4 PARAMETER SET 3. "VORTROCKNEN" FOLLOW OPS 5. 23.

ACT 5 Q "SCHALUNGEN ZUM ENTFERNEN VERFUEGBAR" FOLLOW OPS 6.

ACT 6 COMBI PARAMETER SET 4. "ENTFERNEN DER SCHALUNGEN" FOLLOW
OPS 7. 15. 16. PRECEDING QNODES 5. 15.

ACT 7 Q STATISTICS "FERTIGTEILE ZUM BEFOERDERN ZUM TROCKENTUNNEL
VERFUEGBAR" FOLLOW OPS 8.

ACT 8 COMBI NORMAL PARAMETER SET 5. "BEFOERDERN DER FERTIGTEILE
ZUM TROCKENTUNNEL" FOLLOW OPS 9. 25. PRECEDING QNODES 7. 18. 25.

ACT 9 Q "FERTIGTEILE ZUM DAMPFTROCKNEN VERFUEGBAR" FOLLOW OPS 10.

ACT 10 PARAMETER SET 6. "DAMPFTROCKNEN IM TROCKENTUNNEL" FOLLOW OPS 11.

ACT 11 Q "FERTIGTEILE ZUM BELADEN VON LKW VERFUEGBAR" FOLLOW OPS 12.

ACT 12 COMBI NORMAL PARAMETER SET 5. "BELADEN VON LKW MIT FERTIGTEILEN"
FOLLOW OPS 13. 18. 25. PRECEDING QNODES 11. 17. 25.

ACT 13 Q STATISTICS "BELADENE LKW VERFUEGBAR" FOLLOW OPS 14.

ACT 14 NORMAL PARAMETER SET 7. "TRANSPORTIEREN DER FERTIGTEILE
ZUM LAGERPLATZ" FOLLOW OPS 17. 26.

ACT 15 Q "ARBEITSKOLONNE VERFUEGBAR" FOLLOW OPS 2. 6. 19.

ACT 16 Q "SCHALUNGEN ZUM REINIGEN VERFUEGBAR" FOLLOW OPS 19.

ACT 17 Q "LEERE LKW VERFUEGBAR" FOLLOW OPS 12.

ACT 18 Q "PLAETZE ZUM DAMPFTROCKNEN VERFUEGBAR" FOLLOW OPS 8.

ACT 19 COMBI NORMAL PARAMETER SET 8. "REINIGEN DER SCHALUNGEN"
FOLLOW OPS 15. 24. PRECEDING QNODES 15. 16.

ACT 20 Q "MISCHGUETER VERFUEGBAR" FOLLOW OPS 21.

ACT 21 COMBI NORMAL PARAMETER SET 9. "BETON MISCHEN" FOLLOW OPS 22. 27.
PRECEDING QNODES 20. 27.

ACT 22 Q "FRISCHBETON VERFUEGBAR" FOLLOW OPS 2.

ACT 23 Q "PLAETZE ZUM VORTROCKNEN VERFUEGBAR" FOLLOW OPS 2.

ACT 24 Q STATISTICS "SCHALUNGEN ZUM SCHUETTEN DES BETONS VERFUEGBAR"
FOLLOW OPS 2.

ACT 25 Q "KRAN VERFUEGBAR" FOLLOW OPS 8. 12.

ACT 26 COUNTER CYCLES 100. QUANTITY 10. FOLLOW OPS 20.

ACT 27 Q "MISCHERLAUBNIS VERFUEGBAR" FOLLOW OPS 21.

EQUIPMENT INPUT

3 "PLAETZE ZUM VORTROCKNEN" AT 23.

8 "SCHALUNGEN" AT 24.

20 "MISCHGUETER" AT 20.

5 "ARBEITSKOLONNEN" AT 15.

8 "PLAETZE ZUM DAMPFTROCKNEN" AT 18.

1 "KRAN" AT 25.

4 "LASTKRAFTWAGEN" AT 17.

1 "MISCHERLAUBNIS" AT 27.

HISTOGRAMS

ACT 3 LOWER LIMIT 2. CELL WIDTH 2. STATISTICS CODE 3.

ACT 7 LOWER LIMIT 0. CELL WIDTH 0.5. STATISTICS CODE 3.

ACT 10 LOWER LIMIT 0. CELL WIDTH 5. STATISTICS CODE 3.

ACT 13 LOWER LIMIT 5. CELL WIDTH 5. STATISTICS CODE 3.

ACT 24 LOWER LIMIT 0. CELL WIDTH 0.5. STATISTICS CODE 3.

ACT 26 LOWER LIMIT 0. CELL WIDTH 5. STATISTICS CODE 3.

DURATIONS

SET 2 30. 20. 40. 5.

SET 3 50. 0. 0. 0.

SET 4 20. 0. 0. 0.

SET 5 15. 8. 22. 5.

SET 6  120. 0. 0. 0.

SET 7 25. 10. 40. 7.5

SET 8 45. 17. 83. 20.

SET 9 18. 9. 27. 6.

ENDDATA
```

Bild 8.7. Eingabe: Bauprozeß „Betonfertigteilerzeugung"

8.2 Ausgabe des CYCLONE-Programms

Die Ausgabeausdrucke des CYCLONE-Programms erfüllen mehrere Funktionen für den Programmbenutzer. Einerseits kann an Hand des Ausdruckes „Summary of data for simulation" kontrolliert werden, ob bei der Eingabe das Flußnetzwerk richtig definiert wurde. Andererseits informieren Ausgabeausdrucke über die Ergebnisse der Computersimulation, etwa über Produktivitätswerte des simulierten Bauprozesses, Kennzahlen der Wartezeiten in den KREIS-Elementen und Kennzahlen bzw. Histogramme der diversen Statistiken (Zwischenzeitenstatistik, Flußdauernstatistik usw.).

8.2.1 Ausgabe: Bauprozeß „Erdtransport"

Die Form und der Inhalt der Ausgabeausdrucke des CYCLONE-Programms werden am Beispiel der Ausgabe des Bauprozesses „Erdtransport: Einsatz von 15- und 20-t-

Element-nummer	Bezeichnung	Nachlieger				
2	20-t-Lkw verfügbar	3	10	0	0	0
3	Fahrt des 20-t-Lkw zu 5-t-Lader	4	0	0	0	0
4	20-t-Lkw zum Beladen verfügbar	5	0	0	0	0
5	Beladen eines 20-t-Lkw	6	30	0	0	0
6	KON-Funktion	7	8	27	0	0
7	Beladestelle 1 verfügbar	3	0	0	0	0
8	Transportieren, Entleeren, Zurückfahren (20-t-Lkw)	2	0	0	0	0
9	Beladestelle 2 verfügbar	10	0	0	0	0
10	Fahrt des 20-t-Lkw zu 3-t-Lader	11	0	0	0	0
11	20-t-Lkw zum Beladen verfügbar	12	0	0	0	0
12	Beladen eines 20-t-Lkw	13	14	0	0	0
13	KON-Funktion	8	9	27	0	0
14	3-t-Lader verfügbar	12	18	0	0	0
15	15-t-Lkw verfügbar	16	21	0	0	0
16	Fahrt des 15-t-Lkw zu 3-t-Lader	17	0	0	0	0
17	15-t-Lkw zum Beladen verfügbar	18	0	0	0	0
18	Beladen eines 15-t-Lkw	14	19	0	0	0
19	KON-Funktion	20	26	28	0	0
20	Transportieren, Entleeren, Zurückfahren (15-t-Lkw)	15	0	0	0	0
21	Fahrt des 15-t-Lkw zu 5-t-Lader	22	0	0	0	0
22	15-t-Lkw zum Beladen verfügbar	23	0	0	0	0
23	Beladen eines 15-t-Lkw	24	30	0	0	0
24	KON-Funktion	20	25	28	0	0
25	Beladestelle 4 verfügbar	21	0	0	0	0
26	Beladestelle 3 verfügbar	16	0	0	0	0
27	KON-Funktion	29	0	0	0	0
28	KON-Funktion	29	0	0	0	0
29	Zähler	0	0	0	0	0
30	5-t-Lader verfügbar	5	23	0	0	0

Bild 8.8. Zusammenfassung der Eingabedaten (Bauprozeß „Erdtransport: Einsatz von 15- und 20-t-Lastkraftwagen und 3- und 5-t-Ladern")

Lastkraftwagen und von 3- und 5-t-Lader" dargestellt.[8] Zur Kontrolle eventueller Eingabefehler werden die Eingabedaten wie in Bild 8.8 dargestellt als „Summary of data for simulation" zusammengefaßt ausgegeben.

Das Format der Zusammenfassung der Eingabedaten ist ähnlich dem Format von Vorgangslisten, die in der Netzplantechnik Anwendung finden. Für jedes Element des Flußnetzwerkes werden die Elementnummer, die Elementbezeichnung und die Nummern der dem Element folgenden Elemente angegeben. Diese Angaben lassen die Struktur des Flußnetzwerkes erkennen.

Die Kennzahlen der Wartezeitenstatistiken in den einzelnen KREIS-Elementen werden gemäß Bild 8.9 ausgedruckt.

```
FOR QNODE -2 PRECEDING ACT 3 THE AVERAGE NO. OF UNITS HELD PENDING OTHER
REQUIRED ARRIVALS IS 0.117
THE PERCENT OF THE TIME ENTITIES WERE WAITING WAS 0.12

FOR QNODE -7 PRECEDING ACT 3 THE AVERAGE NO. OF UNITS HELD PENDING OTHER
REQUIRED ARRIVALS IS 0.184
THE PERCENT OF THE TIME ENTITIES WERE WAITING WAS 0.18

FOR QNODE -4 PRECEDING ACT 5 THE AVERAGE NO. OF UNITS HELD PENDING OTHER
REQUIRED ARRIVALS IS 1.353
THE PERCENT OF THE TIME ENTITIES WERE WAITING WAS 0.59

FOR QNODE -30 PRECEDING ACT 5 THE AVERAGE NO. OF UNITS HELD PENDING OTHER
REQUIRED ARRIVALS IS 0.010
THE PERCENT OF THE TIME ENTITIES WERE WAITING WAS 0.01

FOR QNODE -2 PRECEDING ACT 10 THE AVERAGE NO. OF UNITS HELD PENDING OTHER
REQUIRED ARRIVALS IS 0.117
THE PERCENT OF THE TIME ENTITIES WERE WAITING WAS 0.12

FOR QNODE -9 PRECEDING ACT 10 THE AVERAGE NO. OF UNITS HELD PENDING OTHER
REQUIRED ARRIVALS IS 0.461
THE PERCENT OF THE TIME ENTITIES WERE WAITING WAS 0.46

FOR QNODE -11 PRECEDING ACT 12 THE AVERAGE NO. OF UNITS HELD PENDING OTHER
REQUIRED ARRIVALS IS 1.452
THE PERCENT OF THE TIME ENTITIES WERE WAITING WAS 0.38

FOR QNODE -14 PRECEDING ACT 12 THE AVERAGE NO. OF UNITS HELD PENDING OTHER
REQUIRED ARRIVALS IS 0.300
THE PERCENT OF THE TIME ENTITIES WERE WAITING WAS 0.25

FOR QNODE -15 PRECEDING ACT 16 THE AVERAGE NO. OF UNITS HELD PENDING OTHER
REQUIRED ARRIVALS IS 1.220
THE PERCENT OF THE TIME ENTITIES WERE WAITING WAS 0.72

FOR QNODE -26 PRECEDING ACT 16 THE AVERAGE NO. OF UNITS HELD PENDING OTHER
REQUIRED ARRIVALS IS 0.021
THE PERCENT OF THE TIME ENTITIES WERE WAITING WAS 0.02

FOR QNODE -14 PRECEDING ACT 18 THE AVERAGE NO. OF UNITS HELD PENDING OTHER
REQUIRED ARRIVALS IS 0.300
THE PERCENT OF THE TIME ENTITIES WERE WAITING WAS 0.25
```

Bild 8.9. Kennzahlen der Wartezeitenstatistiken (Bauprozeß „Erdtransport")

Die freie Übersetzung des Textes

> FOR Q NODE 2 PRECEDING ACT 3 THE AVERAGE
> NO. OF UNITS HELD PENDING OTHER REQUIRED
> ARRIVALS IS 0.117.
> THE PERCENT OF THE TIME ENTITIES WERE
> WAITING WAS 0.12,

---

8 Das CYCLONE-Modell des Bauprozesses „Erdtransport" ist aus Bild 4.19 ersichtlich.

der sich auf das KREIS-Element 2 bezieht, lautet

> Im KREIS-Element, das dem Element 3 vorliegt, befanden sich durchschnittlich 0,117 Flußeinheiten im Wartezustand.
> Der Anteil der Wartezeiten von Flußeinheiten im KREIS-Element 2 war 0,12.

Der erste Wert der Aussage bezieht sich also auf den gewichteten Anteil der Wartezeiten, der zweite auf den ungewichteten Anteil der Wartezeiten im KREIS-Element 2.

Für interessante KREIS-Elemente können die Informationen des Ausdruckes des Bildes 8.9 tabellarisch zusammengefaßt werden (Tabelle 8.3).

Tabelle 8.3. Kennzahlen der Wartezeitenstatistik (Bauprozeß „Erdtransport")

Nr. des KREIS-Elementes	Bezeichnung des KREIS-Elementes	Anteil Wartezeiten in %	Gewichteter Anteil Wartezeiten
2	20-t-Lkw verfügbar	12	0,117
14	3-t-Lader verfügbar	25	0,300
15	15-t-Lkw verfügbar	72	1,220
30	5-t-Lader verfügbar	1	0,010

Aus den Werten der Tabelle 8.3 ist ersichtlich, daß bei der Simulation die 20-t-Lkw wesentlich geringere Wartezeiten hatten, als die 15-t-Lkw. Im KREIS-Element 15 befanden sich 72% der Produktionszeit 15-t-Lkw im Wartezustand. Im KREIS-Element 2 hingegen befanden sich 20-t-Lkw nur 12% der Produktionszeit im Wartezustand. Für die Lader kann abgelesen werden, daß die 5-t-Lader fast ständig (1% Anteil Wartezeiten), die 3-t-Lader hingegen nur zu 75% der Produktionszeit eingesetzt waren (25% Anteil Wartezeiten).

Für Elemente, an denen Statistiken aufbereitet werden, werden die Simulationsergebnisse sowohl in Kennzahlenform (Mittelwert, Standardabweichung, Minimum, Maximum) als auch in Histogrammform ausgedruckt.

Der Ausgabeausdruck der Kennzahlen ist in Tabelle 8.4 dargestellt.

Der Ausgabeausdruck der Histogramme ist in Tabelle 8.5 dargestellt.

Aus Tabelle 8.4 wird ersichtlich, daß der Statistikcode 3 verwendet wurde und daher für die Elemente 26, 24, 13 und 7 Zwischenzeitenstatistiken aufbereitet wurden. Die Werte der Tabellen 8.4 und 8.5 ermöglichen eine detaillierte Analyse des Bauproduk-

Tabelle 8.4. Kennzahlen der Statistiken (Bauprozeß „Erdtransport")

Nr. des KREIS-Elementes	Mittelwert	Standardabweichung	Minimum	Maximum	Code
26	32,22	27,57	8,78	258,33	3
24	30,75	26,71	0,00	144,43	3
13	32,15	27,04	8,78	245,21	3
7	31,56	26,63	8,32	103,22	3

Tabelle 8.5. Histogramme der Statistiken (Bauprozeß „Erdtransport")

Nr. des KREIS-Elementes	Mindestwert	Intervallgröße	Häufigkeiten
26	0,0	5,00	0 0 39 39 1 2 39 19 20 0 0 0 0 1 0 39 0 0 0 0 0 0 0 0 0 0 0 0 0 0 0 1
24	0,0	0,50	0 5 0 1 0 0 0 0 0 0 0 0 0 0 0 0 0 20 0 0 20 39 0 0 40 0 0 0 0 0 0 83
13	5,00	5,00	0 39 39 1 2 39 19 20 0 0 0 0 1 0 39 0 0 0 0 0 0 0 0 0 0 0 0 0 0 0 0 1
7	0,0	0,50	0 0 0 0 0 0 0 0 0 0 0 0 0 0 0 0 0 20 0 0 20 19 0 0 20 0 0 0 0 0 0 125

tionsprozesses. Die Interpretation von Statistikwerten ist jedoch nicht Ziel dieses Kapitels, sie wurde bereits in Kapitel 6 vorgenommen. Hier sollten nur die Form und der Inhalt der Ausgabeausdrucke von Statistikkennzahlen und Statistikhistogrammen beschrieben werden.

8.3 Eingabe und Ausgabe des Bauprozesses „Stollenvortrieb"

Die Eingabeformulierung und die Form und der Inhalt der Ausgabeausdrucke des CYCLONE-Programms können zusammenfassend am Beispiel des Bauprozesses „Stollenvortrieb" beschrieben werden. Das graphische CYCLONE-Modell des Bauprozesses „Stollenvortrieb" ist in Bild 8.10 dargestellt.

Die Eingabeformulierung des Bauprozesses „Stollenvortrieb" ist in Bild 8.11 zusammengefaßt.

Aus dem Flußeinheitensegment (Equipment Input) der Eingabe ist ersichtlich, daß das Produktionssystem mit
— 10 Rohrteilen,
— 1 Kran,
— 1 Arbeitskolonne,
— 1 Kraftübertragungsring,
— 1 Vortriebsmaschine,
— 1 Preßsystem
ausgestattet wurde.

Aus dem Statistiksegment (Report Histograms) ist ersichtlich, daß am ZÄHLER-Element 14 eine Zwischenzeitenstatistik aufbereitet wird. Bei der Angabe der Dauern der Vorgänge 2, 4, 6, 8, 10 und 16 (Parametermengen 2, 3, 4, 5, 6 und 7) wurden deter-

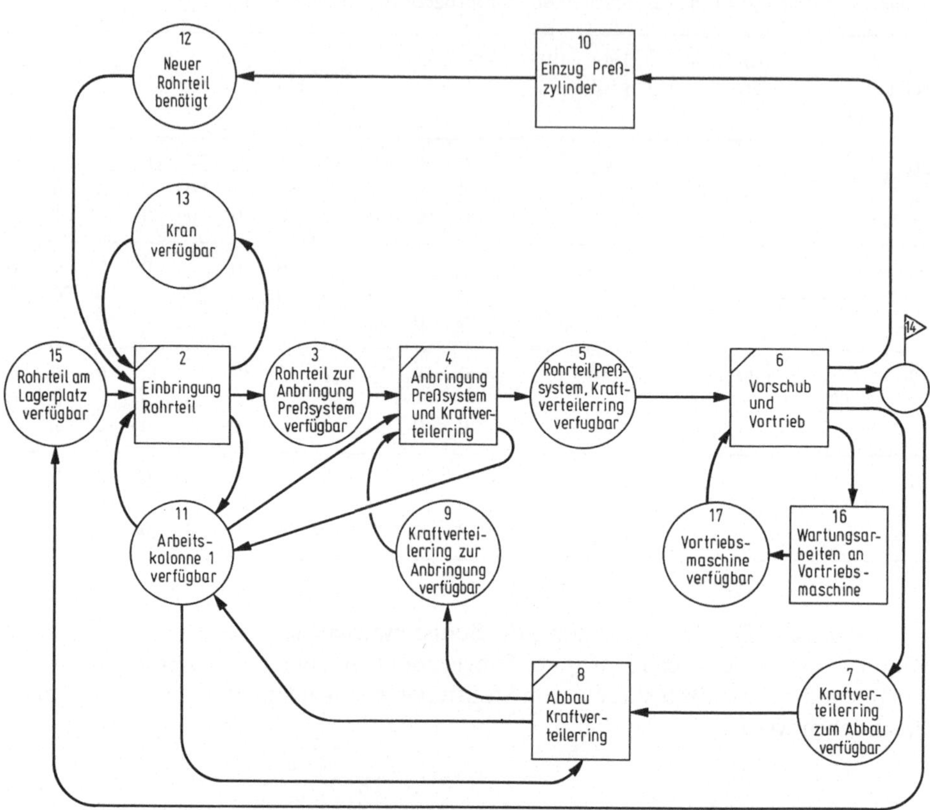

Bild 8.10. CYCLONE-Modell des Bauprozesses „Stollenvortrieb"

ministische Vorgangsdauern festgelegt. Diese Annahme konstanter Dauern erweist sich für die Überprüfung des Systems als sinnvolle Vereinfachung. Eine Kontrolle der Eingabeformulierung sowie ein erster Einblick in die Dynamik des Produktionssystems können bei Durchführung einiger Probesimulationsläufe auf der Grundlage deterministischer Vorgangsdauern erzielt werden. Erst wenn sich die Definition des Flußnetzwerkes als richtig und die erzielbaren Simulationsergebnisse als plausibel erweisen, ist die Eingabe von Wahrscheinlichkeitsverteilungen zur Beschreibung der Verteilungen der Vorgangsdauern gerechtfertigt.

Die Ausdrucke einer Probesimulation (50 Durchläufe) auf der Grundlage der deterministischen Vorgangsdauern der Eingabeformulierung des Bildes 8.11 werden nachfolgend gezeigt und kurz beschrieben.

An Bild 8.12 ist die Zusammenfassung der Eingabedaten des Bauprozesses „Stollenvortrieb" dargestellt.

Die Logik des Flußnetzwerkes wird durch die Bestimmung der Nachlieger jedes einzelnen Elementes überprüft.

Die durch das ZÄHLER-Element festgestellte Produktivität des Bauprozesses ist

```
NAME "STOLLENVORTRIEB"
PROJECT
RUNS 1
NETWORK INPUT
ACT 2 COMBI PARAMETER SET 2. "EINBRINGUNG ROHRTEIL" FOLLOW OPS 3. 11. 13.
PRECEDING QNODES 11. 12. 13. 15.
ACT 3 Q "ROHRTEIL ZUR ANBRINGUNG PRESSYSTEM VERFUEGBAR" FOLLOW OPS 4.
ACT 4 COMBI PARAMETER SET 3. "ANBRINGUNG PRESSYSTEM UND KRAFTVERTEILERRING"
FOLLOW OPS 5.11. PRECEDING QNODES 3. 9. 11.
ACT 5 Q "ROHRTEIL, PRESSYSTEM, KRAFTVERTEILERRING VERFUEGBAR" FOLLOW OPS 6.
ACT 6 COMBI PARAMETER SET 4. "VORSCHUB UND VORTRIEB" FOLLOW OPS 7. 10. 14. 16.
PRECEDING QNODES 5. 17.
ACT 7 Q "KRAFTVERTEILERRING ZUM ABBAU VERFUEGBAR" FOLLOW OPS 8.
ACT 8 COMBI PARAMETER SET 5. "ABBAU KRAFTVERTEILERRING" FOLLOW OPS 9. 11.
PRECEDING QNODES 7. 11.
ACT 9 Q "KRAFTVERTEILERRING ZUR ANBRINGUNG VERFUEGBAR" FOLLOW OPS 4.
ACT 10 PARAMETER SET 6. "EINZUG PRESSZYLINDER" FOLLOW OPS 12.
ACT 11 Q "ARBEITSKOLONNE VERFUEGBAR" FOLLOW OPS 2. 4. 8.
ACT 12 Q "NEUER ROHRTEIL BENOETIGT" FOLLOW OPS 2.
ACT 13 Q "KRAN VERFUEGBAR" FOLLOW OPS 2.
ACT 14 COUNTER CYCLES 99. QUANTITY 1. FOLLOW OPS 15.
ACT 15 Q "ROHRTEIL AM LAGERPLATZ VERFUEGBAR" FOLLOW OPS 2.
ACT 16 PARAMETER SET 7. "WARTUNGSARBEITEN AN VORTRIEBSMASCHINE" FOLLOW OPS 17.
ACT 17 Q "VORTRIEBSMASCHINE VERFUEGBAR" FOLLOW OPS 6.
EQUIPMENT INPUT
10 "ROHRTEILE" AT 15.
 1 "KRAN" AT 13.
 1 "ARBEITSKOLONNE" AT 11.
 1 "KRAFTUEBERTRAGUNGSRING" AT 9.
 1 "VORTRIEBSMASCHINE" AT 17.
 1 "PRESSYSTEM" AT 12.
REPORT HISTROGRAMS
ACT 14 LOWER LIMIT 5. CELL WIDTH 5. STATISTICS CODE 3.
DURATIONS
SET 2 20.
SET 3 30.
SET 4 120.
SET 5 25.
SET 6 30.
SET 7 45.
ENDDATA
```

Bild 8.11. Eingabe: Bauprozeß „Stollenvortrieb"

0,30 Flußeinheiten (Rohrteile) je Stunde. Diese Produktivität entspricht einem Stollenvortrieb von 54 cm/h (Länge eines Rohrteiles = 180 cm · 0,30 = 54 cm).

Die Kennzahlen der in den KREIS-Elementen aufbereiteten Wartezeitenstatistiken
sind in Tabelle 8.6 zusammengefaßt. Die KREIS-Elemente 3, 5, 7 und 12 weisen Werte
von 0,0 auf, was bedeutet, daß die Flußeinheiten in diesen KREIS-Elementen in keine

Element-nummer	Bezeichnung	Nachlieger				
2	Einbringung Rohrteil	3	11	13	0	0
3	Rohrteil zur Anbringung Preßsystem verfügbar	4	0	0	0	0
4	Anbringung Preßsystem und Kraftverteilerring	5	11	0	0	0
5	Rohrteil, Preßsystem, Kraftverteilerring verfügbar	6	0	0	0	0
6	Vorschub und Vortrieb	7	10	14	16	0
7	Kraftverteilerring zum Abbau verfügbar	8	0	0	0	0
8	Abbau Kraftverteilerring	9	11	0	0	0
9	Kraftverteilerring zur Anbringung verfügbar	4	0	0	0	0
10	Einzug Preßzylinder	12	0	0	0	0
11	Arbeitskolonne verfügbar	2	4	8	0	0
12	Neuer Rohrteil benötigt	2	0	0	0	0
13	Kran verfügbar	2	0	0	0	0
14	Zähler	15	0	0	0	0
15	Rohrteil am Lagerplatz verfügbar	2	0	0	0	0
16	Wartungsarbeiten an Vortriebsmaschine	17	0	0	0	0
17	Vortriebsmaschine verfügbar	6	0	0	0	0

Bild 8.12. Zusammenfassung der Eingabedaten (Bauprozeß „Stollenvortrieb")

Tabelle 8.6. Kennzahlen der Wartezeitenstatistiken (Bauprozeß „Stollenvortrieb")

Nr. des KREIS-Elementes	Anteil Wartezeiten an Produktionszeit	Gewichteter Anteil Wartezeiten
3	0,0	0,0
5	0,0	0,0
7	0,0	0,0
9	0,125	0,125
11	0,625	0,625
12	0,0	0,0
13	0,9	0,9
15	1,00	9,145
17	0,18	0,18

Wartezustände versetzt werden. Für die KREIS-Elemente 9, 11, 13 und 17 sind die
Kennzahlen „Anteil Wartezeiten an Produktionszeit" und „Gewichteter Anteil
Wartezeiten" gleich, da in diesen Elementen zu jedem Zeitpunkt nur jeweils eine Flußeinheit in einen Wartezustand versetzt werden kann. Die Wartezeiten im KREIS-
Element 9 treten auf, da der Kraftübertragungsring warten muß, bis ein neuer Rohrteil in Position gebracht wurde. Im KREIS-Element 11 „Arbeitskolonne verfügbar"
steht die Arbeitskolonne 62,5% der Produktionszeit zur Verfügung. Die Arbeitskolonne könnte daher eventuell für weitere Arbeitsvorgänge eingesetzt werden, ohne die
Produktivität des Bauprozesses zu vermindern. Der Kran ist 90% der Produktionszeit verfügbar. Dieser hohe Anteil der Wartezeiten an der Produktionszeit ergibt sich
dadurch, daß der Kran nur für den Arbeitsvorgang 2 eingesetzt wird. Letztlich weist

noch die Vortriebsmaschine einen Anteil der Wartezeiten an der Produktionszeit von 18 % auf. Das Lager an Rohrteilen ist niemals leer, stellt also keinen Engpaß des Bauprozesses dar, und weist einen gewichteten Anteil der Wartezeiten von 9,145 Rohrteilen auf.

Wie aus der Eingabe in Bild 8.11 ersichtlich ist, wurde dem ZÄHLER-Element die Funktion der Aufbereitung einer Zwischenzeitenstatistik übertragen. Sie mißt, wieviel Zeit vergeht, bis ein neuer Rohrteil verlegt ist. Für die erste Verlegungen werden 170 min benötigt. (20 min für Vorgang 2 plus 30 min für Vorgang 4 plus 120 min für Vorgang 6 = 170 min.)

Für jede weitere Verlegung werden 200 min benötigt, da der längste Pfad durch das Flußnetzwerk, der die Verlegungsdauer bestimmt, der Pfad der Vorgänge 2-4-6-10 ist und zur Durchführung des Vorganges 10 30 min benötigt werden (170 min + 30 min = 200 min).

Die hier angestellten Berechnungen stimmen mit den Kennzahlen (Minimum und Maximumwerten) der Zwischenzeitenstatistik, die am ZÄHLER-Element aufbereitet wurde, überein (Tabelle 8.7).

Tabelle 8.7. Kennzahlen der Zwischenzeitenstatistik

Element-nummer	Mittelwert	Standard-abweichung	Anzahl Beobachtungen	Minimum	Maximum
14	199,42	4,10	50	170,0	200,0

Nach der Kontrolle der Eingabeformulierung und der Durchführung von Probesimulationsläufen mit deterministischen Vorgangsdauern können Simulationen auf der Grundlage stochastischer Vorgangsdauern vorgenommen werden. Diese Simulationen ergeben letztlich praxisrelevante Resultate, die dem Baufachmann als Entscheidungshilfen zur Verfügung stehen.

9 Planung und Kontrolle des Bauproduktionsprozesses „Betonierung der Stockwerke eines Hotels" (empirisches Beispiel)

9.1 Beschreibung des Bauobjektes und der Baustellenbedingungen

Um die Anwendung des CYCLONE-Modells in der Baupraxis zu illustrieren, wird das empirische Beispiel des Bauprozesses „Betonierung der Stockwerke eines Hotels" gewählt, der sich bei der Erbauung des Peachtree Plaza Hotels in Atlanta, Georgia/ USA, bewährt hat. Das Ende 1975 fertiggestellte Peachtree Plaza ist mit 70 Stockwerken und einer Höhe von 213 m das höchste Hotel der Welt. Ein plastisches Modell des Hotels zeigt Bild 9.1.

Aus einem siebenstöckigen rechteckigen Gebäude, in dem Gemeinschaftsräume wie Restaurants, Bars, Empfangshallen, Tagungsräume, Geschäfte usw. untergebracht sind, ragt ein 63-stöckiger Turm heraus. In diesem zylindrischen Turm mit einem Durchmesser von 36 m sind die Hotelzimmer untergebracht. Mittels des Bauprozesses „Betonierung der Stockwerke" wurden die einzelnen Stockwerke des Turmes hergestellt. In jedem Stockwerk mußten eine kreisförmige Bodenplatte, 10 radial angeordnete Wandscheiben und der Kern des Hotelturmes betoniert werden. Durch den Kern des Hotelturmes führt ein Korridor, der Zugang zu den im Kern befindlichen Hotelaufzügen verschafft. Den Grundriß eines typischen Stockwerkes des Hotelturmes zeigt Bild 9.2.

Die Baustellenbedingungen des Peachtree Plaza Hotels waren durch den Platzmangel auf der Baustelle gekennzeichnet. Die Baustellenfläche betrug nur 0,53 ha. Der Transport von Materialien auf den Hotelturm wurde durch zwei Turmdrehkräne vorgenommen. Die Standorte dieser beiden Kräne sowie der eines dritten Kranes, der auf der Baustelle eingesetzt wurde, sind aus Bild 9.3 ersichtlich.

Die beiden Kräne auf dem Hotelturm wurden einmal in der Woche nachgezogen. Das erfolgte während der Wochenenden oder in den Nächten, wenn keine Arbeiten durchzuführen waren. Der rechte Kran auf dem Turm war der kleinste Kran der Baustelle mit einer Reichweite von 25 m. Der linke bzw. südliche Kran hatte eine Reichweite von 45 m, wodurch er Ladevorgänge bis auf die Straße abwickeln konnte. Mit den Turmdrehkränen wurde kein Betontransport durchgeführt. Dieser wurde von der Zulieferstelle auf der Straße auf das jeweilige Niveau der Betoneinbringung von einem Lastenaufzug übernommen. Weiter gab es noch einen Personenaufzug zum Transport des Baustellenpersonals.

Eine Skizze der Baustelleneinrichtung zeigt Bild 9.4. Aus ihr wird ersichtlich, daß ein Fahrstreifen der Straße für den Antransport des Mischbetons gegenüber den anderen Fahrstreifen abgegrenzt wurde. An der durch A bezeichneten Zulieferstelle wurde der Frischbeton in den Lastenaufzug geladen. Ein Eisenbiegeplatz auf dem Dach einer an die Baustelle angrenzenden Parkgarage ist mit B gekennzeichnet.

9.2 Beschreibung des Bauprozesses

Der Bau eines jeden Stockwerkes beginnt mit der Versetzung der inneren Kernschalung um eine Etage auf das Niveau des zu errichtenden Stockwerkes. Schematisch wird diese teleskopartige Versetzung in Bild 9.5a gezeigt. Danach wird die Kernschalung für die Betonierung gereinigt. Gleichzeitig werden die Wandschalungen und die äußeren Kernschalungen vom zuletzt fertiggestellten Stockwerk abgebaut und auf das

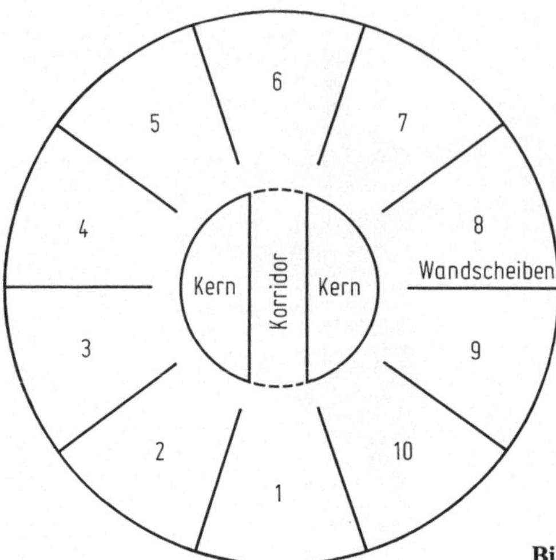

Bild 9.2. Grundriß eines typischen Stockwerkes

Straßenniveau zum Reinigen befördert. Der Transport der Schalungen auf das Straßenniveau zum Reinigen wird notwendig, da in den Stockwerken zu wenig Platz zur Durchführung dieses Arbeitsvorganges ist. Danach werden sektorenförmige Bodenschalungen von zwei Stockwerken tiefer abgebaut und zwischen den Wänden des zuletzt fertiggestellten Stockwerkes aufgebaut. Auf Grund der Abbindefrist der Bodenplatte werden zwei Garnituren von Bodenschalungen, insgesamt 20 Sektoren, eingesetzt. Durch die Verwendung zweier Garnituren Bodenschalungen können gleichzeitig zwei Bodenplatten abgestützt werden.

Nach dem Aufbau der Bodenschalungen für das zu erstellende Stockwerk wird die Bewehrung des Bodens vorgenommen. Weiter werden Schalungsteile und Rohre für Aussparungen im Boden angebracht. Die Durchführung dieser Vorgänge ist schematisch aus Bild 9.5b ersichtlich. Gleichzeitig mit der Bewehrung der Bodenplatte können mit den am Eisenbiegeplatz vorbereiteten Bewehrungskörben der Kern und die Wände bewehrt werden.

Nach der Durchführung der Bewehrung wird die Bodenplatte betoniert. Wenn die Bodenplatte genügend erhärtet ist (Bild 9.5c), können die Wandschalungen hochtransportiert und aufgebaut werden (Bild 9.5d).

Gleichzeitig mit dem Aufbau der Wandschalungen können die äußeren Kernschalungen in Position gebracht werden (Bild 9.5d). Anschließend können sowohl die Wände als auch der Kern betoniert werden. Danach ist der Bauprozeß „Betonierung der Stockwerke" abgeschlossen, was in Bild 9.5e dargestellt wird.

Die Verlegung des Bauprozesses wird in den Bildern 9.6, 9.7 und 9.8 durch Fotografien gezeigt. Die Bewehrung des Bodens illustriert Bild 9.6. In Bild 9.7 ist die innere Kernschalung ersichtlich, an der Vorbereitungsarbeiten zum Einbau der Bewehrungskörbe getroffen werden. Weiters sieht man im Hintergrund das Gerüst und den Behälter des Lastenaufzuges zum Betontransport. Von diesem Behälter wird der

Bild 9.3. Foto des Rohbaues

Frischbeton in den Kübel des kleinen Kranes geschüttet. Die Betoneinbringung mit dem kleinen Kran ist in Bild 9.8 dargestellt.

Für die folgende Analyse des Bauprozesses mit Hilfe des CYCLONE-Modells wird die Folge der Arbeitsvorgänge wie oben beschrieben angenommen, obwohl Abweichungen in der Folge der einzelnen Arbeitsvorgänge durchaus möglich sind.

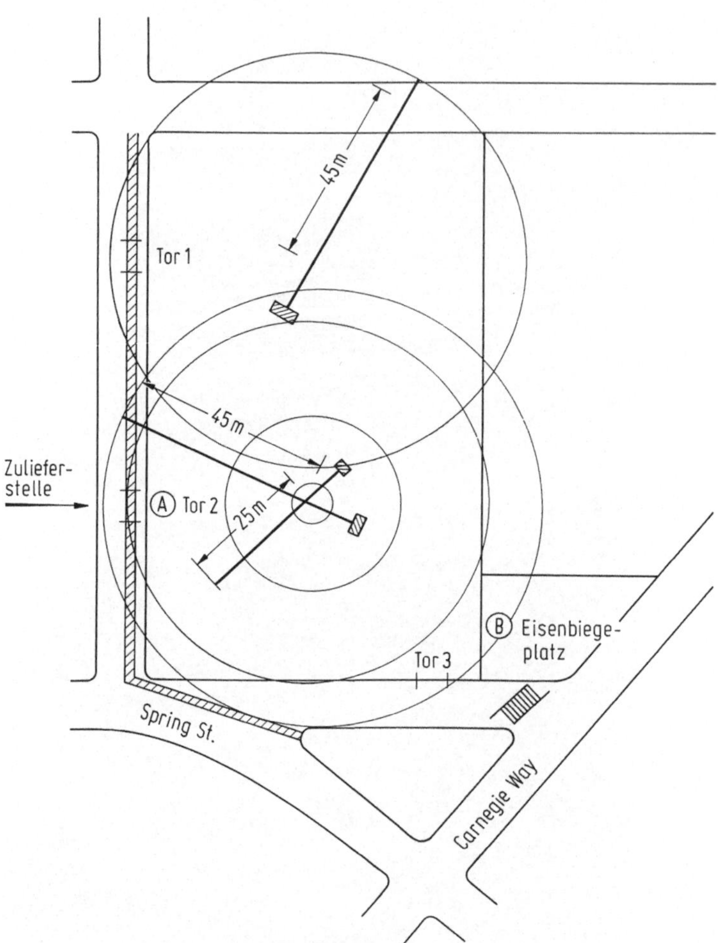

Bild 9.4. Skizze der Baustelleneinrichtung

9.3 Entwicklung des CYCLONE-Modells

Auf Grund der Beschreibung des Bauprozesses „Betonierung der Stockwerke eines
Hotels" in Abschnitt 9.2 können dessen Arbeitsvorgänge festgelegt werden. Aus Bild 9.9
werden die Bezeichnungen der einzelnen Arbeitsvorgänge ersichtlich.

In der Modelldarstellung des Bildes 9.9 wird manchmal die Zusammenziehung
zweier Arbeitsvorgänge, die gleichzeitig durchgeführt werden (z. B. Element 15: Bewehren Boden und Kern), und die Zusammenziehung zweier Arbeitsvorgänge, die
hintereinander durchgeführt werden (z. B. Element 27: Aufbauen Wandschalungen
und Betonieren Wände) zu einem Arbeitsvorgang möglich.

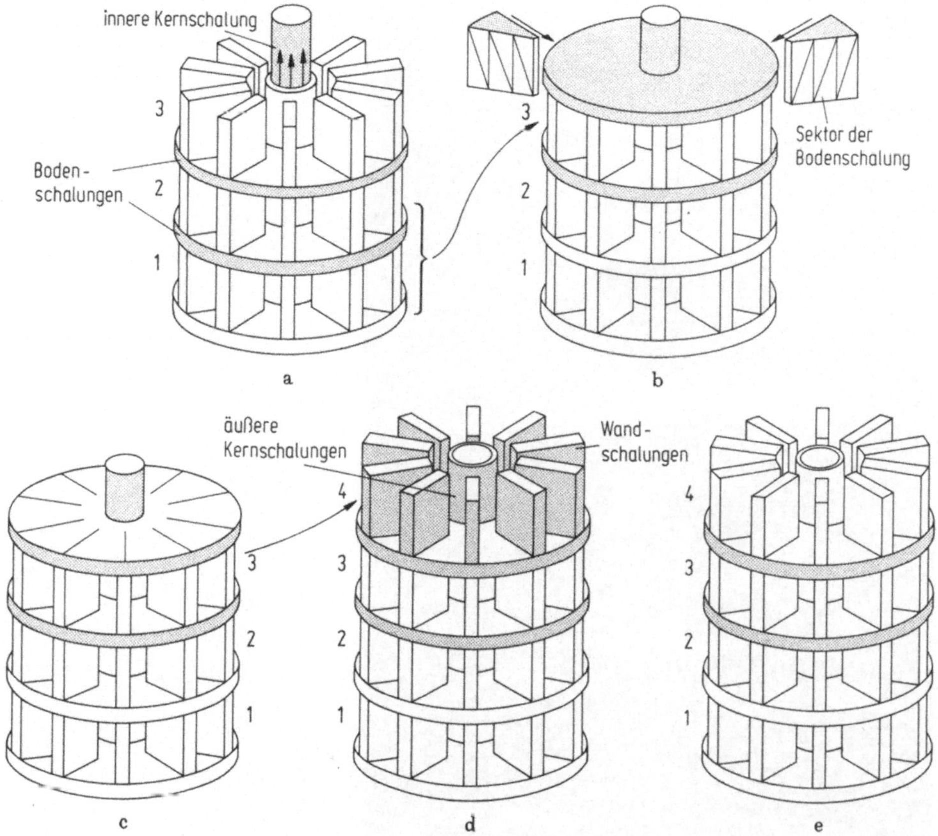

Bild 9.5. Betonierfolge des Hotelturmes

Bild 9.6.
Bewehrung des Bodens

Bild 9.7. Innere Kernschalung

Bild 9.8. Betoneinbringung mit dem kleinen Kran

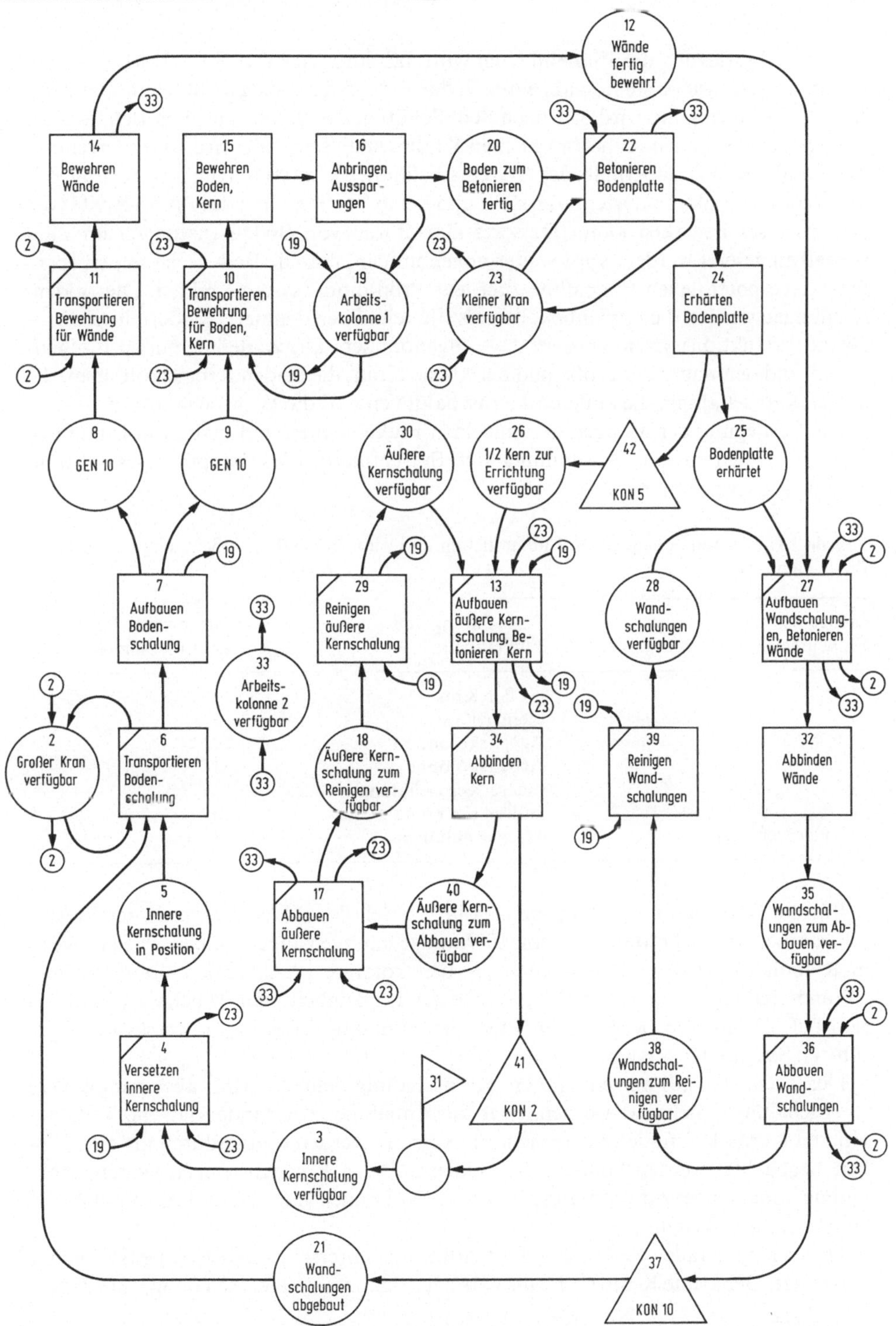

Bild 9.9. CYCLONE-Modell des Bauprozesses „Betonierung der Stockwerke eines Hotels"

Für die Festlegung der Flußeinheiten wird das durch das CYCLONE-Modell analysierte Produktionssystem so abgegrenzt, daß der Lastenaufzug nicht beinhaltet wird. Die Betoneinbringung wird erst nach dem Schütten des Betons aus dem Behälter des Lastenaufzuges in den Kübel des kleinen Kranes analysiert.[1] Es wird daher angenommen, daß der sich außerhalb des Systems befindliche Lastenaufzug keinen Engpaßfaktor des Produktionssystems darstellt und keine Verringerung der Produktivität des Bauprozesses bewirken kann. Da zwei Garnituren von Bodenschalungen im Bauprozeß eingesetzt werden, wird weiter angenommen, daß die Bodenschalungen ebenfalls keine potentiellen Engpaßfaktoren des Produktionssystems bilden. Die Bodenschalungen werden daher nicht explizit als Flußeinheiten definiert, sondern implizit — als im Produktionssystem eingesetzt — angenommen. Die zu definierenden Flußeinheiten sind demnach: der große und der kleine Kran, die beiden Arbeitskolonnen, die innere Kernschalung, die äußeren Kernschalungen und die Wandschalungen.

Die Festlegung der Mengen der einzelnen Flußeinheiten und deren Zuordnung zu KREIS-Elementen zur Bestimmung der Startsituation des Bauprozesses wird in Tabelle 9.1 vorgenommen.

Tabelle 9.1. Mengen der einzelnen Flußeinheiten und Zuordnung der Flußeinheiten zu KREIS-Elementen

Menge der Flußeinheit	Bezeichnung der Flußeinheit	Zugeordnet dem KREIS-Element
1	großer Kran	2
1	kleiner Kran	23
1 (oder 2)	Arbeitskolonne 1	19
1 (oder 2)	Arbeitskolonne 2	33
1	innere Kernschalung	3
2	äußere Kernschalungen	30
10 (oder weniger)	Wandschalungen	28

Für die Darstellung des Bauprozesses im Modell des Bildes 9.9 wurde der Einsatz von je einer Arbeitskolonne und von 10 Wandschalungen angenommen. Die Hinweise in Klammern bei den Flußeinheiten „Arbeitskolonne 1", „Arbeitskolonne 2" und „Wandschalungen" in der Spalte „Menge der Flußeinheit" der Tabelle 9.1 beziehen sich auf Variationen bei einer im Zuge der Simulation des Bauprozesses durchgeführten Sensitivitätsanalyse.

Der Tatsache, daß nur eine innere Kernschalung definiert wird, aber zwei äußere Kernschalungen definiert werden, liegt die Annahme zu Grunde, daß die Teile der inneren Kernschalung jeweils gemeinsam versetzt werden und dadurch als eine Einheit beobachtet werden können, die beiden äußeren Kernschalungen jedoch unabhängig voneinander ab- und aufgebaut werden können und dadurch getrennt beobachtet werden müssen.

Die beiden Krane werden zur Durchführung unterschiedlicher Arbeitsvorgänge eingesetzt. Der kleine Kran wird zum Versetzen der inneren Kernschalung, zum Trans-

---

1 Die Betoneinbringung für die Bodenplatte, den Kern und die Wandscheiben wird durch die Elemente 13, 22 bzw. 27 modelliert.

portieren der Bewehrung für den Boden und den Kern, zum Aufbauen der äußeren Kernschalungen und zum Betonieren des Kernes, zum Abbauen der äußeren Kernschalungen und letztlich zum Betonieren der Bodenplatte verwendet. Der große Kran wird zum Transportieren der Bodenschalungen, zum Transportieren der Bewehrung für die Wände, zum Aufbauen der Wandschalungen und zum Betonieren der Wände und letztlich zum Abbauen der Wandschalungen verwendet. Die Aufteilung der Arbeitsvorgänge für die beiden Krane ist in Tabelle 9.2 zusammengefaßt.

Tabelle 9.2. Aufteilung der Arbeitsvorgänge für die beiden Krane

Kleiner Kran (KREIS-Element 23)		Großer Kran (KREIS-Element 2)	
Nr. des Arbeitsvorganges	Bezeichnung des Arbeitsvorganges	Nr. des Arbeitsvorganges	Bezeichnung des Arbeitsvorganges
4	Versetzen der inneren Kernschalung	6	Transportieren der Bodenschalungen
10	Transportieren der Bewehrung für den Boden und den Kern	11	Transportieren der Bewehrung für die Wände
13	Aufbauen der äußeren Kernschalungen und Betonieren des Kernes	27	Aufbauen der Wandschalungen und Betonieren der Wände
17	Abbauen der äußeren Kernschalungen	36	Abbauen der Wandschalungen
22	Betonieren der Bodenplatte		

Der Transport von Bewehrungsstahl für die Bodenplatten und den Kern bzw. für die Wände kann durch den Einsatz je einer Kran-Arbeitskolonne-Kombination auf den parallelen Pfaden 9-10-15-16 bzw. 8-11-12 gleichzeitig vorgenommen werden.

Ebenso wie für die Krane werden auch die von den Arbeitskolonnen 1 und 2 durchzuführenden Arbeitsvorgänge aufgeteilt. Das wird aus Tabelle 9.3 ersichtlich.

Der Einsatz der Flußeinheiten „Wandschalungen" bzw. „Äußere Kernschalungen" wird durch die Flußzyklen 28-27-32-35-36-38-39-28 für die Wandschalungen und 30-13-34-40-17-18-29-30 für die äußeren Kernschalungen bestimmt.

Der Ablauf der Betonierung eines Stockwerkes des Turmes kann am CYCLONE-Modell des Bildes 9.9 verfolgt werden, wobei mehrere Generations- bzw. Konsolidierungsfunktionen und parallele Pfade durchflossen werden: Der Bauproduktionsprozeß beginnt am KREIS-Element 3. Wenn die innere Kernschalung im KREIS-Element 3 verfügbar ist, bedeutet das, daß der Kern genügend abgebunden hat, um diese Schalung um eine Etage zu versetzen. Das Versetzen der inneren Kernschalung stellt den ersten Arbeitsvorgang eines neuen Produktionszyklus dar. Zur Durchführung des KOMBI-Elementes 4 müssen außer der Information, daß der Kern genügend abgebunden hat, die Arbeitskolonne 1 und der kleine Kran zur Verfügung stehen. Nach dem Versetzen der inneren Kernschalung wird der kleine Kran freigesetzt. Die Arbeitskolonne 1 hingegen wird sofort im nächsten Arbeitsvorgang, dem Transportieren

Tabelle 9.3. Aufteilung der Arbeitsvorgänge für die Arbeitskolonnen 1 und 2

Arbeitskolonne 1 (KREIS-Element 19)		Arbeitskolonne 2 (KREIS-Element 33)	
Nr.(n) des Arbeitsvorganges	Bezeichnung des Arbeitsvorganges (der Arbeitsvorgangsfolge)	Nr.(n) des Arbeitsvorganges	Bezeichnung des Arbeitsvorganges (der Arbeitsvorgangsfolge)
4–7	Versetzen und Aufbauen Schalungen	11–14	Bewehren der Wände
10–15–16	Bewehren des Bodens und des Kernes	17	Abbauen der äußeren Kernschalungen
13	Aufbauen der äußeren Kernschalungen und Betonieren des Kernes	22	Betonieren der Bodenplatte
29	Reinigen der äußeren Kernschalungen	27	Aufbauen der Wandschalungen und Betonieren der Wände
39	Reinigen der Wandschalungen	30	Abbauen der Wandschalungen

der Bodenschalung, beschäftigt. Dieser durch das KOMBI-Element 6 dargestellte Vorgang kann dann durchgeführt werden, wenn der große Kran und die Information „Wandschalungen abgebaut" im KREIS-Element 21 verfügbar sind. Erst wenn die Wandschalungen von allen zehn je Stockwerk zu betonierenden Wänden abgebaut wurden, wird nach der Durchführung der Konsolidierungsfunktion im Funktionselement 37 (KON 10) die Information „Wandschalungen abgebaut" im KREIS-Element 21 verfügbar.

Nach dem Transportieren der Bodenschalung auf das Niveau des zu erstellenden Stockwerkes wird der große Kran freigesetzt, und die Arbeitskolonne führt das Aufbauen der Bodenschalung (NORMAL-Element 7) durch. Wenn diese aufgebaut ist, können gleichzeitig zwei Arbeitsvorgangsfolgen beginnen. Die Vorgänge „Transportieren Bewehrung für die Wände" (11) und „Bewehren Wände" (14) werden durch den großen Kran und die Arbeitskolonne 2 vorgenommen. Die Vorgänge „Transportieren Bewehrung für Boden und Kern" (10), „Bewehren Boden und Kern" (15) und „Anbringen Aussparungen" (16) werden durch den kleinen Kran und die Arbeitskolonne 1 vorgenommen. Diese beiden Arbeitsvorgangsfolgen beginnen mit den KREIS-Elementen 8 bzw. 9, die GEN-Funktionen durchführen. Durch diese GEN-Funktionen entstehen zehn Anforderungseinheiten für jede der Folgen.

Die Verfügbarkeit einer Anforderungseinheit bewirkt die Durchführung der Arbeitsvorgänge für jeweils eine Wandscheibe oder eine Bodenplattensektion. Zehn Wandscheiben bzw. zehn Bodenplattensektionen sind hintereinander herzustellen.[2] Da die beiden Kräne nur für die Transportvorgänge der beschriebenen Vorgangsfolgen eingesetzt werden, können sie während des Bewehrens der Wände bzw. des Bodens und des Kernes anderweitig verwendet werden.

---

2 Jede Bodenplatte besteht also aus zehn Sektionen, die hintereinander betoniert werden.

Wenn der Boden bewehrt ist, wird seine Betonierung durch die Arbeitskolonne 2 und den kleinen Kran vorgenommen. Nach dem Erhärten der Bodenplatte können gleichzeitig die Wandscheiben und der Kern errichtet werden. Nach dem Erhärten der Bodenplatte werden zehn Anforderungseinheiten, die die zehn Bodensektionen repräsentieren, vom NORMAL-Element 24 freigesetzt. Diese zehn Anforderungseinheiten werden einerseits für die Errichtung der Wandscheiben erhalten, da wieder zehn Einheiten erstellt werden müssen, und andererseits für die Errichtung des Kernes durch eine KON-Funktion im Funktionselement 42 (KON 5) auf zwei Anforderungseinheiten verringert.

Durch die Weiterverwendung der in den KREIS-Elementen 8 und 9 generierten zehn Anforderungseinheiten können die Wandscheiben unabhängig voneinander bewehrt, geschalt und betoniert werden. Sobald eine Wand bewehrt und geschalt ist, kann diese betoniert werden. Eine Fertigstellung des Bewehrens aller Wände ist daher nicht Voraussetzung, um die Betonierung bereits bewehrter Wände durchzuführen.

Eine Verringerung der beobachteten Flußeinheiten von zehn Anforderungseinheiten (zehn Wandscheiben) auf ein betoniertes Stockwerk wird erst nach Beendigung des Vorganges „Abbauen Wandschalungen" im Funktionselement 37, das eine KON-Funktion ausübt (KON 10) vorgenommen.

Gleichzeitig mit der Errichtung der Wandscheiben kann der Kern betoniert werden. Die zehn Anforderungseinheiten, die das NORMAL-Element 24 freisetzt, werden durch eine KON-Funktion in Element 42 (KON 5) auf zwei Anforderungseinheiten, die je einen halben zu errichtenden Kern repräsentieren, verringert. Diese beiden Anforderungseinheiten werden durch das KREIS-Element 42 „1/2 Kern zur Errichtung verfügbar" ausgedrückt. Die Anforderungseinheiten regeln die hintereinander erfolgende Errichtung der beiden Kernhälften, die sich durch das hintereinander erfolgende Aufbauen der zwei äußeren Kernschalungen ergibt. Die Konsolidierung der beiden Kernhälften durch das Funktionselement 41 (KON 2) zu einem Kern schließt den Zyklus des Bauprozesses ab. Die Produktion des Bauprozesses wird vom ZÄHLER-Element 31 in betonierten Stockwerken gemessen. Da ein Kern je Stockwerk errichtet wird, ist der ZÄHLER mit keinem Umrechnungsfaktor zu versehen.

9.4 Eingabe zur Durchführung von Computersimulationen

Die Eingabe zur Durchführung von Computersimulationen des Bauprozesses „Betonierung der Stockwerke eines Hotels" ist aus Bild 9.10 ersichtlich.

Die Zusammenfassung der Eingabedaten zur Kontrolle der Struktur des CYCLONE-Modells durch Angabe der Nachlieger der einzelnen Elemente zeigt Bild 9.11.

9.5 Ergebnisse der Simulationen durch das CYCLONE-Programm

Die Ergebnisse der Simulationen des Bauprozesses „Betonierung der Stockwerke eines Hotels" sind in den Tabellen 9.4 bis 9.10 in Matrixform zusammengefaßt. Zur Feststellung der Sensitivität der Ergebnisse wurden verschiedene kapazitive Aus-

```
NAME "PEACHTREE PLAZA"
NETWORK INPUT
ACT 2 Q "GROSSER KRAN VERFUEGBAR" FOLLOW OPS 6. 11. 27. 36.

ACT 3 Q "INNERE KERNSCHALUNG VERFUEGBAR" FOLLOW OPS 4.

ACT 4 COMBI LOGNOR "VERSETZEN INNERE KERNSCHALUNG" PARAMETER SET 2.
FOLLOW OPS 5. 23. PRECEDING QNODES 3. 19. 23.

ACT 5 Q "INNERE KERNSCHALUNG IN POSITION" FOLLOW OPS 6.

ACT 6 COMBI LOGNOR PARAMETER SET 3. "TRANSPORTIEREN BODENSCHALUNG"
FOLLOW OPS 2. 7. PRECEDING QNODES 2. 5. 21.

ACT 7 LOGNOR PARAMETER SET 4. "AUFBAUEN BODENSCHALUNG" FOLLOW OPS 8. 9. 19.

ACT 8 Q "GEN-FUNKTION" FOLLOW OPS 11.

ACT 9 Q "GEN-FUNKTION" FOLLOW OPS 10.

ACT 10 COMBI LOGNOR PARAMETER SET 5. "TRANSPORTIEREN BEWEHRUNG FUER BODEN, KERN"
FOLLOW OPS 15. 23. PRECEDING QNODES 19. 23. 9. GENERATE 10.

ACT 11 COMBI LOGNOR PARAMETER SET 7. "TRANSPORTIEREN BEWEHRUNG FUER WAENDE"
FOLLOW OPS 2. 14. PRECEDING QNODES 2. 33. 8. GENERATE 10.

ACT 12 Q "WAENDE FERTIG BEWEHRT" FOLLOW OPS 27.

ACT 13 COMBI LOGNOR PARAMETER SET 6. "AUFBAUEN AEUSSERE KERNSCHALUNGEN,
BETONIEREN KERN" FOLLOW OPS 19. 23. 34. PRECEDING QNODES 19. 23. 26. 30.

ACT 14 LOGNOR PARAMETER SET 8. "BEWEHREN WAENDE" FOLLOW OPS 12. 33.

ACT 15 LOGNOR PARAMETER SET 9. "BEWEHREN BODEN, KERN" FOLLOW OPS 16.

ACT 16 LOGNOR PARAMETER SET 11. "ANBRINGEN AUSSPARUNGEN" FOLLOW OPS 19. 20.

ACT 17 COMBI LOGNOR PARAMETER SET 19. "ABBAUEN AEUSSERE KERNSCHALUNGEN"
FOLLOW OPS 18. 23. 33. PRECEDING QNODES 23. 33. 40.

ACT 18 Q "AEUSSERE KERNSCHALUNGEN ZUM REINIGEN VERFUEGBAR" FOLLOW OPS 29.

ACT 19 Q "ARBEITSKOLONNE 1 VERFUEGBAR" FOLLOW OPS 4. 10. 13. 29. 39.

ACT 20 Q "BODEN ZUM BETONIEREN FERTIG" FOLLOW OPS 22.

ACT 21 Q "WANDSCHALUNGEN ABGEBAUT" FOLLOW OPS 6.

ACT 22 COMBI LOGNOR PARAMETER SET 12. "BETONIEREN BODENPLATTE"
FOLLOW OPS 23. 24. 33. PRECEDING QNODES 20. 23. 33.

ACT 23 Q "KLEINER KRAN VERFUEGBAR" FOLLOW OPS 4. 10. 13. 17. 22.

ACT 24 LOGNOR PARAMETER 18. "ERHAERTEN BODENPLATTE" FOLLOW OPS 25. 42.

ACT 25 Q "BODENPLATTE ERHAERTET" FOLLOW OPS 27.

ACT 26 Q "0.5 KERN ZUR ERRICHTUNG VERFUEGBAR" FOLLOW OPS 13.

ACT 27 COMBI LOGNOR PARAMETER SET 13. "AUFBAUEN WANDSCHALUNGEN,
BETONIEREN WAENDE" FOLLOW OPS 2. 32. 33. PRECEDING QNODES 2. 25. 28. 33. 12

ACT 28 Q "WANDSCHALUNGEN VERFUEGBAR" FOLLOW OPS 27.

ACT 29 COMBI LOGNOR PARAMETER SET 20. "REINIGEN AEUSSERE KERNSCHALUNGEN"
FOLLOW OPS 30. 19. PRECEDING QNODES 18. 19.

ACT 30 Q "AEUSSERE KERNSCHALUNG VERFUEGBAR" FOLLOW OPS 13.

ACT 31 COUNTER CYCLES 9. QUANTITY 1. FOLLOW OPS 3.

ACT 32 LOGNOR PARAMETER SET 14. "ABBINDEN WAENDE" FOLLOW OPS 35.

ACT 33 Q "ARBEITSKOLONNE 2 VERFUEGBAR" FOLLOW OPS 11. 17. 22. 27. 36.

ACT 34 LOGNOR PARAMETER SET 15. "ABBINDEN KERN" FOLLOW OPS 40. 41.

ACT 35 Q "WANDSCHALUNGEN ZUM ABBAUEN VERFUEGBAR" FOLLOW OPS 36.

ACT 36 COMBI LOGNOR PARAMETER SET 16. "ABBAUEN WANDSCHALUNGEN"
FOLLOW OPS 2. 33. 38. 37. PRECEDING QNODES 2. 35. 33.

ACT 37 CONSOLIDATE 10. "KON-FUNKTION" FOLLOW OPS 21.

ACT 38 Q "WANDSCHALUNGEN ZUM REINIGEN VERFUEGBAR" FOLLOW OPS 39.

ACT 39 COMBI LOGNOR PARAMETER SET 17. "REINIGEN WANDSCHALUNGEN",
FOLLOW OPS 28. 19. PRECEDING QNODES 19. 38.

ACT 40 Q "AEUSSERE KERNSCHALUNGEN ZUM ABBAUEN VERFUEGBAR" FOLLOW OPS 17.

ACT 41 CONSOLIDATE 2. "KON-FUNKTION" FOLLOW OPS 31.

ACT 42 CONSOLIDATE 5. "KON-FUNKTION" FOLLOW OPS 26.
```

Bild 9.10. Eingabe: Bauprozeß „Betonierung der Stockwerke eines Hotels"

Element-nummer	Bezeichnung	Nachlieger				
2	Großer Kran verfügbar	6	11	27	36	0
3	Innere Kernschalung verfügbar	4	0	0	0	0
4	Versetzen innere Kernschalung	5	23	0	0	0
5	Innere Kernschalung in Position	6	0	0	0	0
6	Transportieren Bodenschalung	2	7	0	0	0
7	Aufbauen Bodenschalung	8	9	19	0	0
8	GEN-Funktion	11	0	0	0	0
9	GEN-Funktion	10	0	0	0	0
10	Transportieren Bewehrung für Boden, Kern	15	23	0	0	0
11	Transportieren Bewehrung für Wände	2	14	0	0	0
12	Wände fertig bewehrt	27	0	0	0	0
13	Aufbauen äußere Kernschalungen, betonieren Kern	19	23	34	0	0
14	Bewehren Wände	12	33	0	0	0
15	Bewehren Boden, Kern	16	0	0	0	0
16	Anbringen Aussparungen	19	20	0	0	0
17	Abbauen äußere Kernschalungen	18	23	33	0	0
18	Äußere Kernschalungen zum Reinigen verfügbar	29	0	0	0	0
19	Arbeitskolonne 1 verfügbar	4	10	13	29	39
20	Boden zum Betonieren fertig	22	0	0	0	0
21	Wandschalungen abgebaut	6	0	0	0	0
22	Betonieren Bodenplatte	23	24	33	0	0
23	Kleiner Kran verfügbar	4	10	13	17	22
24	Erhärten Bodenplatte	25	42	0	0	0
25	Bodenplatte erhärtet	27	0	0	0	0
26	0,5 Kern zur Errichtung verfügbar	13	0	0	0	0
27	Aufbauen Wandschalungen, betonieren Wände	2	32	33	0	0
28	Wandschalungen verfügbar	27	0	0	0	0
29	Reinigen äußere Kernschalungen	30	19	0	0	0
30	Äußere Kernschalung verfügbar	13	0	0	0	0
31	Counter	3	0	0	0	0
32	Abbinden Wände	35	0	0	0	0
33	Arbeitskolonne 2 verfügbar	11	17	22	27	36
34	Abbinden Kern	40	41	0	0	0
35	Wandschalungen zum Abbauen verfügbar	36	0	0	0	0
36	Abbauen Wandschalungen	2	33	38	37	0
37	KON-Funktion	21	0	0	0	0
38	Wandschalungen zum Reinigen verfügbar	39	0	0	0	0
39	Reinigen Wandschalungen	28	19	0	0	0
40	Äußere Kernschalungen zum Abbauen verfügbar	17	0	0	0	0
41	KON-Funktion	31	0	0	0	0
42	KON-Funktion	26	0	0	0	0

Bild 9.11.
Zusammenfassung der Eingabedaten (Bauprozeß „Betonierung der Stockwerke eines Hotels")

stattungen des Bauprozesses angenommen, und zwar wurde einerseits die Anzahl der eingesetzten Arbeitskolonnen und andererseits die Anzahl der eingesetzten Wandschalungen variiert. In den Reihen der Matrizen der Tabellen 9.4 bis 9.10 sind die möglichen Kombinationen der Arbeitskolonnen angeführt (1/1, 2/1, 1/2 oder 2/2), die Spalten der Matrizen geben die Anzahl der eingesetzten Wandschalungen (10, 8, 5 oder 2)

Tabelle 9.4. Produktivitäten des Bauprozesses

Arbeits-kolonne 1 \ Arbeits-kolonne 2	Anzahl Wandschalungen			
	10	8	5	2
1 \ 1	4471	4471	4578	—
1 \ 2	3593	3879	4260	6505
2 \ 1	4448	4448	4534	—
2 \ 2	3374	3432	3764	6078

an. Der Einsatz von nur zwei Wandschalungen bei gleichzeitigem Einsatz von einer Arbeitskolonne 1 wurde als nicht praxisrelevant erachtet. Produktionssysteme dieser kapazitiven Ausstattung wurden daher nicht simuliert.

Die Produktivitäten des modellierten Bauprozesses für die verschiedenen kapazitiven Ausstattungen sind in Tabelle 9.4 dargestellt. Die Produktivitäten des Bauprozesses wurden in Minuten Produktionszeit je Stockwerk gemessen. Diese Produktionszeit betrug z.B. beim Einsatz von zehn Wandschalungen und je einer Arbeitskolonne 1 und einer Arbeitskolonne 2 4471 min.

Die Produktionszeit nahm logischerweise bei abnehmender Anzahl der Wandschalungen zu, da bei geringer Anzahl der Wandschalungen der Zyklus der Wandschalungen (27-32-35-36) zu einem Engpaß der Produktionssysteme wurde. Dieser Engpaß trat jedoch bei einer Verringerung der Anzahl der Wandschalungen von zehn auf acht nicht auf, wenn nur eine Arbeitskolonne 1 eingesetzt wurde. In diesen Fällen bestimmte die Produktivität der Arbeitskolonne 1 die Produktionszeit des Bauprozesses. Bei Prüfung der Spalte mit zehn Wandschalungen zeigte sich, daß der Einsatz einer zweiten Arbeitskolonne 1 eine Verringerung der Produktionszeit um 878 min bewirkte (4471 min — 3593 min), was ungefähr 15 h entspricht.

Im Gegensatz dazu bewirkte die Erhöhung der Anzahl der Arbeitskolonnen 2 keine wesentliche Verringerung der Produktionszeit (z.B. 4471 min gegenüber 4448 min).

Tabelle 9.5. Anteile der Wartezeiten der Krane an der Produktionszeit

Arbeitskolonne 1	Arbeitskolonne 2	Anzahl Wandschalungen			
		10	8	5	2
1	1	69 / 77	69 / 77	70 / 78	
2	1	62 / 68	68 / 71	68 / 75	78 / 78
1	2	68 / 77	68 / 77	69 / 77	
2	2	58 / 68	59 / 68	64 / 70	72 / 73

Legende:

Anteil Wartezeiten (Großer Kran) ▶ — oberes Dreieck

Anteil Wartezeiten (Kleiner Kran) ◀ — unteres Dreieck

Das bedeutete, daß die Simulationsergebnisse relativ unsensitiv gegenüber einer Variation der Anzahl der Arbeitskolonnen 2 waren. Diese Aussage wurde durch einen Vergleich der 2/2-Kombinationen in Reihe 4 mit den 2/1-Kombinationen in Reihe 2 bestätigt. Beim Einsatz von zehn Wandschalungen betrug die Verringerung der Produktionszeit durch den zusätzlichen Einsatz einer zweiten Arbeitskolonne 2 nur 219 min bzw. etwa $3^1/_2$ h. Dieser zusätzliche Einsatz einer zweiten Arbeitskolonne 2 erschien bei Anstellung von Kostenüberlegungen als nicht gerechtfertigt.

In Tabelle 9.5 werden die Anteile der Wartezeiten der Krane an der Produktionszeit in Prozenten zusammengefaßt. Auch aus ihr wird ersichtlich, daß eine Erhöhung der Anzahl der Arbeitskolonnen 2 von eins auf zwei relativ geringen Einfluß auf die Wartezeiten der Krane hatte. Die 2/1-Kombination ergab die höchsten Beschäftigungsgrade für die Krane; der große Kran war beim Einsatz von zehn, acht oder fünf Wandschalungen 38% der Produktionszeit eingesetzt (bzw. 62% der Produktionszeit im Warte-

Tabelle 9.6. Anteile der Wartezeiten der Arbeitskolonnen an der Produktionszeit

Jede Zelle ist diagonal geteilt: oben/links = Anteil Wartezeiten (Arbeitskolonne 1), unten/rechts = Anteil Wartezeiten (Arbeitskolonne 2). Die Werte sind als „Arbeitskolonne 1 / Arbeitskolonne 2" angegeben.

Arbeitskolonne 1	Arbeitskolonne 2	Anzahl Wandschalungen 10	8	5	2
1	1	12 / 52	12 / 52	14 / 54	
2	1	60 / 38	57 / 44	62 / 48	73 / 62
1	2	12 / 85	12 / 85	13 /	
2	2	65 / 87	60 / 88	59 / 87	65 / 86

Legende:

Anteil Wartezeiten (Arbeitskolonne 1) ▶   ◀ Anteil Wartezeiten (Arbeitskolonne 2)

zustand), der kleine Kran war 32% der Produktionszeit eingesetzt. Die 2/2-Kombinationen bewirkten eine Erhöhung der Beschäftigungsgrade des großen Kranes, die Beschäftigungsgrade des kleinen Kranes blieben jedoch fast unverändert. Diese Werte beziehen sich auf die Beschäftigung der Krane in den Arbeitsvorgängen, die im Bauproduktionsprozeß „Betonierung der Stockwerke eines Hotels" definiert wurden. Selbstverständlich wurden die Krane im Zuge des Hotelbaues auch für andere Arbeiten (z. B. Transporte von Installationsmaterial, Transporte von Ausbaumaterial, usw.) herangezogen, wodurch sich die effektiven Beschäftigungsgrade der Krane erhöhten.

Die Anteile der Wartezeiten der Arbeitskolonnen und die Beschäftigungsgrade der Arbeitskolonnen können aus der Tabelle 9.6 abgelesen werden. Die Anteile der Wartezeiten der Arbeitskolonne 1 in der 1/1-Kombination waren mit 12% bzw. 14% sehr gering. Die Arbeitskolonne 2 war in dieser Kombination nicht so stark beschäftigt und befand sich 52% bzw. 54% der Produktionszeit in Wartezuständen. Beim Einsatz

Tabelle 9.7. Anteile der Wartezeiten der Flußeinheiten in den KREIS-Elementen 25 und 28

In jeder Zelle steht oben der Anteil der Wartezeiten in 25 und unten der Anteil der Wartezeiten in 28.

Arbeitskolonne 1	Arbeitskolonne 2	Anzahl Wandschalungen 10	8	5	2
1	1	6 / 100	6 / 100	22 / 73	—
2	1	17 / 96	17 / 90	25 / 73	46 / —
1	2	0 / 99	0 / 99	6 / 76	—
2	2	6 / 94	13 / 83	24 / 70	51 / 34

Legende:

Anteil Wartezeiten in 25 ▶

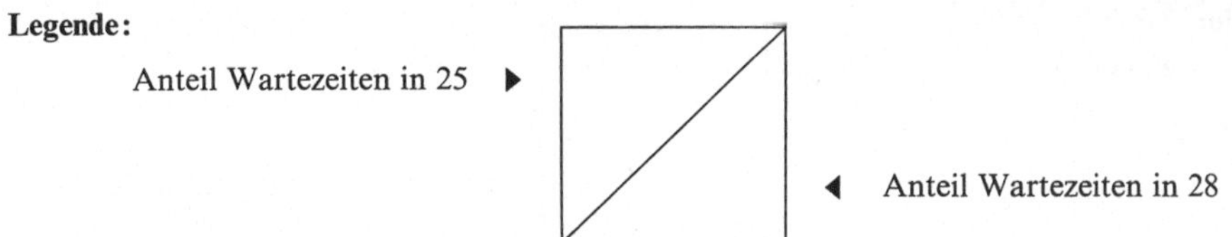

◀ Anteil Wartezeiten in 28

von zwei Arbeitskolonnen 1 (2/1-Kombination) wurden zwar die Anteile der Wartezeiten der Arbeitskolonne 2 verringert, aber gleichzeitig die Anteile der Wartezeiten der beiden Arbeitskolonnen 1 erhöht (Reihe 2).

Die Tabellen 9.7 bis 9.10 fassen die Werte der Wartezeitenstatistiken in diversen KREIS-Elementen zusammen. Zur Interpretation dieser Werte kann gesagt werden, daß niedrige Anteile der Wartezeiten einer Flußeinheit zwar die relativ kontinuierliche Beschäftigung dieser Flußeinheit anzeigen, daß aber andererseits die zeitweise nichtverfügbarkeit von Flußeinheiten, die Durchführung eines Arbeitsvorganges verzögern kann. Die Nichtverfügbarkeit einer Flußeinheit kann daher eine oder mehrere Flußeinheiten, die gleichzeitig zur Durchführung eines KOMBI-Elements verfügbar sein müssen, in Wartezustände versetzen. Die jeweils die Produktivität des Produktionssystems bestimmende Vorgangsfolge kann auf Grund der Wartezeiten in den den KOMBI-Elementen vorliegenden KREIS-Elementen festgestellt werden.

Tabelle 9.8. Anteile der Wartezeiten der Flußeinheiten in den KREIS-Elementen 5 und 21

Jede Zelle ist diagonal geteilt: der obere Wert ist der Anteil Wartezeiten in 5, der untere Wert der Anteil Wartezeiten in 21.

Arbeitskolonne 1	Arbeitskolonne 2	Anzahl Wandschalungen			
		10	8	5	2
1	1	0 / 6	0 / 6	0 / 7	/
2	3	3 / 1	9 / 1	16 / 1	31 / 1
1	2	0 / 6	0 / 5	0 / 7	/
2	2	0 / 3	2 / 1	2 / 1	29 / 1

Legende:

Anteil Wartezeiten in 5 ▶

◀ Anteil Wartezeiten in 21

In Tabelle 9.7 sind die Anteile der Wartezeiten der Flußeinheiten in den KREIS-Elementen 25 und 28 dargestellt. Die Auswirkungen der Erhöhung der Anzahl der Arbeitskolonnen 1 von eins auf zwei können an den Werten der Wartezeitenstatistik in den KREIS-Elementen 25 und 28 ersehen werden. Beim Einsatz von einer Arbeitskolonne 1 (1/1-Kombination) und zehn bzw. acht Wandschalungen betrugen die Anteile der Wartezeiten im KREIS-Element 25   6%. Also wurde in 94% aller Fälle sofort nach dem Erhärten der Bodenplatte mit dem Vorgang 27 „Aufbauen der Wandschalungen und Betonieren der Wände" begonnen.

Die Anteile der Wartezeiten im KREIS-Element 25 beim Einsatz von zehn bzw. acht Wandschalungen erhöhten sich jedoch, wenn zwei Arbeitskolonnen 1 eingesetzt wurden. Durch den Einsatz zweier Arbeitskolonnen 1 ergab sich eine schnellere Durchführung der Arbeitsvorgangsfolge 10-15-16, was dazu führte, daß die Bodenplatte schneller hergestellt wurde und in 17% aller Fälle bereits erhärtet war, der Vor-

Tabelle 9.9. Anteile der Wartezeiten der Flußeinheiten in den KREIS-Elementen 26 und 30

Die Werte je Zelle sind als „Anteil Wartezeiten in 26 / Anteil Wartezeiten in 30" angegeben.

Arbeitskolonne 1	Arbeitskolonne 2	Anzahl Wandschalungen			
		10	8	5	2
1	1	4 / 94	4 / 94	7 / 94	
2	1	0 / 82	0 / 81	0 / 84	0 / 84
1	2	4 / 95	4 / 95	6 / 99	
2	2	0 / 82	0 / 81	0 / 88	0 / 82

Legende:

Anteil Wartezeiten in 26 ▶

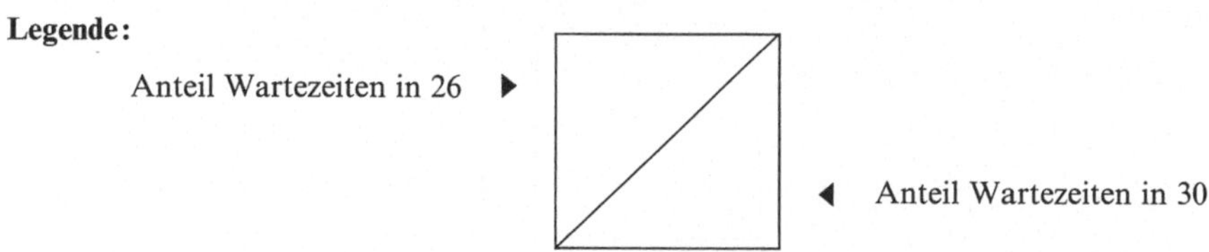

◀ Anteil Wartezeiten in 30

gang 27 aber nicht durchgeführt werden konnte, da die Wandschalungen im KREIS-Element 28 noch nicht verfügbar waren. Gleichzeitig verringerten sich natürlich die Anteile der Wartezeiten der Wandschalungen im KREIS-Element 28 von zuvor 100% auf 96% bzw. 90% der Produktionszeit. Beim Einsatz der 1/2-Kombination und von zehn bzw. acht Wandschalungen traten im KREIS-Element 25 keine Wartezeiten auf, da die eine Arbeitskolonne 1 die Produktivität des Produktionssystems bestimmte und die Vorgangsfolge 10-15-16 zu einem Engpaß werden ließ. Wartezeiten traten hingegen in diesem Fall in den KREIS-Elementen 28 und 12 auf.

Beim Einsatz der 2/2-Kombination und von 8 Wandschalungen betrug der Anteil der Wartezeiten im KREIS-Element 28 83%. Daraus wird ersichtlich, daß die Durchführung des Vorganges 27 durch die zeitweilige Nichtverfügbarkeit von Wandschalungen verzögert wurde. Verzögerungen in der Durchführung des Vorganges 6 ent-

Tabelle 9.10. Anteile der Wartezeiten der Flußeinheiten in den KREIS-Elementen 3 und 20

Arbeitskolonne 1 \ Arbeitskolonne 2	Anzahl Wandschalungen			
	10	8	5	2
1 / 1	3 / 23	3 / 23	3 / 21	
1 / 2	1 / 29	1 / 29	1 / 25	1 / 19
2 / 1	3 / 8	3 / 8	3 / 8	
2 / 2	2 / 15	1 / 15	1 / 15	1 /

(In jeder Zelle: oben = Anteil Wartezeiten in 3, unten = Anteil Wartezeiten in 20; im linken Randfeld oben = Arbeitskolonne 2, unten = Arbeitskolonne 1.)

Legende:

Anteil Wartezeiten in 3 ▶ □ (Dreieck oben) — ◀ Anteil Wartezeiten in 20 (Dreieck unten)

standen, weil gewartet werden mußte, bis einerseits die Wandschalungen abgebaut waren und andererseits die innere Kernschalung versetzt worden war.

Der jeweilige Grund der Verzögerungen der Durchführung des Vorganges 6 bei den verschiedenen kapazitiven Ausstattungen des Bauprozesses kann aus den Werten der Wartezeitenstatistik in den KREIS-Elementen 5 und 21 der Tabelle 9.8 abgelesen werden. Beim Einsatz der 1/1-Kombination ergaben sich keine Wartezeiten im KREIS-Element 5, was bedeutete, daß die Wandschalungen schon immer abgebaut waren, wenn das Versetzen der inneren Kernschalung beendet wurde. Der Vorgang 6 „Transportieren Bodenschalung" wurde daher beim Einsatz der 1/1-Kombination nie durch den Abbau der Wandschalungen verzögert. Wenn hingegen zwei Arbeitskolonnen 1 eingesetzt wurden, waren die entstehenden Verzögerungen in der Durchführung des Vorganges 6 hauptsächlich darauf zurückzuführen, daß der Abbau der Wandschalungen noch nicht beendet war, wenn die innere Kernschalung bereits versetzt war. Die Wartezeiten in den KREIS-Elementen 5 und 21 waren allgemein sehr niedrig.

Die Anteile der Wartezeiten in Tabelle 9.9 zeigen, daß beim Einsatz von zwei Arbeitskolonnen 1 die Erstellung des Kernes nie durch die Nichtverfügbarkeit der äußeren Kernschalung, des kleinen Kranes oder der Arbeitskolonne 1 verzögert wurde. Die Anteile der Wartezeiten im KREIS-Element 26 waren beim Einsatz von zwei Arbeitskolonnen 1 immer null (Tabelle 9.9).

Bei Einsatz der 1/1-Kombination oder der 1/2-Kombination entstanden im KREIS-Element 26 geringe Wartezeiten, da die eine eingesetzte Arbeitskolonne 1 in der Arbeitsfolge 10-15-16 gebunden sein konnte und nicht immer sofort zur Durchführung des Vorganges 13 verfügbar war.

Aus den Anteilen der Wartezeiten in den KREIS-Elementen 3 und 20 können die Ursachen von Verzögerungen der Durchführung der Vorgänge 4 und 22 analysiert werden (Tabelle 9.10).

Diese Ergebnisse der Simulationen des Bauprozesses „Betonieren der Stockwerke eines Hotels" schließen die Darstellung der Planung und Kontrolle eines empirischen Bauprozesses mit Hilfe des CYCLONE-Modells ab. Die aus der Anwendung des CYCLONE-Modells gewonnenen Informationen wurden von der Bauleitung des Bauobjektes „Peachtree Plaza Hotel" verwendet, um Entscheidungen bezüglich der kapazitiven Ausstattung des Bauprozesses zu treffen. Der Bauprozeß wurde schließlich durch je eine Arbeitskolonne 1 und 2 und mittels zehn Wandschalungen durchgeführt.

10 Zusammenfassung

Im vorliegenden Text wurde das CYCLONE-Modell zur Planung und Kontrolle von Bauproduktionsprozessen vorgestellt. Das graphische Modellierungsformat und die problemorientierte Computersprache des CYCLONE-Modells ermöglichen es, Bauproduktionsprozesse jedes Detaillierungsgrades zu planen, zu beschreiben und zu analysieren. Der Einsatz des CYCLONE-Modells erweist sich vor allem bei sich oftmalig wiederholenden kapitalintensiven Bauprozessen als vorteilhaft. Spezielle Einsatzgebiete sind daher z. B. der Materialtransport bei Großbauprojekten (Dämme, Kraftwerke usw.), Tunnelbau, Straßenbau, Brückenbau, Rohrleitungsbau, aber auch komplexe Hochbauprojekte, wie am Beispiel des Bauprozesses „Betonierung der Stockwerke eines Hotels" gezeigt werden konnte.

Das CYCLONE-Modell verwendet zur graphischen Darstellung von Bauproduktionsprozessen Elemente, die die Struktur und die logischen Abhängigkeiten des CYCLONE-Flußnetzwerkes für das Baustellenpersonal leicht verständlich machen. Durch die Bezeichnungen der Arbeitsvorgänge und der im Bauprozeß eingesetzten Flußeinheiten wird dem Baustellenpersonal der Arbeitsablauf und die Zusammenarbeit der eingesetzten Flußeinheiten offensichtlich.

Die Entwicklung eines CYCLONE-Modells eines Bauprozesses wird in mehreren Schritten vorgenommen. Diese Schritte entsprechen den einzelnen Phasen der Planung von Bauprozessen, in die verschiedene Fachabteilungen und Managementebenen des Baubetriebes einbezogen sind. Die Entscheidungen aller an der Planung Beteiligten (Arbeitsvorbereitung, Terminplanung, Kostenplanung, Maschinenabteilung, Personalabteilung, Finanzabteilung usw.) werden in den einzelnen Modellierungsschritten berücksichtigt. Diesbezügliche Entscheidungen sind z. B. die Bestimmung des anzuwendenden Bauverfahrens, der einzusetzenden Arbeitskräfte, Maschinen und Materialien, der Mengen dieser benötigten Kapazitäten usw. Das Resultat der Modellformulierung ist ein statisches Modell eines Bauprozesses, das eine abstrahierte Beschreibung dieses Bauprozesses darstellt. Um Information über die Produktivität eines Bauprozesses bzw. über die Einsatz- bzw. Wartezeiten der eingesetzten Flußeinheiten zu erlangen, ist die Dynamik des modellierten Bauprozesses am CYCLONE-Modell zu simulieren.

Mittels der problemorientierten Eingabesprache des CYCLONE-Computerprogramms können Bauprozesse direkt vom graphischen CYCLONE-Modell für den Computer definiert werden. Diese problemorientierte Computersprache ermöglicht es dem Planer, mit dem Computer in einer Terminologie, die ihm geläufig ist, direkt zu kommunizieren. Mit der Simulationstechnik, die im CYCLONE-Modell zur Aufbereitung von Informationen über die Abläufe von Bauprozessen eingesetzt wird, steht dem Baumanagement also ein wesentliches Führungsinstrument zur Verfügung.

Informationen zur Planung und Kontrolle von Bauprozessen werden außer durch die Errechnung von Produktivitätswerten und die Aufbereitung von Wartezeiten-statistiken noch durch die Aufbereitung von „sonstigen" Statistiken (Erstankunft-statistik, Zwischenzeitenstatistik usw.) erlangt. Diese werden in den KREIS-Elementen und/oder in eigens definierten Funktionselementen aufbereitet. Die Werte der einzelnen Statistiken werden vom CYCLONE-Computerprogramm sowohl in Kenn-zahlenform als auch in Form von Häufigkeitsverteilungen ausgegeben.

Das CYCLONE-Modell bildet einen Rahmen für eine experimentelle Analyse von Bauprozessen. Das Modell erlaubt dem Planer, mit verschiedenen Strategien und Bedingungen zu experimentieren und dadurch Einblick in die Zusammenhänge des Produktionssystems zu gewinnen. Ein spezielles Instrument der Planung und Kon-trolle von Bauprozessen stellt daher die Sensitivitätsanalyse dar. Sensitivitätsanalysen erlauben die Feststellung der Sensitivität der Ergebnisse der Simulationen von Bau-prozessen, also der Sensitivität der Produktivitäten und der Statistikwerte, wenn Varia-tionen der Mengen der eingesetzten Flußeinheiten vorgenommen werden. Die Ergeb-nisse von Sensitivitätsanalysen ermöglichen dem Planer, sich für optimale kapazitive Ausstattungen von Bauprozessen zu entscheiden.

Das CYCLONE-Modell kann sowohl in der Lehre als auch in der Baupraxis ange-wandt werden. In der Lehre steht die beschreibende Funktion des Modells im Vorder-grund. Den Studenten werden die logischen Abhängigkeiten von Arbeitsvorgängen und der Einsatz von Flußeinheiten zur Durchführung dieser Arbeitsvorgänge offen-sichtlich. Bei der Simulation der Dynamik von Bauprozessen werden die Studenten mit der Simulationstechnik sowie mit Grundlagen der Statistik und der Wahrschein-lichkeitsrechnung vertraut.

In der Baupraxis erlangt das CYCLONE-Modell vor allem instrumentalen Charak-ter. Das Modellierungsformat des CYCLONE-Modells erlaubt die Dokumentierung von Bauprozessen, wodurch die Weitergabe von Informationen und gewonnenen Erfahrungen ermöglicht wird. Da das CYCLONE-Modell leicht verständlich ist, stellt es ein ideales Kommunikationsinstrument aller an der Planung, Kontrolle und Aus-führung von Bauprozessen Beteiligten dar.

CYCLONE-Modelle ermöglichen es, dem Planer die Auswirkungen seiner Ent-scheidungen bezüglich anzuwendender Bauverfahren, einzusetzender Flußeinheiten usw. vor der tatsächlichen Ausführung von Bauprozessen ersichtlich zu machen. Die Ergebnisse von Simulationen gestatten eine Bestätigung oder eine Revision der ge-troffenen Entscheidungen.

Der Einsatz des CYCLONE-Modells als Planungs- und Kontrollinstrument der Bauleitung wird durch die Möglichkeiten des Planers, Entscheidungen zu fällen, die den dynamischen Ablauf von Bauprozessen beeinflussen, verstärkt. In die statische Struktur des CYCLONE-Modells können bereits Kontrollmechanismen (Bewilli-gungen, Informationen usw.) oder Entzugsmechanismen eingebaut werden, die den dynamischen Ablauf von Bauprozessen von Entscheidungen der Bauleitung abhängig macht. Weitere den Ablauf von Bauprozessen beeinflussende Entscheidungen sind die Festlegung der Startsituation durch die Zuordnung von Flußeinheiten zu bestimmten KREIS-Elementen und die Festlegung von Prioritäten bezüglich der Durchführung von Arbeitsvorgängen. Diese Prioritäten werden durch die Numerierung der Arbeits-vorgänge festgelegt.

Der Einsatz des CYCLONE-Modells ermöglicht die Ausübung weiterer Kontroll-funktionen, indem die mittels des Modells errechneten Soll-Werte mit den Ist-Werten der tatsächlichen Bauproduktion verglichen werden können. Die Planung und Kontrolle von Bauprozessen mittels CYCLONE-Modellen erstreckt sich daher von der ersten Phase der Planung von Bauprozessen bis zur abschließenden Kontrolle der Soll- und Ist-Werte nach Abschluß der Bauprozesse.

Literaturverzeichnis

ANG, A.; TANG, W.: Probability Concepts in Engineering Planning and Design, Vol. I, New York: Wiley 1975.

ANTILL, J.M.; WOODHEAD, R.W.: Critical Path Methods in Construction Practice, 2nd ed. New York: Wiley 1970.

BECKER, H.; KIEHL, P.: Radlader-Daten für die Berechnung von Betriebsmittel-Leistungen (BML). BMT 7 (1978) 386.

BEISSWENGER, K.: Zur Ermittlung von Arbeitszeiten im Baubetrieb und deren Verwendung bei Simulationsmodellen. BMT 8 (1978) 423.

BRAUNSCHWEIG, G.: Laden, Transportieren — Wirtschaftlichkeit beim Zusammenarbeiten von Baggern und Schwerlastkraftwagen. Fördern u. Heben 20 (1970) 607.

BÜHLER, K.: Zur Theorie geschlossener Warteschlangensysteme und deren Simulation als einem Hilfsmittel für die Betriebsplanung im Erdbau. Dissertation TU München 1973.

Caterpillar Permormance Handbook, 2nd ed. Peoria, Ill.: Caterpillar Tractor Co. Jan. 1972.

DANNER, F.: Warteschlangentheorie und Simulationstechnik-Hilfsmittel zur Leistungsbestimmung maschineller Produktionsketten im Baubetrieb. VDI-Fortschrittsber., Reihe 4, Nr. 22, Düsseldorf 1975.

DOMBROWSKI, N.G.: Leistungssteigerung der Löffelbagger. Berlin: Verlag Technik 1953.

FELLER, W.: An Introduction to Probability Theory and Its Applications, Vol. 1, 2nd ed. New York: Wiley 1957.

FERSCHL, F.: Zufallsabhängige Wirtschaftsprozesse, Grundlagen und Anwendung der Theorie der Wartesysteme. Wien, Würzburg: Physica 1964.

FISZ, M.: Wahrscheinlichkeitsrechnung und mathematische Statistik. Berlin 1970.

Fundamentals of Earthmoving. Peoria, Ill.: Caterpillar Tractor Co., April 1968.

GAARSLEV, A.: Stochastic Models to Estimate the Production of Material Handling Systems in the Construction Industry. Techn. Rep. No. 111, Constr. Inst., Stanford Univ., Palo Alto, Cal., Aug. 1969.

GARBOTZ, G.: Die Leistungen von Baumaschinen. Köln: Müller 1956.

GEHBAUER, F.: Stochastische Einflußgrößen für Transportsimulationen im Erdbau, Veröff. Inst. f. Maschinenwesen im Baubetrieb Univ. Karlsruhe, Reihe F, H. 10, 1974.

GORDON, G.: System Simulation. Englewood Cliffs, N.J.: Prentice-Hall 1969.

HALPIN, D.W.: An Investigation of the Use of Simulation Networks für Modeling Construction Operations. Dissertation Univ. of Illinois, Urbana, Ill. 1973.

HALPIN, D.W.; HAPP, W.W.: Digital Simulation of Equipment Allocation for Corps of Engineer Construction Planning. Proc. 17th Conf. of Design of Exp. in Army Res. Washington, D.C., Oct. 1971.

HALPIN, D.W.; HAPP, W.W.: Network Simulation of Construction Operations. Proc. of the 3rd Int. Congr. of Project Planning by Network Techn. Stockholm, May 1972.

HEINHOLD, J.; GAEDE, K.W.: Ingenieur-Statistik. München, Wien: Oldenbourg 1968.

JURECKA, W.: Kosten und Leistungen von Baumaschinen. Wien, New York: Springer 1975.

JURECKA, W.: Netzwerkplanung im Baubetrieb, Teil 1: Verfahrensgrundlagen; Teil 2: Optimierungsverfahren; Teil 3: Netzplantechnik mit elektronischer Datenverarbeitung. Wiesbaden, Berlin: Bauverlag 1972–1975.

JURECKA, W.: Warteschlangentheorie und Simulationstechnik — Hilfsmittel zur Leistungsbestimmung im Baubetrieb. Wiss. Z. TU Dresden 5 (1973) 873.

JURECKA, W.; STETTER, H.: Untersuchung der Leistungsfähigkeit einer Kabelkrananlage für den Bau einer Staumauer. Simulationsprogramm am Inst. Baubetr. u. Bauwirtsch. TU Wien 1972.

JURECKA, W.: ZIMMERMANN, H.-J.: Operations Research im Bauwesen. Berlin, Heidelberg, New York: Springer 1972.

KREYSZIG, E.: Statistische Methoden und ihre Anwendung. Göttingen: Vandenhoeck & Ruprecht 1968.

MAYNARD; HAROLD B.; STEGMERTEN, G.J.; SCHWAB, J.L.: Methods-Time Measurement. New York: McGraw-Hill 1948.

MODER, F.; PHILLIPS, C.: Project Management with CPM and PERT. New York: Van Nostrand 1970.

MOJEN, H.: Baggerleistungsangaben für die Vorkalkulation. Baupraxis 9 (1969) 70.

MORGAN, W.C.; PETERSON, L.: Determining Shovel-Truck Productivity. Mining Engin., Dec. 1968.

MORGENSTERN, D.: Einführung in die Wahrscheinlichkeitsrechnung und mathematische Statistik. Berlin, Göttingen, Heidelberg: Springer 1964.

MÜLLER-MERBACH, H.: Operations Research. Stuttgart 1969.

NAYLOR, T.H., et al.: Computer Simulation Techniques. New York: Wiley 1966.

PATZAK, G.: Grundlagen, Methoden und Techniken systemorientierter Planung. Habilitation TU Wien 1976.

PEURIFOY, R.L.: Construction Planning, Equipment, and Methods, 2nd ed. New York: McGraw-Hill 1970.

RAINER, R.K.: Predicting Productivity of One or Two Elevators for Construction of High-Rise Buildings. Dissertation Auburn Univ. Auburn, Ala. 1968.

REFA Methodenlehre des Arbeitsstudiums, Teil 1 und 2. München: Hanser 1973.

REISMANN, W.: Kostenerfassung im maschinellen Erdbau. Veröff. Inst. f. Maschinenwesen im Baubetrieb Univ. Karlsruhe, Reihe F, H. 4, 1973.

REISMANN, W.: Die Verfahrenstechnik im Baubetrieb und ihre Anwendung zur Ermittlung der Maschinenkosten. Baumasch. u. Bautechn. 7 (1973)

SCHUB, A.: Einflußfaktoren bei der Leistungsberechnung von Universalbaggern als Grundlage einer Betriebsplanung im Erdbau. Dissertation TH München 1965.

SPRAGUE, C.R.: Investigation of Hot-Mix Asphaltic Systems by Means of Computer Simulation. Dissertation Texas A & M Univ. Coll. Stat. Texas 1972.

TEICHOLZ, P.: A Simulation Approach to the Selection of Construction Equipment. Techn. Rep. No. 26, Constr. Inst., Stanford Univ., June 1963.

THUMB, N.: Grundlagen und Praxis der Netzplantechnik, Bd. 1 u. 2. München: Moderne Industrie 1975.

WAGNER, K.: Graphentheorie. Mannheim, Wien, Zürich: BI-Wissenschaftsverlag 1970.

WILHELM, G.: Das Warteschlangenproblem bei Produktionsketten im Straßenbau, Eine Lösung mit der Operations-Research-Methode der Stochastischen Simulation. Wiesbaden, Berlin: Bauverlag 1977.

Sachverzeichnis